M4tɛmát1c4
Fácil y Divertida

Disfruta y aprende en familia matemática divertida y recreativa con los retos, juegos, actividades recreativas y mucha diversión. Jamás la matemática será aburrida.

Escrito por:

MARÍA ÁNGELES GALINDO BELLO

Prólogo

Este libro tiene el propósito de actualizar, analizar y aplicar los conocimientos adquiridos en Educación Primaria, para un buen desenvolvimiento en toda la Educación Media General. Parte de las actividades del libro son recreativas. Esto implica la repetición de ejercicios básicos matemáticos, que progresivamente se hacen más complejos, hasta que el alumno adquiere una gran destreza en las operaciones matemáticas.

El libro fue elaborado después de efectuar un estudio muy detallado del contenido programático de la matemática en los diferentes años en Educación Primaria y del análisis de la metodología utilizada, que me dio como resultado un aprendizaje mecánico, sin razonamiento y lógica matemática. Esto unido a la grata experiencia que tuve hace algunos años al, dictar clase y aplicar una nueva metodología en los cursos de primer año en el colegio que estoy trabajando actualmente, me permitió desarrollar los objetivos del programa de matemática, de manera agradable para los estudiantes. Tanto las actividades que se realizaban en clase, como las que se asignaban diariamente para la casa, tenían una parte recreativa, dando como resultado una excelente motivación no sólo de los estudiantes sino también de las personas de su entorno familiar. Poco a poco aumentó el nivel de razonamiento lógico, proporcionando al estudiante un nivel de autoconfianza y las habilidades necesarias para un buen aprendizaje matemático. Estos cursos, por desarrollar una buena base matemática, finalizaron exitosamente sus estudios en el colegio.

Para elaborar su contenido se ha tomado en cuenta una serie de características muy importantes:
- Se ha realizado un gran esfuerzo para que el libro sea claro y preciso; que los estudiantes puedan leer y entender. Las actividades recreativas utilizadas son de interés para el alumnado.
- En cada unidad se proponen una serie de actividades, con su respuesta final en la parte recreativas, con la finalidad que el alumno aprenda a razonar.
- La variedad y el número de aplicaciones importantes a lo largo de las diferentes unidades del libro, debe convencer a los estudiantes o cualquier persona interesada en desarrollarlo, que la matemática es verdadera, útil e interesante para la vida de las personas.
- Las unidades están ordenadas de tal modo que facilite la comprensión de cada una de ellas y puede utilizarse como texto para el primer año de Educación Media General.
- Al final del libro hay cuatro juegos matemáticos para que lo puedan disfrutar en familia. En el desarrollo de las actividades y los juegos matemáticos no deben ser utilizadas las calculadoras, en ningún momento, para que desarrollo del razonamiento sea exitoso.

El objetivo principal es que el alumno adquiera en Primer Año de Educación Media, una buena base aprendizaje de la matemática que le conduzca a finalizar exitosamente todos los estudios que realizará posteriormente.

Dedico este libro, aunque ya no están conmigo, sino en mi corazón, a mis padres y hermano; principalmente a mi madre que fue la fuente de inspiración para su elaboración.

Gracias principalmente a Dios y a todos los que me ayudaron a realizarlo.

María Ángeles Galindo Bello

UNIDAD DE NIVELACIÓN

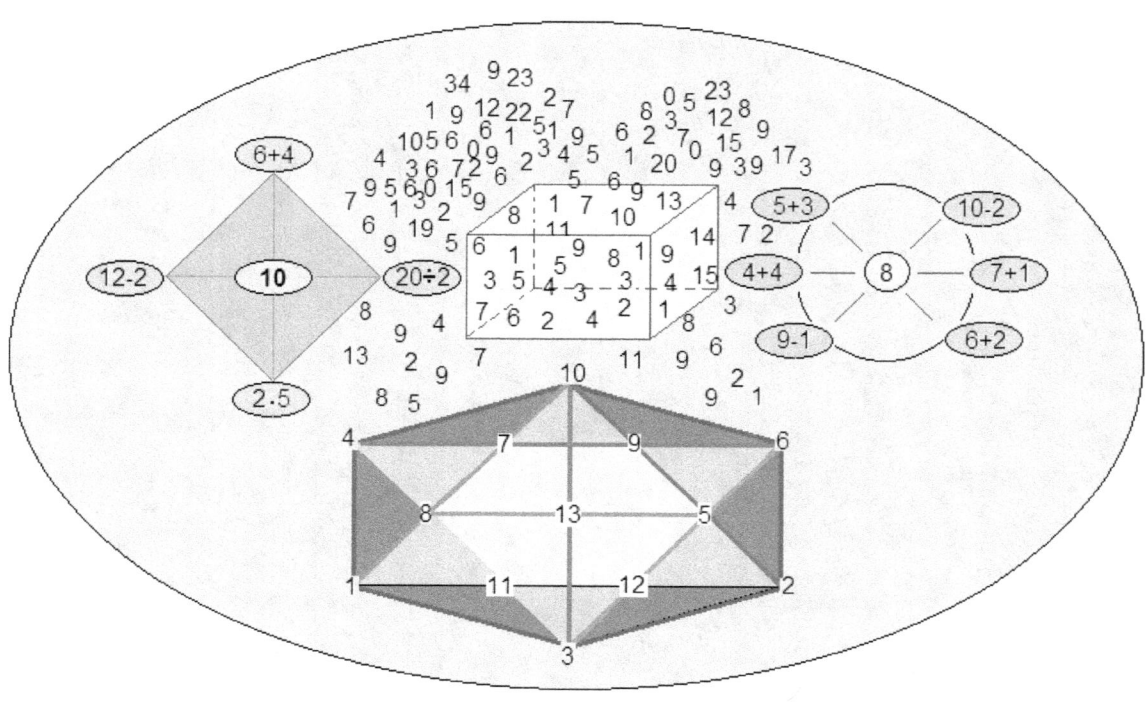

CONTENIDO:
- ➤ NÚMEROS NATURALES
- ➤ OPERACIONES EN N
- ➤ OPERACIONES CON NÚMEROS DECIMALES
- ➤ ACTIVIDADES CON MATEMÁTICA RECREATIVA

Recordaremos algunos conocimientos de Matemática de Educación Primaria:

Número Natural: Es un concepto impreciso que simboliza cierta propiedad común a todos los conjuntos.

Recordemos que los conceptos cero, uno, dos, tres, cuatro, cinco, son números naturales.

Las operaciones básicas de los Números Naturales son: Adición, sustracción, multiplicación y división.

Tomemos en cuenta la Potenciación en N, es la operación aritmética que permite la multiplicación de varios factores iguales.

A continuación realizaremos algunas actividades matemáticas complementadas con ejercitación recreativa.

Recordemos que los Números Decimales consta de una parte entera que está la izquierda de la coma y la parte decimal que está a la derecha. La parte decimal está ordenado de la forma siguiente: decimas, centésimas, milésimas, diezmilésimas, etc.

ACTIVIDADES

1. **Del 1 al 12**: Realizar la operación matemática que se le permita en el recuadro, sin repetir ningún número; hay diferentes operaciones tanto horizontal como vertical, determina cada resultado y concluimos la actividad.

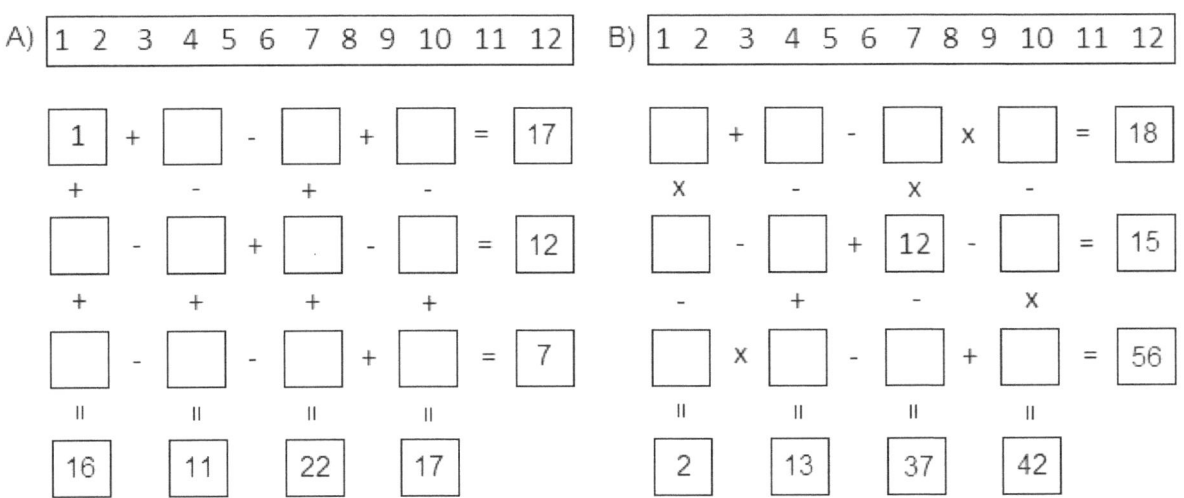

1

C) | 1 2 3 4 5 6 7 8 9 10 11 12 | D) | 1 2 3 4 5 6 7 8 9 10 11 12 |

C)
```
 ▢  +  ▢  ÷  ▢  =  1
 ÷     +     +
 ▢  +  ▢  +  4  =  11
 +     ÷     -
 ▢  +  ▢  -  ▢  =  6
 +     +     +
 ▢  +  ▢  -  ▢  =  13
 ‖     ‖     ‖
 22    12    10
```

D)
```
 ▢  x  ▢  ÷  ▢  x  ▢  =  144
 ÷     x     x     +
 ▢  x  ▢  -  ▢  x  ▢  =  174
 +     +     ÷     -
 ▢  ÷  5  -  ▢  +  ▢  =  12
 ‖     ‖     ‖     ‖
 13    53    14    3
```

E) | 1 2 3 4 5 6 7 8 9 10 11 12 |

```
 ▢  ÷  ▢  x  3  =  6
 x     +     x
 ▢  +  ▢  x  ▢  =  27
 ÷     +     -
 ▢  x  ▢  -  ▢  =  21
 +     ÷     x
 ▢  -  ▢  x  ▢  =  35
 ‖     ‖     ‖
 16    3     112
```

2. Completa los espacios vacíos, colocando los números naturales que satisfagan las operaciones de cada una de las figuras mostradas a continuación:

2

A)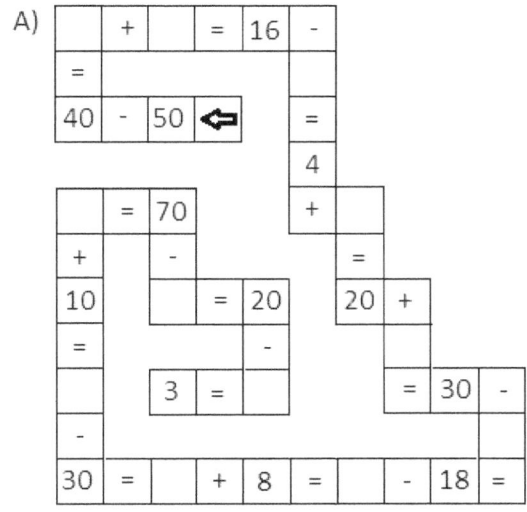

B)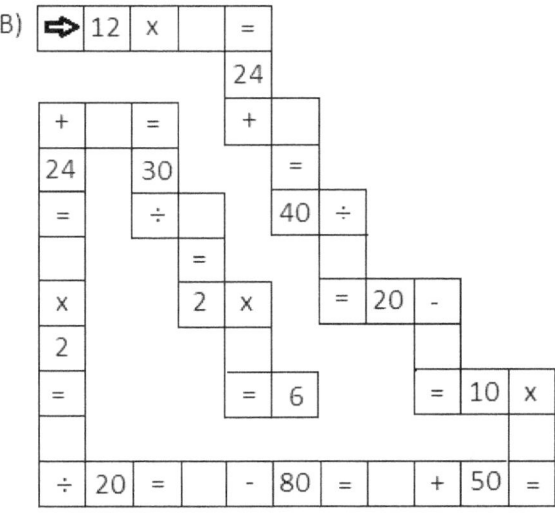

C)

⇒	50	-	25	÷		=	5
							+
+	5	=		÷	35	=	
=	15	÷		=			
					5		
=	2	+		x			
				=			
÷		=	20		50	x	
30						=	
=		x	15	=		÷	150

D)

⇒	144	÷	12	=		x	
							=
=		+	52	=		÷	156
100							
÷		=	4	+		=	40
							+
x	2	=		÷	120	=	
=	34	-		=	20	+	
							=
=	25	x		=	50		70
							÷
÷	50	=		x	10	=	

3. Completa los espacios vacíos, colocando los resultados de las operaciones que satisfagan cada uno de los cuadros siguientes:

A)

⇨	60	-	40	+	200	-	90	=		⇩
☆	☆	☆	☆	☆	☆	☆	☆	☆	+	☆
⇨	75	-	35	-	15	+	115	=		⇩
☆	☆	☆	☆	☆	☆	☆	☆	☆	-	☆
⇨	19	+	111	-	58	+	100	=		⇩
☆	☆	☆	☆	☆	☆	☆	☆	☆	+	☆
⇨	97	-	16	+	19	-	13	=		↳
☆	☆	☆	☆	☆	☆	☆	☆	⇨	=

... = | - | | = | 73

B)

⇨	150	÷	30	x	40	÷	50	=		⇩
☆	☆	☆	☆	☆	☆	☆	☆	☆	x	☆
⇨	78	x	28	÷	3	÷	4	=		⇩
☆	☆	☆	☆	☆	☆	☆	☆	☆	÷	☆
⇨	600	÷	100	x	200	÷	600	=		⇩
☆	☆	☆	☆	☆	☆	☆	☆	☆	x	☆
⇨	15	x	20	÷	10	x	16	=		⇩
☆	☆	☆	☆	☆	☆	☆	☆	☆	÷	☆
⇨	800	÷	20	x	30	÷	60	=		↳
☆	☆	☆	☆	☆	☆	☆	☆	⇨	=

... = | ÷ | | = | 273

C)

⇨	336	-	126	x	20	÷	200	=		⇩
☆	☆	☆	☆	☆	☆	☆	☆	☆	+	☆
⇨	125	+	275	÷	100	x	52	=		⇩
☆	☆	☆	☆	☆	☆	☆	☆	☆	+	☆
⇨	625	-	400	÷	9	x	14	=		⇩
☆	☆	☆	☆	☆	☆	☆	☆	☆	-	☆
⇨	985	÷	5	-	97	÷	5	=		⇩
☆	☆	☆	☆	☆	☆	☆	☆	☆	+	☆
⇨	260	+	640	÷	30	x	40	=		⇩
☆	☆	☆	☆	☆	☆	☆	☆	☆	-	☆
⇨	15	x	25	÷	5	x	12	=		⇩
☆	☆	☆	☆	☆	☆	☆	☆	☆	-	☆
⇨	3375	÷	27	x	42	÷	125	=		↳
☆	☆	☆	☆	☆	☆	☆	☆	⇨	=

... = | + | | = | 1000

4) **Resultados cruzados**: Efectúa las operaciones de números naturales y completa el esquema donde se van a cruzar los números que provienen de los resultados obtenidos en los ejercicios.

Realizar los ejercicios en hojas o un cuaderno:
a) 37.895 + 3.567 + 9.865 + 10.125
b) 325.687 + 136.798 + 3.657 + 9.532
c) 536.057 + 125.689 + 3.675 + 12.586
d) 3.725 + 9.687 + 68.957 + 67.987 + 3.267
e) 698.767 + 89.576 +579.678+ 96.752 + 3.675
f) 9.987 + 37.567 + 23.679 + 534.762 + 987.685 + 3.256
g) 15.398 – 13.789
h) 989.567 – 963.656
i) 10.037.000 – 9.875.398
j) 7.958.675 – 876.546
k) 79.567.923 – 76.958.962
l) 675.000.000 – 567.987.654
ll) 7.256 × 127
m) 96.867 × 5.479
n) 30.227.233 × 20
ñ) 20.005 × 3.001
o) 68.594 × 7.896

5

p) 3.021 × 2.010

q) 1.747.350 ÷ 6354

r) 1.753.800 ÷ 925

s) 207.480.672 ÷ 356.496

t) 1.339.904.000 ÷ 256.000

u) 2.575.400.000 ÷ 7.900.000

v) 4.603.234 ÷ 5.986

5. **Resultados cruzados**: Efectúa los problemas de números naturales y completa el esquema donde se van a cruzar los números expresados en letras que provienen de los resultados obtenidos en los ejercicios.

(Los resultados se escribirán por ejemplo: veinte, veinticinco, ochenta, ochentinueve, etc.)

Realizar los problemas en un cuaderno, hojas o block:

a) ¿Cuánto costó lo que al venderse en 72 Bs.F deja una pérdida de 16 Bs.F?

b) El menor de cinco hermanos tiene 13 años y cada uno lleva 3 años al que le sigue. ¿Cuál es la suma de las edades de los cinco hermanos?

c) ¿A cómo hay que vender lo que ha costado 63 Bs.F para ganar 24 Bs.F?

d) Determinar la edad de una madre que tiene 16 años más que la suma de las edades de 5 hijos, que tienen: el quinto 3 años; el cuarto 2 años; el tercero 1 año más que el cuarto; el segundo 5 años más que el tercero y el primero tanto como los otros juntos.

e) Si en la operación de sustracción el minuendo es 695 y el resto 645. ¿Cuál es el substraendo?

f) La diferencia de dos números es 13 y el mayor excede a la diferencia en 19. Hallar el número mayor?

g) El menor de dos números es 47 y el doble del exceso del mayor sobre el menor es 78. Determinar el número mayor.

h) Si vendo un vestido en 110 Bs:F, ganando 35 Bs.F. ¿Cuánto me había costado el vestido?

i) Si el día martes deposito 1.620 Bs.F en el Banco, el miércoles pago 1.000 Bs.F, el jueves pago 490 Bs.F y el viernes deposito 690 Bs.F. Si presto entonces 780 Bs.F. ¿Cuántos Bolívares Fuertes me quedan en el Banco?

j) El producto de dos números naturales es 273 y uno de los números es 21. ¿Cuál es el otro número?

k) ¿Cuántas docenas hay en 1.176 bolígrafos?

l) ¿Qué rapidez lleva un automóvil que en 5 horas recorre 440 Km?

ll) Si un bolígrafo vale 12 Bs.F. ¿Cuál será el valor de 8 bolígrafos?

m) La suma de dos números es 146 y la mitad del número mayor es 42. Determinar el número menor.

n) Si 16 lápices cuestan 128 Bs.F. ¿Cuánto costarán 5 lápices?

ñ) Se reparten 168 Kg de alimentos del mercado entre 4 familias compuestas de 7 personas cada una. ¿Cuántos Kilogramos de alimentos recibe cada persona?

6. Completa los espacios vacíos, colocando los números decímales que satisfagan las operaciones de cada una de las figuras mostradas a continuación:

a)

→	12,8	+	50,3	=		+	
						2,85	
+		=	42,61	−		=	
14,6							
=		−	13,5	=			
=		+		+	83,09		
60,2					=		
−		=	14,31		−	99,9	
					=		
=	41,8	+		=	23,69	+	

b)

→	3,92	x	1,25	=		+	
						3,98	
+		=	0,2	÷		=	
55,6							
=		x	40,2	=		÷	
						0,02	
x		=	1000	÷		=	
0,5							
=		x	0,225	=			
=		÷		−	21,5225		
332,4					=		
+		=	1110		x	4,2	
					=		
=	346,2	−		=	100	x	

7. Completa los espacios vacíos, colocando los resultados de las operaciones primero horizontalmente y luego dichos resultados en forma vertical hasta concluir el valor dado en el esquema siguiente:

	2,3136	÷	0,723	x	8,2	÷	0,2	=		⬇			
☆	☆	☆	☆	☆	☆	☆	☆	☆	+	☆			
☆	22,56	x	3,25	÷	0,03	x	0,055	=		⬇			
☆	☆	☆	☆	☆	☆	☆	☆	☆	+	☆			
☆	1,664	÷	32	x	85,2	÷	0,002	=		⬇			
☆	☆	☆	☆	☆	☆	☆	☆	☆	−	☆			
☆	36,225	÷	80,5	x	3,05	x	100	=		⬇			
☆	☆	☆	☆	☆	☆	☆	☆	☆	−	☆			
☆	8,19	÷	1,05	÷	0,02	x	0,005	=		⬇			
☆	☆	☆	☆	☆	☆	☆	☆	☆	+	☆			
☆	9,85	x	0,32	x	1,005	÷	0,003	=		↲			
☆	☆	☆	☆	☆	☆	☆	☆	☆	=		−	=	2,2

8. **SOPA DE LETRAS**: Realizar los ejercicios en un cuaderno, hoja o block, mostrado en la actividad y buscar los resultados en la sopa de letras.

```
H D C E T E N T A C C H O V E I N T I C U A T R O
U I A B C C D E F G H I J D O S E W R E C E N C X
O E T F H U C U A R E N T I O C H O S T N U H A S E
N C R N N A T E N T I U N O J Ñ P W I E H O A S E V
U I E O M R Z X C V B N M T O X W Z W E M I I T E R
E S N V Ñ E Y O C H E N T I O C H O Z T G C E J E R I
V E I N E T U N I C U A R E N T A S E T E N S T U
Z S U T N I W C I N C U E N T I U N O R T C R U O C
O S N A T S Y J Y E Q U I N I N T O S I K K I Q C
D E O S E I O S C J A X T X L Ñ O X S L G T U E H
Q I N Y C E X O X T Y N R O B Ñ C I X J N I H J E
T A E S U T D H N K R Y E B W J E B F E N I C E N
W W B Z A E T E K A Q U I N C T W F U C Ñ F L R T
E S W Y T J H J U G W G N X E X G S E F C V F F I
N D W U R C J C F Z J W T R E S N J L G Ñ V V B U
U S T S O J G H Z T R E I N T I T R E S U N N
E E Z U V E I N T E H G U O S Z L J Y I T C R K G V
B C U A R E N T I S I E N Ñ Y G Z Y N G U R K G R
E K U A R E N T I O C A O Z Ñ Y H T B A B L G R H
X Q W E S E T E N T I O C H O Y Y I H T L H B H G
C I E N T O N O V E N T I Q U S G R C U A R E K M
V E N T I C I E T E C U A R E N T I C I E M L T O
M N M N I U H J Y C N S U M E O C H I C I E M L T O
O C H E N T I T R E S J T J N O V E N T I O C H O
W E C I N C U E N T A E W Z X C V N M K I U Y T M
```

9

- 358,75 − 325,75
- 1,872 ÷ 0,156
- 182,6 ÷ 2,075
- 12,5 + 15 + 27 − 11,5 − 16
- 0,075 ÷ 0,005
- 408 ÷ 17
- 13,895 + 7,956 + 36,25 + 19,899
- 558,36 ÷ 11,88
- 12,975 + 35,965 − 15,6789 + 47,7389
- 86,13 ÷ 9,57
- 19,839 ÷ 0,389
- 9,382 + 27 + 16,895 + 29,723
- 2.680,888 ÷ 27,356
- 18,7912 ÷ 0,23489
- 1,3686 ÷ 0,4562
- 0,0000045 × 10.000.000
- 10.000.000.000 ÷ 1.000.000.000
- 151,2 ÷ 7,56
- 4.000 ÷ 1.000
- 0,6048 ÷ 0,0756
- 49,8765 + 32 − 2,567 + 10,6905
- 31,944 ÷ 0,7986
- (500 ÷ 5) × 10
- 37,8 ÷ 0,756
- 336.000 ÷ 7.000
- 90.000 ÷ 900

UNIDAD I

ECUACIONES EN N

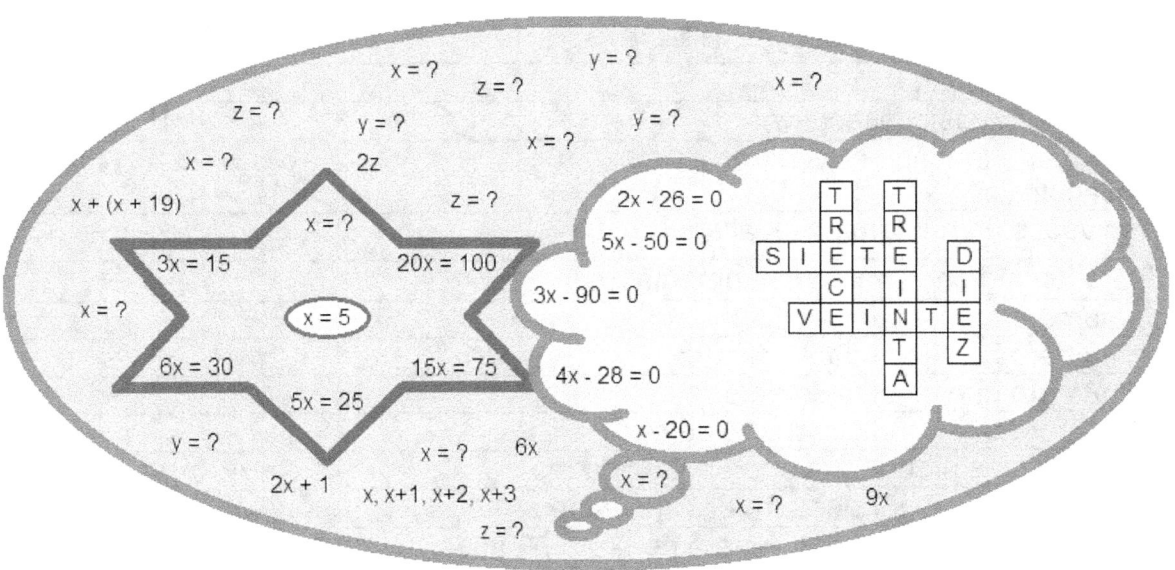

CONTENIDO:
- ➢ LENGUAJE ALGEBRAICO PARA LA SOLUCIÓN DE ECUACIONES N
- ➢ ACTIVIDADES CON MATEMÁTICA RECREATIVA

ECUACIONES EN N:

Una ecuación con una incógnita, es una igualdad en la que aparecen constantes y variables unidas mediante operaciones, en la cual aparece un valor desconocido, que llamamos incógnita y se verifica sólo para un determinado valor.

Lenguaje algebraico para la solución de ecuaciones: Es necesario aprender a utilizar en forma adecuada el lenguaje algebraico para resolver problemas que requieran planteamiento de ecuaciones.

A continuación veremos algunos ejemplos de enunciados escritos y su posible interpretación utilizando una expresión algebraica.

ENUNCIADO	EXPRESIÓN ALGEBRAICA
La semisuma de dos números naturales.	$\dfrac{x+y}{2}$
Un número par.	$2x$
Un número impar.	$2x+1$
Cuatro números consecutivos.	$x,\ x+1,\ x+2,\ x+3$
La suma de tres números pares (o impares) consecutivos.	$x+(x+2)+(x+4)$
Tres veces un número es igual a 66.	$3x=66$
El producto de dos números aumentado en uno.	$x.y+1$
Un número aumentado en 10.	$x+10$
Un número que es el doble de otro.	$2x$
Un número que es el triple de otro.	$3x$
Un número que es el cuádruplo de otro.	$4x$
Un número es menor que otro en 4 unidades	$x+(x-4)$
Un número es mayor que otro en 8 unidades	$x+(x+8)$
Mi edad actual, más la que tendré dentro de 6 años.	$x+(x+6)$
La quinta parte de un número.	$\dfrac{x}{5}$
La cuarta parte de un número más el doble del mismo	$\dfrac{x}{4}+2x$
La suma de dos cuadrados.	x^2+y^2
La resta de dos cuadrados.	x^2-y^2

ACTIVIDADES

1. En el esquema mostrado a continuación hay una serie de casillas identificadas por una letra en la que debe colocarse los resultados de las ecuaciones en N, dada en la actividad y luego efectuar las operaciones indicadas hasta concluir el resultado dado.

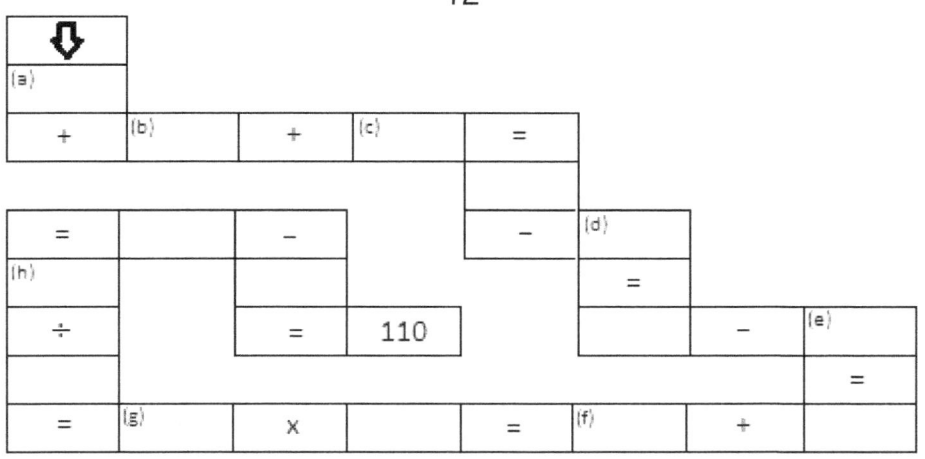

Realizar las ecuaciones en un cuaderno, hojas o block.

(a) $2x - 6 = 32$
(b) $y + 12 = 61$
(c) $3x - 20 = 82$
(d) $7y - 8 = 27$
(e) $9 + 10y - 38 = 31$
(f) $5x + 6 = 3x + 28$
(g) $18x - 13 = 16x + 7$
(h) $20z - 10 + 5z = 10 + 5z + 20$

2. A continuación se dan una serie de ecuaciones en N, que debes resolverlas en un cuaderno, hojas o block y luego buscar los resultados en la sopa de letras:

a) $10x - 8 = 22 + 4x$
b) $16 - 6x = 24 - 10x$
c) $4x - 18 = 70 - 18x$
d) $18x - 140 - 50 = 4x + 50 + 2x$
e) $20x - 20 - 10x = 80 + 8x + 60$
f) $2x + 4 = 14 - 18x + 10$
g) $30x - 14 - 10 = 4x + 100 + 22x$
h) $-8x + 8 - 18 + 12x = 2$
i) $34x + 10 - 4x = 20x + 60 + 30$
j) $24x - 140 + 6x = 6x + 100$
k) $24x - 180 + 10 = 10 - 6x$
l) $90x - 400 = 80x - 600 + 800$
ll) $24x - 16 + x = 23x + 14$
m) $x - 6 + 3x - 4 = 3x + 2$
n) $2x - 3 + 6x - 3 + 4x = 2 + 2x + 6 + x + 9 + 5 + 6x + 5$
ñ) $-6x - 13 + 2x - 8 = -5x + 7 - x$

SOPA DE LETRAS

```
W K I N C O O C H E N T A U D S B H M N
Q A D U S W T R E N T I U N O C U A O R
E S D O U W E D E D E C O O X C V B Z
O C H A U I C U T R O B T B S A S D D X
R D X T N N K I N N I C A T O R C E V C
T F S R N C D I E S N K I N I E N T S A
Y G I E O E D A S E D I C U A T R O Z I
U E J I O F G D I O E C H E N T A M I L
S H D N J D F N C S X C D O C E M F D S
I H J T H F I N R Z Z X C V B N B E R T
S J D I H U I O C E T O S R T Y U E I O
O K O U Q C T D I G G P E I V R C X I Z
P L C N C A V D D T O F D S N M E N B N
P Ñ U O C V B X S G H F G H H C J S K L
A P E J K K V C D T C Q W B E R O O E T
S Q C H O B N E B X O O A S E D F F C X
B K C I N T O U I N I K N N V I D D F H
D Q U I N C E N T N G E R C R E N F C F
V L N O V E N T A C T U A T E R O T F G
T R E N T A I U N O Q E N Q S T R E S S
C Ñ N O V E N T A M U E Q I S D F G G O
Z I S E S E N T A S I Q E V N V C X N H
X Z E S E T E N T C A S T R E I N U M A
```

3. A continuación se dan una serie de ecuaciones en N, que debes resolverlas en un cuaderno, hojas o block y luego con los resultados realizar el **cruciecuaciones** de esta actividad.

Horizontales:

1.- $8.(y + 9y - 10) - 120 + 6.(4y - y - 9) = -5y + 364$

3.- $4.(5 + 8x) + 38 = 7.(10 + 4x)$

4.- $4y + 5.(y - 4) + 7 = 7.(y + 2) - 17$

7.- $6.(-5 + 2x) - 43 = 3.(50 + 3x) - 10$

8.- $3.(2x - 8 - 3x + 5) - 8x + 3.(x - 3 + 3x - 5) - 57 = 0$

11.- $9.(-6 + y + 4y) + 10y + 3.(9y - 5) - 517 = -6y + 2.(5 - 3y) + 250$

15.- $9z - 20 + 10z - 7 = 5.(z - 4 + 3) - 8$

16.- $4.(6 + 3x) + 4x + 2.(2 - x) - 62 = 6.(x + 9)$

18.- $-18y + 5.(4y - 30 + 2y) + 3y - 60 = 6.(y - 10) + 39$

21.- $2z + 2.(5z - 9) + 82 = 8.(6 + z + 4)$

Verticales:

1.- $-10z - (20 + 12z) - 560 = 20.(-2z + 6 + 8) + 400$

2.- $8.(-10 + x - 5x) + 12x + 2.(9x - 10) = -12x + 9.(11 - 8x) + 375$

5.- $12.(-10 - y) + 15.(y - 4 + 2y) + 20.(1 + 4y - 3) - 772 = -107y + 768$

6.- $14z + 40.(z - 60) + 1290 = -20z$

9.- $2.(-50 + 2y - 25) = 2.(25 - 3y)$

10.- $3.(7x - 20) + 10x + 6.(-30 + 3x) + 120 = 42 + 2.(x + 200) + 5x + 740$

12.- $5.(z + 3z - 2) - 6z + 3.(z - 1) - 7 - 188 = -3z + 8.(z + 6 - 4) + 100$

13.- $9.(x - 12 + 10x) - 380 + 8.(5x - x - 10) - 3000 = -10x + 3482$

14.- $-10z - (20 + 12z) - 560 = 20.(6 - 2z + 8) + 400$

17.- $-60 - 25x + 8.(8x - 4 - 4x) + 178 = 10.(x + 16 - 6x) + 40$

19.- $10.(-4 + 2x - 9) - 8x = -5x + 3.(x - 3) + 61$

20.- $15.(x - 8 + 4x) + 29x + 9.(3 + 3x) + 63 = 10x + 8.(x + 20) + 940$

CRUCIECUACIONES

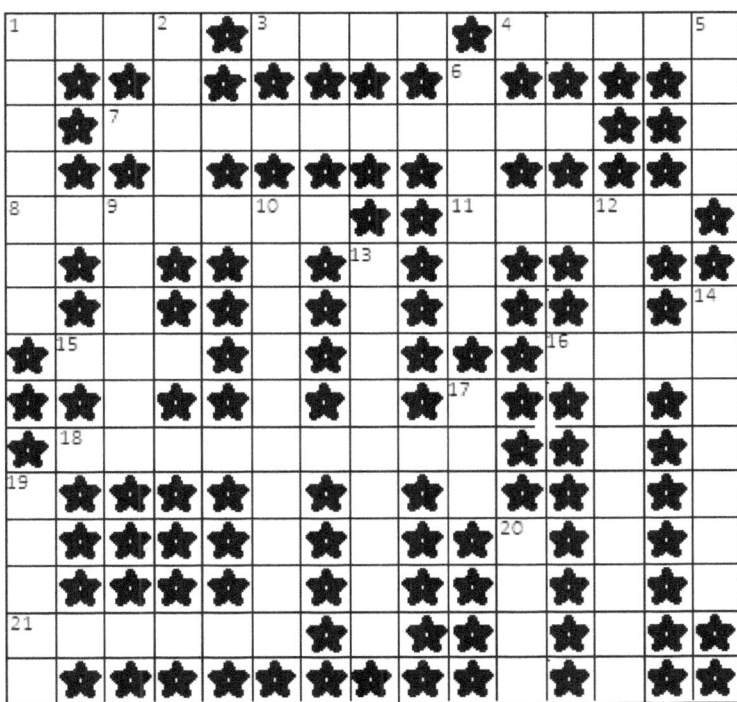

4. Efectúa los problemas de números naturales que se dan en la actividad y luego completa el esquema dado, donde se van a cruzar los números escritos en letras que provienen de los resultados obtenidos.

RESULTADOS CRUZADOS

Realizar los problemas de ecuaciones en N en hojas o un cuaderno:

a) Un número más su doble es igual a 216. ¿Cuál es el número?

b) El doble de un número más el triple suman 250. Hallar el número.

c) El triple de un número sumado a él mismo, da como resultado 80. Hallar el número.

d) La suma de un número con su doble y triple es 36. Determinar el número.

e) La suma de un número y 10 es igual a tres veces dicho número. ¿Cuál es el número?

f) La edad de Juana es el doble de la edad de María y la suma de sus edades 21. Determina la edad de Juana.

g) Las edades de María y David suman 60 años. Si María tiene 10 años menos que David. ¿Cuál es la edad de David?

h) El triple de un número sumado al doble del mismo da como resultado 400. ¿Cuál es el número?

i) Si el triple de la edad de Pablo añado 8 años, tendría 119 años. ¿Qué edad tiene Pablo?

j) Un número más su doble más su triple es igual a 594. ¿Cuál es el número?

k) Si a un número le restamos 20 nos da 18. Hallar el número.

l) Si a 20 lo multiplicamos por un número nos da 660. Determina el número.

ll) La suma de un número natural y su doble es igual a 96 unidades. Hallar el número.

m) La diferencia entre el quíntuplo y el duplo de un número natural es igual a 87. Hallar el número.

n) ¿Qué número se debe sumar con 35 para obtener 82?

ñ) El doble de un número es 104. ¿Cuál es el número?

o) El cuádruplo de un número más su doble es igual a 90. ¿Cuál es el número?

p) El triple de un número más su cuádruplo menos su doble es igual a 255. Hallar el número.

q) La suma de un número con su doble y triple es 600. Determinar el número.

r) El doble de un número más dicho número menos su cuádruplo más su triple es igual a 96. ¿Cuál es el número?

s) La suma de cuatro números pares consecutivos es 60. ¿Cuál es el menor de los números?

5. Efectuar una serie de problemas de ecuaciones en N dados a continuación; con los resultados completa las casillas en el interior del primer triángulo y luego efectuar en los otros triángulos las operaciones indicadas hasta concluir el resultado del último triángulo. Realizar los problemas de ecuaciones en N en hojas o un cuaderno.

a) Un número más el triple más el cuádruplo menos el doble de dicho número es igual a 600. Hallar el número.

b) La suma de las edades de Juana y Rosa es 96; Rosa tiene 6 años menos que Juana. Hallar ambas edades.

c) Entre Pedro y José tienen 8.100 Bs.F. Si Pedro pierde 410 Bs.F el doble de lo que le queda equivale al triple de lo que tiene José ahora. ¿Cuánto tiene cada uno?

d) La suma de tres números naturales consecutivos es 744. Determinar los números.

e) Pagué 1.320 Bs.F por un libro, un vestido y un par de zapatos. El par de zapatos costó 90 Bs.F más que el libro y 150 menos que el vestido. ¿Cuánto pagué por cada uno de ellos?

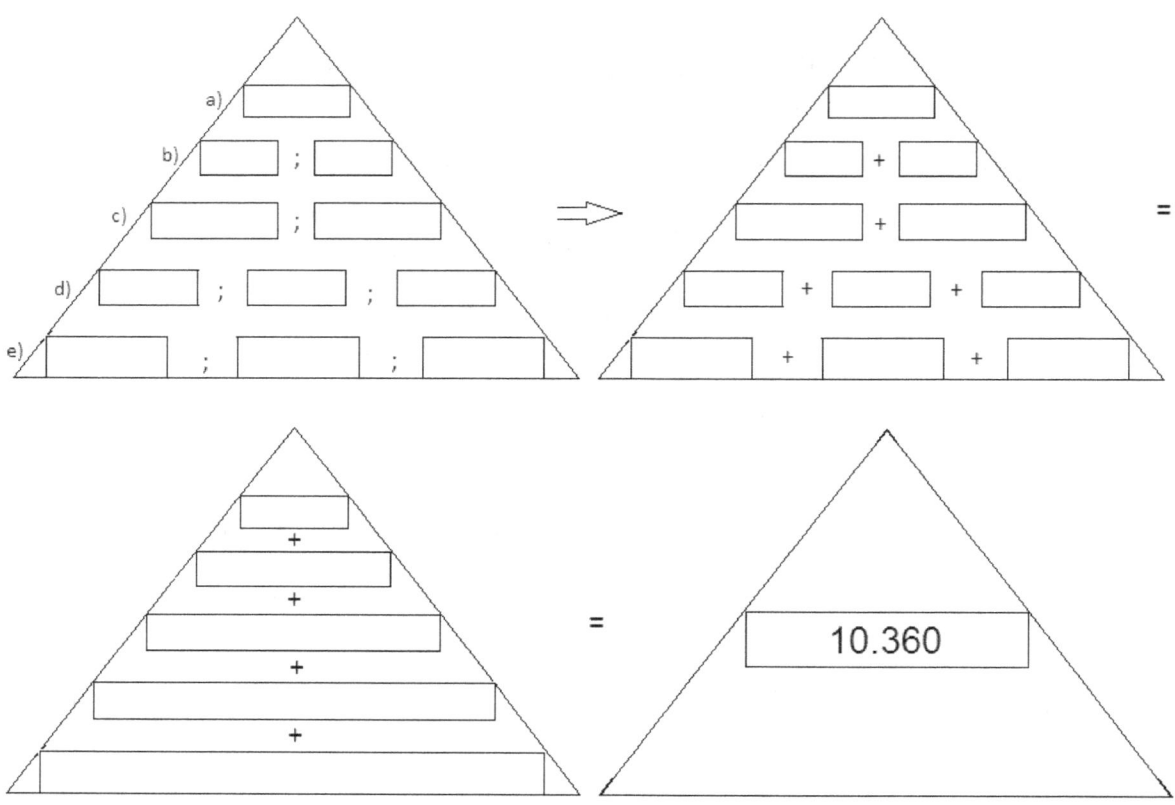

UNIDAD II

NÚMEROS ENTEROS

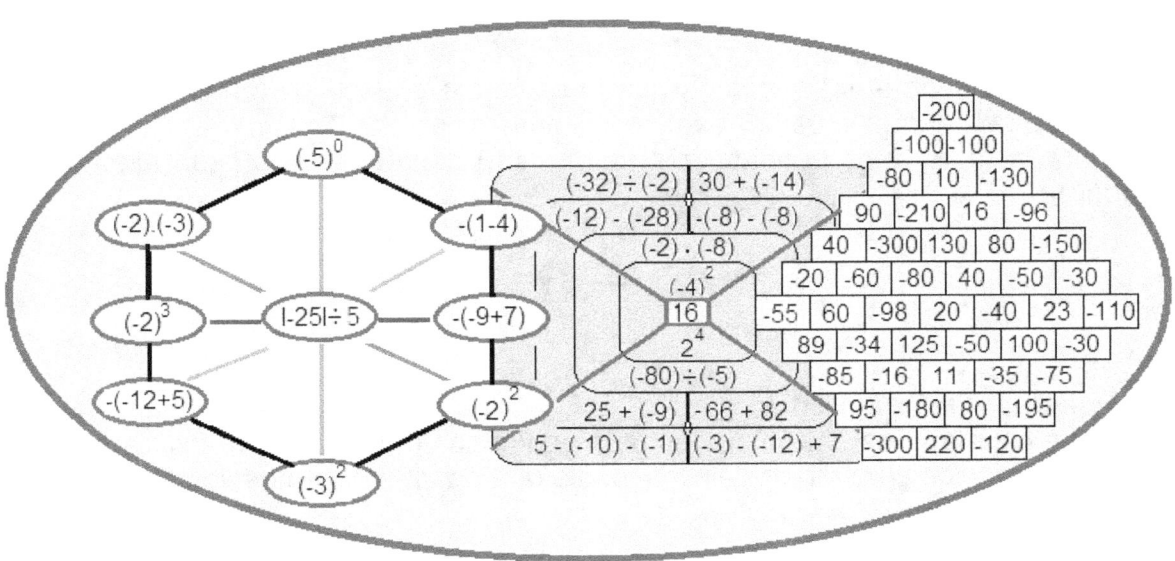

CONTENIDO:
- ➤ NÚMEROS ENTEROS (Z)
- ➤ ADICIÓN DE NÚMEROS ENTEROS
- ➤ SUSTRACCIÓN DE NÚMEROS ENTEROS
- ➤ MULTIPLICACIÓN DE NÚMEROS ENTEROS
- ➤ DIVISIÓN DE NÚMEROS ENTEROS
- ➤ POTENCIACIÓN EN Z
- ➤ RELACIONES: "DIVIDE A" Y "ES MÚLTIPLO SE. MÍNIMO COMÚN MÚLTIPLO
- ➤ ACTIVIDADES CON MATEMÁTICA RECREATIVA

NÚMEROS ENTEROS

Los **números enteros** se utilizan para expresar cantidades que varían en dos sentidos: positivos y negativos.

El conjunto formado por los números enteros positivos, el cero y los números enteros negativos, es el **conjunto de los números enteros**, que se denota por Z. Entonces:

$$Z = \{.........,-5,-4,-3,-2,-1,0,1,2,3,4,5,...........\}$$

Simbólicamente se representa por:

$$Z = Z^+ \cup \{0\} \cup Z^-$$

Valor absoluto de un número entero: Es el número natural que resulta al excluir el signo, por lo cual concuerda con el número de unidades de dicho número.

En forma geométrica tenemos que la distancia entre 0 y un número entero a cualquiera se denomina valor absoluto del número entero a.

El módulo o valor absoluto de un número entero se representa en forma simbólica:

$$|+a| = a$$
$$|-a| = a$$
$$|0| = 0$$

Relación de Orden en Z.

Entre los números enteros se estudia una relación de orden, de tal manera que entre dos de ellos se pueden dar una y sólo una de las siguientes condiciones:

$a > b$ a mayor que b

$a = b$ a igual que b

$a < b$ a menor que b

$a \geq b$ a mayor o igual que b

$a \leq b$ a menor o igual que b

Por ejemplo: a) Rosa de 30 años es mayor que Juan de 15 años.

$$30 > 15$$

b) Si la temperatura es de - 2 ºC es menor que 8 ºC.

$$-2 < 8$$

La relación de orden entre números enteros se puede representar gráficamente en una recta numérica:

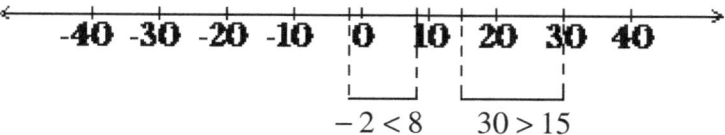

$$-2 < 8 \qquad 30 > 15$$

Podemos deducir entonces que:

i) Todo número entero positivo es mayor que cero.

20

ii) Si tenemos dos números enteros positivos, el mayor es el que tiene mayor valor absoluto.

iii) Todo número entero negativo es menor que cero

iv) Cualquier número entero positivo es mayor que cualquier número entero negativo.

v) Si tenemos dos números enteros negativos, el mayor es el que tiene menor valor absoluto.

ACTIVIDADES

1. En la figura mostrada a continuación hay una serie de casillas identificadas por una letra en la que debe colocarse las respuestas, después que se describe mediante un número entero positivo ó negativo una serie de situaciones y luego efectuar las operaciones indicadas hasta concluir el resultado dado.

(a) La temperatura es de 6 ºC bajo cero:

(b) Juan ganó 900 Bs.F:

(c) Antonia pidió 500 Bs.F:

(d) Angélica jugó la lotería y no ganó ni perdió:

(e) La temperatura es de 30 ºC:

(f) 45 metros bajo el nivel del mar:

(g) Rosa gana en su trabajo 700 Bs.F más que el mes pasado:

(h) Estamos a 120 m sobre el nivel del mar:

21

2. En la figura mostrada a continuación hay una serie de casillas identificadas por una letra en la que debe colocarse el valor absoluto de los números enteros dados en la actividad y luego efectuar las operaciones indicadas hasta concluir el resultado dado.

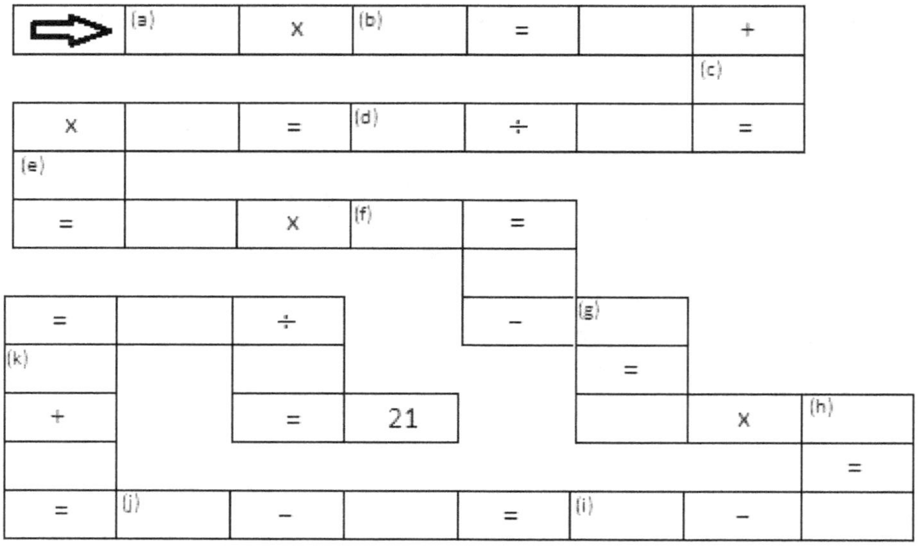

	(a)	x	(b)	=		+
						(c)
x		=	(d)	÷		=
(e)						
=		x	(f)	=		
=		÷		−	(g)	
(k)					=	
+		=	21			x	(h)
						=
=	(j)	−		=	(i)	−	

(a) $|5| =$

(b) $|-2| =$

(c) $|-6| =$

(d) $|4| =$

(e) $|3 \times 3| =$

(f) $|-3| =$

(g) $|10 + 28 + 20| =$

(h) $|-7| =$

(i) $|75 \times 2| =$

(j) $|190 - 30| =$

(k) $|-23| =$

3. Ordena los siguientes números: -12 , $+8$, -8 , $+15$, -10 , $+2$, -1 , 0 , -5 , $+20$; coloca el número en cada rectángulo.

a) De mayor a menor:

☐ , ☐ , ☐ , ☐ , ☐ , ☐ , ☐ , ☐ , ☐ , ☐

b) De menor a mayor:

☐ , ☐ , ☐ , ☐ , ☐ , ☐ , ☐ , ☐ , ☐ , ☐

4. Coloca en el espacio indicado el signo $>$ ó $<$ según corresponda:
a) -5 ___ 0
b) -8 ___ -15
c) $+9$ ___ $+13$
d) -7 ___ -20
e) -14 ___ $+2$
f) $+1$ ___ -3
g) $+9$ ___ $+20$
h) -12 ___ $+12$
i) $+7$ ___ -70
j) -15 ___ -25
k) $+19$ ___ $+12$
l) -9 ___ -3

5. i) Ordene según la relación $\leq$: -13 , -6 , $+21$, -11 , 0 , $+1$, -1 , $+24$, $+18$, $+6$; escriba el número en su respectivo rectángulo:

☐ ≤ ☐ ≤ ☐ ≤ ☐ ≤ ☐ ≤ ☐ ≤ ☐ ≤ ☐ ≤ ☐ ≤ ☐

ii) Ordena según la relación $\geq$: -5. $+6$. -2, 0, -1. $+3$, $+2$, $+7$, -3, -7; escribe el número en su respectivo rectángulo:

☐ ≥ ☐ ≥ ☐ ≥ ☐ ≥ ☐ ≥ ☐ ≥ ☐ ≥ ☐ ≥ ☐ ≥ ☐

6. Efectúa el valor absoluto de los números en Z, dados en la actividad y completa el esquema con los resultados dados escritos en letras.
a) $x = 3$, $|x| =$
b) $x = -6$, $|x| =$
c) $x = -10$, $|x| =$
d) $x = 200$, $|x| =$
e) $x = 0$, $|x| =$

f) $x = -90$, $|x| =$

g) $x = -11$, $|x| =$

h) $x = 50$, $|x| =$

i) $x = -80$, $|x| =$

j) $x = -14$, $|x| =$

k) $x = 800$, $|x| =$

l) $x = -12$, $|x| =$

ll) $x = 1$, $|x| =$

RESULTADOS CRUZADOS

OPERACIONES DE NÚMEROS ENTEROS

ADICIÓN DE NÚMEROS ENTEROS

La adición de números enteros es una operación que asocia a cada par de enteros a, b; otro número entero que denotamos $a + b$ y llamamos suma de a y b.

Es una función: $f : Z \; x \; Z \to Z$

$$f(a,b) = a + b = c \qquad\qquad \forall a, b, c \in Z$$

Para determinar la suma de dos números enteros, vamos a considerar dos casos:

1) Adición de dos números enteros del mismo signo: "La suma de dos números enteros de igual signo se obtiene sumando sus valores absolutos y colocando a esta suma el mismo signo".

Ejemplos: a) $(+10) + (+8) = 10 + 8 = 18$

b) $(-15) + (-9) = -(15 + 9) = -24$

2) Adición de dos números enteros de diferente signo: "La suma de dos números enteros de diferente signo se obtiene restando sus valores absolutos y colocando a la diferencia el signo del que tenga mayor valor absoluto"

Ejemplos: a) $(+250) + (-100) = 150$

b) $(-300) + (+200) = -100$

24

Propiedades de la adición en Z:

i) Ley de composición interna o propiedad de la clausura: Al sumar dos números enteros, el resultado de la suma es siempre un número entero.

$$\exists!(a+b) \in Z \qquad \forall a,b \in Z$$

ii) Propiedad conmutativa: En la adición de números enteros, cualquiera que sea el orden de los sumandos no altera la suma.

$$a+b = b+a \qquad \forall a,b \in Z$$

iii) Propiedad asociativa: En la adición de números enteros la forma de agrupar los sumandos no altera la suma.

$$(a+b)+c = a+(b+c) \qquad \forall a,b,c \in Z$$

iv) Elemento neutro: En la adición de números enteros el **cero** es el elemento neutro, ya que si $a \in Z$, entonces:

$$a+0 = 0+a = a \qquad \exists!0 \in Z \qquad \forall a \in Z$$

v) Elemento simétrico u opuesto: Si a es un número entero, entonces; $a+(-a) = 0$ y $(-a)+a = 0$; decimos que el simétrico u opuesto de un número entero a es $-a$ y el simétrico de $-a$ es a. O sea:

$$a+(-a) = (-a)+a = 0 \qquad \forall a \in Z$$

SUSTRACCIÓN DE NÚMEROS ENTEROS

En general, para restar números enteros transformamos a la sustracción en una adición de números enteros y resolvemos aplicando las reglas de la adición.

"Dados dos números enteros a y b, determinar la diferencia $a-b$, es igual a sumar el primer número con el opuesto o inverso del segundo: $a-b = a+(-b)$".

Tenemos que a es el minuendo y b el sustraendo de la operación. Al resultado de esta operación $a-b$ se le llama diferencia.

Ejemplos: a) $(+6)-(-8) = (+6)+(+8) = +14$

b) $(-9)-(+6) = (-9)+(-6) = -15$

Suma algebraica en Z.

"Llamamos suma algebraica a la combinación de adiciones y sustracciones de números enteros".

Ejemplo: $(+7)-(-16)+(-22)-(+17)-(-35)+(-21) =$

$(+7)+(+16)+(-22)+(-17)+(+35)+(-21) = 58-60 = -2$

Eliminación de signos de agrupación: Es frecuente encontrar sumas algebraicas en donde son utilizados signos de agrupación: paréntesis, corchetes y llaves. Vamos a aplicar unas reglas sencillas para efectuar dichas sumas:

a) Al eliminar un signo de agrupación precedido del signo +, todo lo que estaba dentro conserva su signo.

b) Al eliminar un signo de agrupación precedido del signo - , todo lo que estaba dentro cambia de signo.

c) Para eliminar los signos de agrupación, conviene ir "de adentro hacia afuera". Es decir, primero los paréntesis, luego los corchetes y finalmente las llaves.

A continuación lo explicaremos por medio de un ejemplo:

Eliminar los signos de agrupación en el siguiente ejercicio: $a+\{b-[c+(d+e)]\}$
Efectuando tenemos que:

   i) Eliminamos el paréntesis : $a+\{b-[c+d+e]\}$
   ii) Eliminamos el corchete: $a+\{b-c-d-e\}$
   iii) Eliminamos la llave: $a+b-c-d-e$

MULTIPLICACIÓN DE NÚMEROS ENTEROS

"La multiplicación de números enteros es una operación que asocia a cada par de números enteros a y b, otro número entero que denotamos $a\cdot b$ y llamamos producto de a y b".

Tenemos que tener claro que a los enteros a y b se le denominan factores.

Al efectuar el estudio de la multiplicación en Z, tenemos que:

■ Producto de dos enteros positivos: Para multiplicar dos números enteros positivos se multiplican sus valores absolutos y se coloca el signo positivo (+) al resultado. En forma general, si a y b son enteros positivos: $(+a)\cdot(+b)=+(a\cdot b)$.

■ Producto de un entero positivo por un entero negativo: Para multiplicar un número entero positivo y un número entero negativo se multiplican sus valores absolutos y se coloca el signo negativo (-) al resultado. En forma general: $(+a)\cdot(-b)=-(a\cdot b)$.

■ Producto de un entero negativo por un entero positivo: Para multiplicar un número entero negativo y un número entero positivo se multiplican sus valores absolutos y se coloca el signo negativo (-) al resultado. En forma general: $(-a)\cdot(+b)=-(a\cdot b)$.

■ Producto de dos enteros negativos: Para multiplicar dos números enteros negativos se multiplican sus valores absolutos y se coloca el signo positivo (+) al resultado. En forma general: $(-a)\cdot(-b)=+(a\cdot b)$.

De lo estudiado en la multiplicación de Z se desprende la siguiente regla práctica para determinar el signo del producto de dos números enteros, conocida como regla de los signos:

$$(+)\cdot(+)=+$$ Más por más da más.
$$(+)\cdot(-)=-$$ Más por menos da menos.
$$(-)\cdot(+)=-$$ Menos por más da menos.
$$(-)\cdot(-)=+$$ Menos por menos da más.

Si alguno de los factores es igual a cero, entonces el producto también es igual a cero.

Propiedades de la multiplicación en Z:

i) Ley de la composición interna o propiedad de la clausura: El producto de números enteros es siempre un número entero, por la cual se afirma que la multiplicación es cerrada en Z.

$$\exists!(a \cdot b) \in Z \qquad \forall a,b \in Z$$

ii) Propiedad conmutativa: En la multiplicación de números enteros, el orden de los factores no altera el producto.

$$a \cdot b = b \cdot a \qquad \forall a,b \in Z$$

iii) Propiedad asociativa: En la multiplicación de números enteros se pueden agrupar factores sin alterar el producto.

$$(a \cdot b) \cdot c = a \cdot (b \cdot c) \qquad \forall a,b,c \in Z$$

iv) Elemento neutro: El número uno positivo es el elemento neutro de la multiplicación de números enteros. Todo número entero multiplicado por más $(+1)$ es igual al mismo número.

$$a \cdot (+1) = (+1) \cdot a = a \qquad \forall a \in Z$$

v) Elemento absorbente: El cero (0) es el elemento absorbente de la multiplicación de números enteros. Todo número entero multiplicado por cero da un producto igual a cero.

$$a \cdot 0 = 0 \cdot a = 0 \qquad \forall a \in Z$$

vi) Propiedad de la cancelación o simplificación; también se le denomina a esta propiedad como elemento regular: Dado los números enteros a, b, c de tal forma que $c \neq 0$, se cumple que $a \cdot c = b \cdot c$ entonces $a = b$.

$$a \cdot c = b \cdot c \Rightarrow a = b \qquad \forall a,b,c \in Z \; ; \; c \neq 0$$

vii) Propiedad distributiva de la multiplicación respecto a la adición: La multiplicación de un número por una suma indicada es igual a la suma de los productos de ese número por cada uno de los sumandos.

$$a \cdot (b + c) = a \cdot b + a \cdot c \qquad \forall a,b,c \in Z$$

DIVISIÓN DE NÚMEROS ENTEROS

La división de números enteros es una operación que tiene por objeto determinar el mayor número que multiplicado por el divisor, sea igual o menor que el dividendo.

La división de números enteros se expresa de las formas siguientes:

$$a \div b = c \qquad\qquad \begin{array}{c|c} a & b \\ \hline r & c \end{array}$$

$$\frac{a}{b} = c \qquad\qquad a/b = c$$

De donde tenemos que:

a: Dividendo ; b: Divisor ; c: Cociente y r: Resto

La división entera consiste en, dados dos números enteros a y b, con $b \neq 0$, llamados dividendo y divisor respectivamente, hallar otros dos números enteros c y r, llamado cociente y residuo o resto, tales que: $a = b \cdot c + r$, de tal

27

manera que: $0 \leq r < |b|$. Esta es la llamada relación fundamental de la división.

Si $r = 0$ entonces $a = b \cdot c$, por lo tanto, la división de a entre b es exacta.

Si $r \neq 0$ entonces la división de a y b es inexacta y se cumple que: $a = b \cdot c + r$.

Observando lo explicado anteriormente, nos damos cuenta que la relación existente entre la multiplicación y la división de números enteros permite establecer una regla de los signos para la división, análoga a la que existe para la multiplicación. Si a, b y c son tres números enteros:

$$\left.\begin{array}{l}(+a) \div (+b) = +c \\ (-a) \div (-b) = +c\end{array}\right\} \text{El cociente da positivo.}$$

$$\left.\begin{array}{l}(+a) \div (-b) = -c \\ (-a) \div (+b) = -c\end{array}\right\} \text{El cociente da negativo.}$$

Concluyendo: "Para hallar el cociente exacto de dos números enteros se dividen los valores absolutos; si el dividendo y el divisor tienen igual signo, el cociente es positivo; y si el dividendo y el divisor tienen distinto signo el cociente es negativo.

Propiedades de la división en Z:
i)   Elemento neutro: El cociente de cualquier número entero entre 1 es igual al mismo número.
$$a \div 1 = a \qquad \forall a \in Z$$
ii)   Elemento absorbente: El cociente de cero entre cualquier número entero distinto de cero es cero.
$$0 \div a = 0 \qquad \forall a \in Z, \ a \neq 0$$
La división de números enteros no es una operación cerrada en Z y además no se cumplen las propiedades conmutativa ni asociativa.

En la división es muy importante que tengamos presentes siempre lo siguiente:
- La división no está definida cuando el divisor es cero.
- El cociente $0 \div 0$ no está definido.

ACTIVIDADES

1. Escriba la adición en Z representada en cada una de las siguientes rectas numéricas:

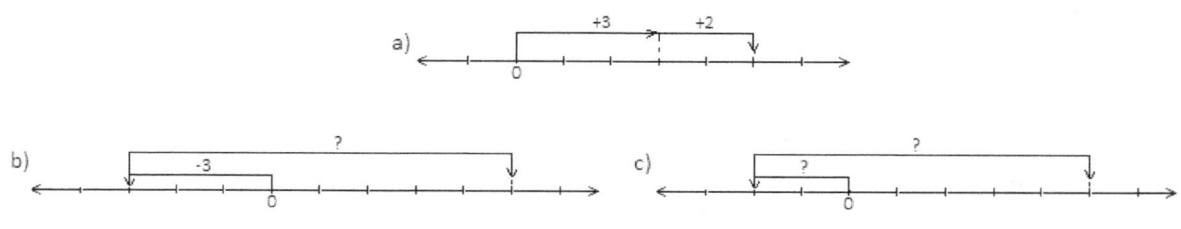

28

d)
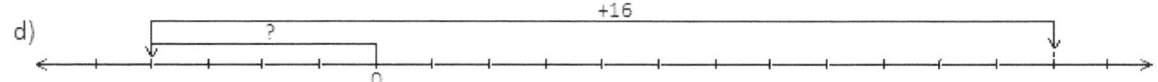

2. Representa en la recta numérica que se encuentra dentro del trapecio las siguientes adiciones de números enteros:

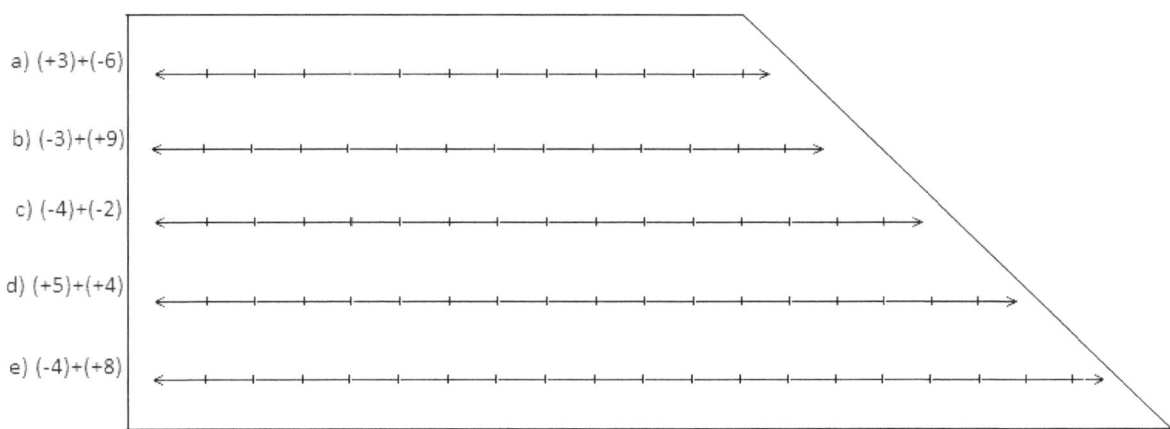

a) (+3)+(-6)

b) (-3)+(+9)

c) (-4)+(-2)

d) (+5)+(+4)

e) (-4)+(+8)

3. En la figura mostrada a continuación hay una serie de casillas identificadas por una letra en la que debe colocarse los resultados de las adiciones de números enteros y luego efectuar las operaciones indicadas hasta concluir el resultado dado.

(a) $(-10) + (-3) =$

(b) $(-20) + (+5) =$

29

(c) (+15) + (+30) =

(d) (+40) + (+10) =

(e) (+65) + (−60) =

(f) (−12) + (−20) =

(g) (+95) + (−90) =

(h) (−30) + (+80) =

(i)   (−80) + (+80) =

(j) (+250) + (−325) =

4. Pirámide de Adición en Z: Escribe dentro del paréntesis el sumando que falta en cada caso, correspondiente al ejercicio de cada casilla para que cumpla la operación:

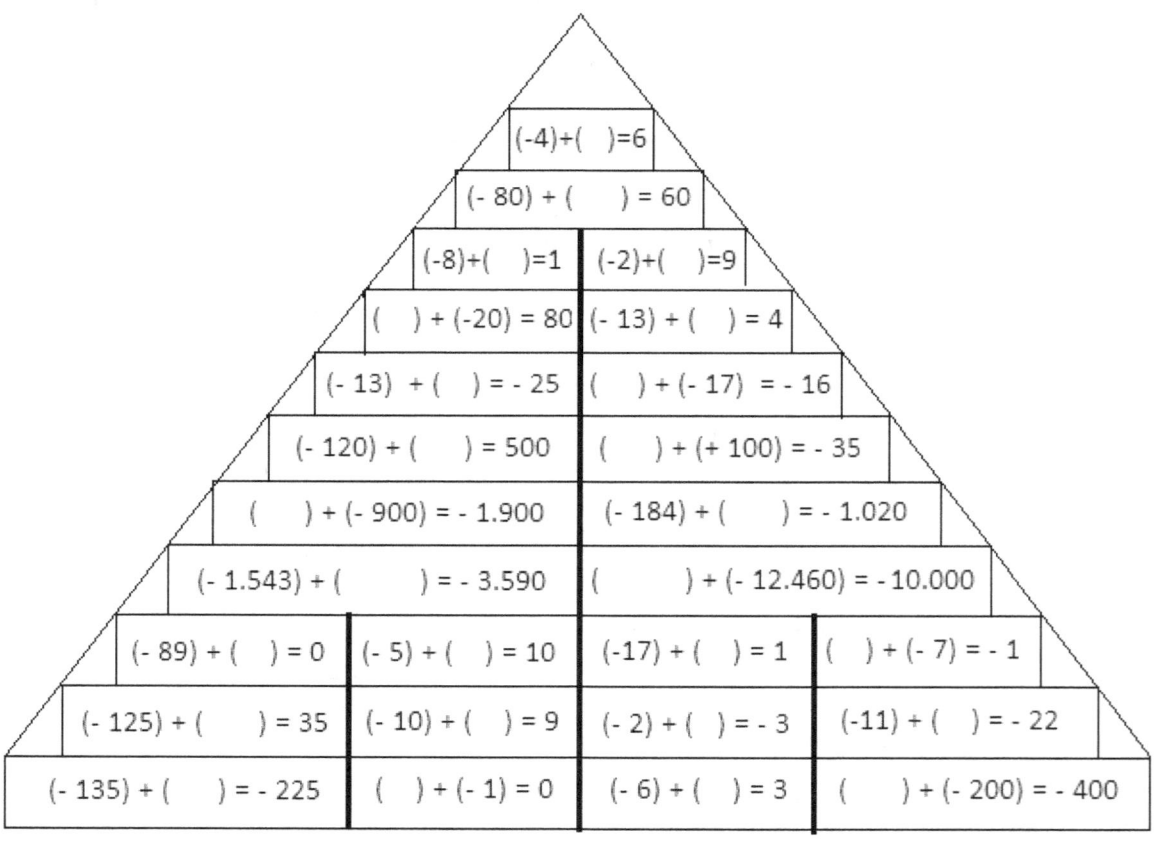

5. En la figura mostrada a continuación hay una serie de casillas identificadas por una letra en la que debe colocarse los resultados de los ejercicios de las adiciones aplicando la propiedad asociativa en Z, y luego efectuar las operaciones indicadas en dicha figura hasta concluir el resultado dado.

⇨	(a)	+	(b)	+	(c)	+	(d)	=		⇩
☆	☆	☆	☆	☆	☆	☆	☆	☆	+	☆
⇨	(e)	+	(f)	+	(g)	+	(h)	=		⇩
☆	☆	☆	☆	☆	☆	☆	☆	☆	+	☆
⇨	(i)	+	(j)	+	(k)	+	(l)	=		⤷
☆	☆	☆	☆	☆	☆	☆	☆	⇨	=		+		=	4

(a) $(-9) + (-4) + (+18) =$

(b) $(-6) + (+10) + (+5) =$

(c) $(+8) + (-26) + (+13) =$

(d) $(-10) + (+14) + (-18) =$

(e) $(+22) + (-16) + (+33) =$

(f) $(-10) + (-6) + (+9) =$

(g) $(-28) + (-27) + 25 =$

(h) $(-41) + (-34) + (-47) + 70 =$

(i) $(-9) + 14 + (-21) + 14 + 9 =$

(j) $(-120) + 100 + (-400) + 500 =$

(k) $542 + (-400) + (-500) + 400 =$

(l) $(-3.560) + 4.000 + (-6.000) + 5.500 =$

6. Completa e indica la propiedad para la suma en Z que se ha aplicado en las siguientes igualdades:

Igualdades		Propiedades
a) - 7 + (+ 10) = _____ + (- 7)	⇒	
b) - 9 + _____ = 0	⇒	
c) (- 5 + 9) + _____ = (- 5) + (_____ + 8)	⇒	
d) b + _____ = b	⇒	
e) (- 10 + 5) + _____ = (-10) + (5 + 9)	⇒	
f) 15 + _____ = 0	⇒	
g) - 130 + _____ = - 130	⇒	

7. Efectúa las operaciones de sustracción de Z y completa el esquema observado en la actividad, donde se van a cruzar los números provenientes de los resultados obtenidos, (colocar en una casilla el signo negativo donde se precise).

RESULTADOS CRUZADOS

Realizar las operaciones en hojas o un cuaderno:
1. $(+8) - (-12) =$
2. $(+20) - (+6) =$
3. $(+12) - (-112) =$
4. $(+110) - (-500) =$
5. $(-12) - (+19) =$

32

6. $(+670) - (+1670) =$

7. $(+650) - (+33280) =$

8. $(-11253) - (-21253) =$

9. $(-395) - (+650) =$

10. $(+33689) - (-79800) =$

11. $(112020) - (-295680) =$

12. $(-325328) - (-5125679) =$

13. $(+77256) - (-125691) =$

14. $(+3000000) - (+550000) =$

15. $(-25000326) - (-336000000) =$

16. $(-856234) - (+121593) =$

17. $(+720910) - (+305190) =$

8. Efectuar una serie de ejercicios en Z, que debes resolverlos en un cuaderno, hojas o block y luego buscar los resultados en el esquema de números mostrado a continuación. (Tomar en cuenta los signos):

6	6	4	4	6	6	8	6	3	1	2	5	8	2	6	2	3	1	3	0
7	6	5	5	6	9	2	1	0	-	1	3	2	6	1	1	-	0	0	9
9	6	4	9	8	3	5	2	6	3	5	1	1	9	9	3	0	3	9	1
5	6	7	3	2	0	3	8	5	2	7	8	0	4	1	0	1	0	6	2
6	5	0	3	5	8	9	2	5	5	5	2	2	5	-	6	8	2	1	7
3	5	6	9	2	2	2	3	5	5	8	3	4	-	1	2	0	3	1	0
3	6	-	0	0	0	8	9	6	9	1	8	1	1	9	6	9	4	5	3
9	9	9	1	8	7	8	8	4	8	5	5	3	3	2	9	2	1	4	2
9	6	8	5	0	6	5	6	8	9	9	9	3	0	3	3	2	8	5	1
5	7	6	1	6	2	3	6	6	8	6	8	7	7	7	9	1	4	2	7
6	4	1	8	2	3	9	6	9	6	6	9	5	2	1	3	6	2	6	4
9	1	3	3	1	8	5	5	2	5	4	8	8	1	8	-	7	6	7	1
1	4	0	8	9	0	6	7	0	7	7	7	1	5	5	2	4	6	7	9
2	4	9	9	6	9	6	6	9	3	6	1	9	6	5	8	5	5	1	6
3	3	0	0	2	2	3	5	5	8	5	1	1	-	1	1	9	5	1	3
1	0	4	4	1	7	4	1	5	5	8	0	7	4	9	5	7	7	5	2
0	1	8	5	0	5	4	4	4	1	1	7	7	7	4	7	8	4	7	2
3	0	0	1	0	2	5	5	6	5	7	4	4	7	8	5	5	5	4	0
3	3	1	3	6	3	9	9	0	1	0	0	0	1	6	1	0	0	1	4
1	1	3	1	2	6	2	3	2	8	6	0	0	7	9	9	0	5	0	7

a) $25 + (-2) =$

b) $116 + (-235) =$

c) $(-80) + (-40) =$

d) $(-136) + 800 =$

e) $(-350) - (-2500) =$

f) $10356 - (-3625) =$

g) $(-14582) - (-64932) =$

h) $(-9036) - (-1365) =$
i) $759 + (-125) =$
j) $-11289 - (-396567) =$
k) $-139867 - (-7256) =$
l) $(-9876576) + 10987654 =$
ll) $9325 + (-725) =$
m) $-986 - (-12560) =$
n) $650 - (-460) =$
ñ) $(-1026) - (-9856) =$
o) $1344 + (-344) =$
p) $12568 + (-1256) =$
q) $(-798) + 1365 =$
r) $1265 - (-1967) =$
s) $(-13659) + 36789 =$
t) $(-350) - (-946) =$
u) $(-36987) - (-46895) =$

9. Efectuar las operaciones en Z, correspondiente a cada una de las casillas mostradas en la pirámide.

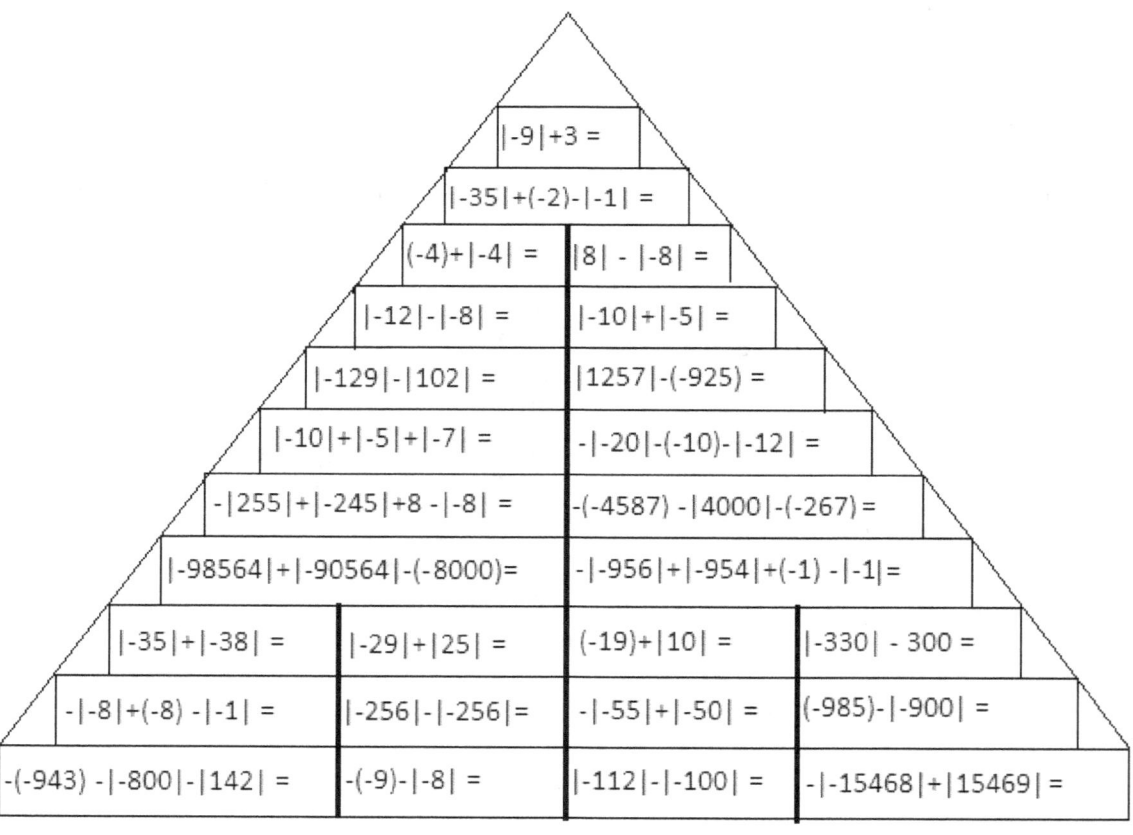

34

10. En la figura mostrada a continuación hay una serie de casillas identificadas por una letra en la que deben colocarse los resultados de las sumas algebraicas dadas en la actividad y luego efectuar las operaciones indicadas hasta concluir el resultado dado.

➡	(a)	+	(b)	−	(c)	+	(d)	=		⬇
☆	☆	☆	☆	☆	☆	☆	☆	☆	−	☆
➡	(e)	−	(f)	−	(g)	−	(h)	=		⬇
☆	☆	☆	☆	☆	☆	☆	☆	☆	+	☆
➡	(i)	−	(j)	+	(k)	+	(l)	=		⬇
☆	☆	☆	☆	☆	☆	☆	☆	☆	−	☆
➡	(ll)	+	(m)	−	(n)	+	(ñ)	=	↳	
☆	☆	☆	☆	☆	☆	☆	☆	☆	=	+ = 104

Realizar las operaciones en hojas o un cuaderno:

(a) $5 + (−8) − (−50) + 19 − (−6)$
(b) $−7 − (−12) + 18 − 22 + (−6)$
(c) $58 + (−20) − (−24) + (−8) − (−50)$
(d) $120 + 60 − (−8) + (−12) + 200 − 2$
(e) $77 + 74 − 80 − 12 + 155 − 10 + 320$
(f) $−60 − 90 + 170 − 88 + 90 − 59 + 120$
(g) $5 − 3 − 9 + 10 − 2 + 12 + 22 − 2 + 16$
(h) $9 − (−8) + 7 + (−5) + 9 + (−8) + 30$
(i) $−25 + 14 + 25 − 63 + 29 + 80 + 100$
(j) $−3 + 12 − 10 − 31 + 25 + 34 + 85 − 9 + 10$
(k) $−40 − 26 + 28 + 32 − 16 + 26 + 90 − 42 + 3 + 20 − 90$
(l) $16 − 12 − 8 + 35 + 46 + 24 − 16 + 24 + 99$
(ll) $164 − 45 + 130 − 188 − 17 − 19 − 90$
(m) $153 + 138 − 50 − 70 + 77 − 10 + 196 + 100$
(n) $296 − 722 + 2340 − 150 − 1590 − 402 + 600$
(ñ) $−197 + 185 + 153 − 230 − 243 + 571$

11. En el esquema dado en esta actividad hay una serie de casillas identificadas por una letra en la que deben colocarse los resultados de las sumas algebraicas dadas a continuación y luego efectuar las operaciones indicadas en dicho esquema hasta concluir el resultado dado. Realizar los las operaciones en hojas o un cuaderno.

(a) $17 − 39 + 105 + 349 − 20 − 30 + 420 + 850 − 1700$
(b) $88 + 96 + 145 − 7 − 16 + 170 + 32 + 42 − 32 + 25 − 450$
(c) $−36 + 112 + 140 − 36 − 10 − 8 + 92 + 252 + 168 + 220$
(d) $162 − 20 − 40 + 225 − 22 + 90 − 199 + 225 − 998 + 600$
(e) $19 − 12 + 96 − 11 + 44 + 110 + 720 − 44 − 10 + 660 − 1520$
(f) $−1578 + (−68) + 870 + (−586) + (−725) + (−125) + (−30) + 2200$

35

(g) $-18 + 96 + 115 - 10 + 1005 + 795 - 112 + 987 + 325 - 40 - 3100$

(h) $745 + 1023 - 63 + 50 - 100 + 250 - 40 + 326 + 120 + 140 - 2500$

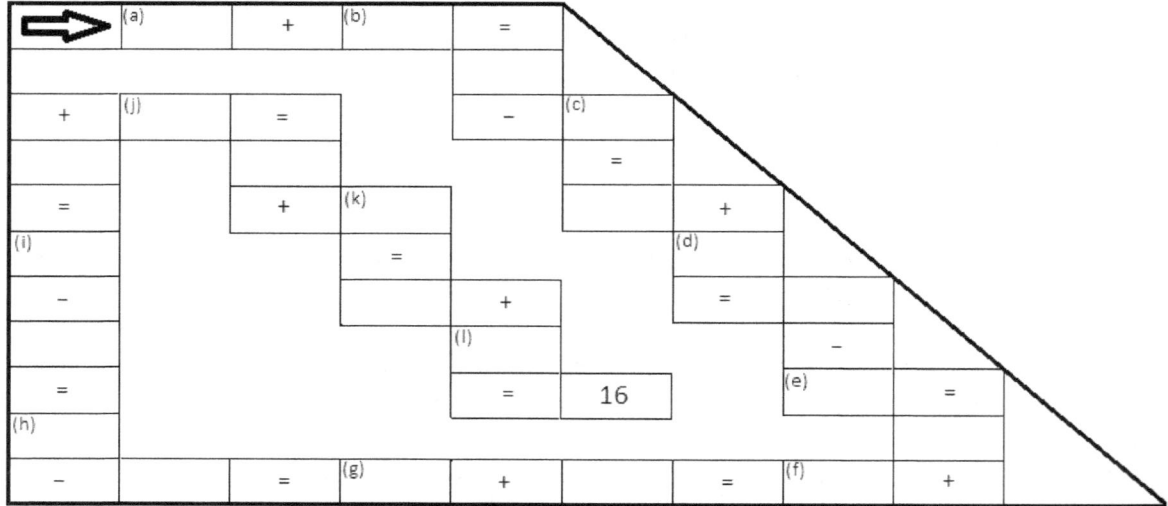

12. En el trapecio mostrado en la actividad hay una serie de casillas identificadas por una letra, en la que se debe colocar los resultados de las ecuaciones en Z efectuadas; luego se realizara las operaciones indicadas en la figura hasta concluir el resultado dado.

Realizar las ecuaciones en hojas o un cuaderno:

(a) $x - (-6) = 0$

(b) $20 - x = 0$

36

(c) $x - 20 = -12$

(d) $19 - x = -16$

(e) $-x = 17 + (-40)$

(f) $-x + 23 = 19$

(g) $x + 6 = 15$

(h) $-34 - x = -64$

(i) $-9 + x = -29$

(j) $x + (-40) - (-30) = -70$

(k) $-(-20) + (-5) + x = 50$

(l) $x - (-5) = 6 - (-9) + 10$

13. En la figura mostrada a continuación Hay una serie de casillas identificadas por una letra en la que debe colocarse los resultados de los problemas en Z de la actividad y luego efectuar las operaciones indicadas hasta concluir el resultado dado.

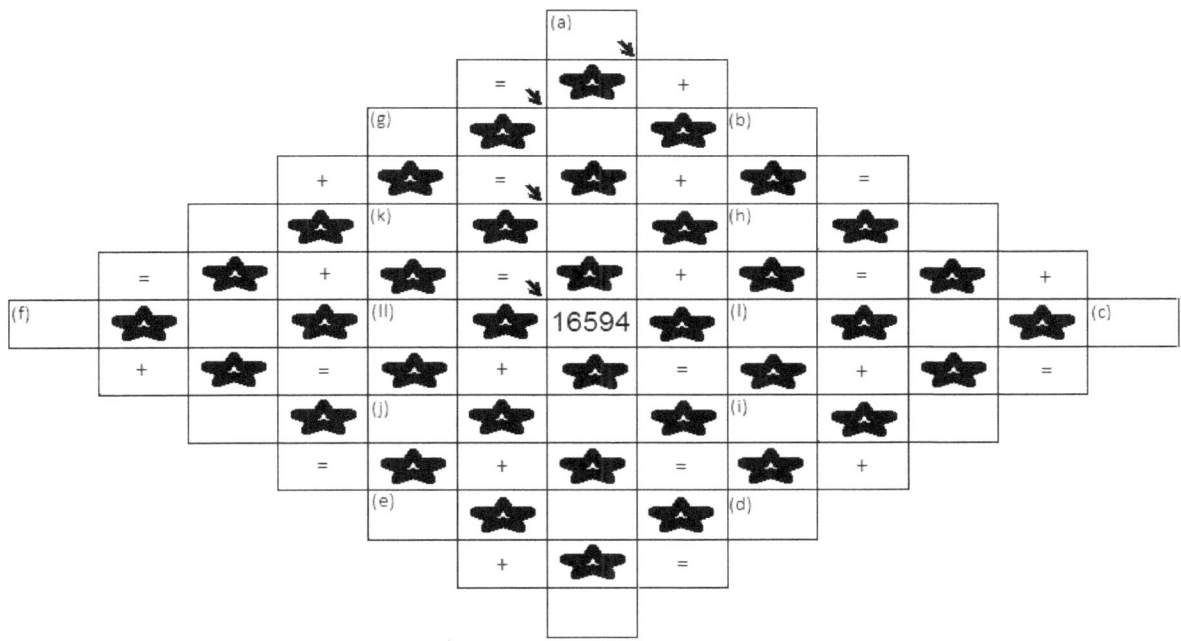

Realizar los problemas en hojas o un cuaderno:

(a) ¿Qué número aumentado en 15 da 50?

(b) ¿Qué número sumado con −35 da como resultado 60?

(c) ¿Qué número sumado con 20 da como resultado −6?

(d) ¿Qué número sumado con −4 da como resultado −11?

(e) ¿Qué número disminuido en 53 da −98?

(f) A un número le sumamos −30 y obtenemos como resultado −58. ¿Cuál es el número?

(g) ¿Qué número disminuido en −8 da −12?

(h) ¿Qué número disminuido en 25 da 65?

(i) El sustraendo es −25 y la diferencia es −34. ¿Cuál es el minuendo?

37

(j) Tales de Mileto, sabio de la antigua Grecia, nació en el año 640 antes de Cristo. ¿ Cuántos años tendría en el 2.013?

(k) En cierto lugar de la Cordillera de los Andes en un día de invierno, se registró una temperatura de 12ºC a las 18 horas; a las 24 horas se comprobó un descenso de 26ºC. Determinar la temperatura registrada a esa hora.

(l) El día primero del mes de Septiembre el Sr. Martínez tenía en su cuenta de ahorro 5.000 Bs.F, ese mismo día depositó 2.000 Bs.F, en las dos semanas siguientes retiró 120 Bs.F y 650 Bs.F. Si al final del mes depositó 3.690 Bs.F. ¿Cuánto dinero tiene ahora?

(ll) Maigualida gana 45.000 Bs.F por un trabajo realizado, luego gasta 20.000 Bs.F, posteriormente le pagan una deuda de 4.000 Bs.F y finalmente gasta 25.000 Bs.F. Determinar el saldo final.

14. Completa los espacios vacios, colocando en cada cuadro los resultados de los ejercicios de eliminación de signos de agrupación en Z; luego efectuar las operaciones señaladas después en el esquema, según las filas y columnas indicadas, hasta llegar al resultado dado.

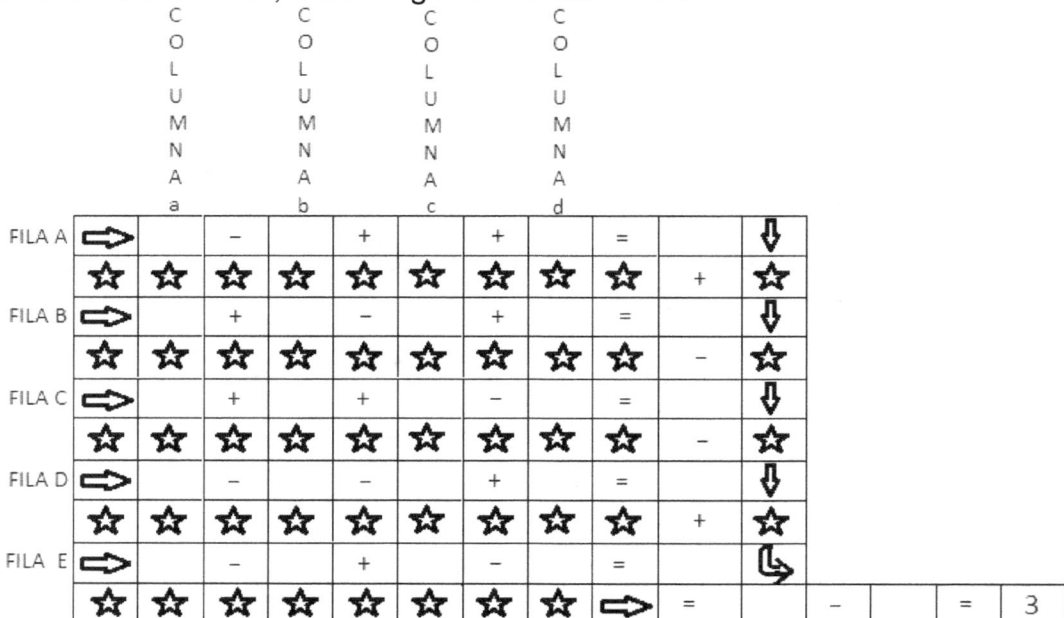

Realizar los ejercicios de eliminación de signos de agrupación en hojas o un cuaderno:

FILA A

COLUMNA a: $9 - (6 + 5) - (8 + 12)$

COLUMNA b: $60 + (30 - 38 + 40) - (15 + 20)$

COLUMNA c: $10 - [-30 + (13 + 8) - (17 - 9)]$

COLUMNA d: $6 + [-5 + (-6 + 8) + (-5 - 4) - (6 + 9)]$

FILA B

COLUMNA a: $-(-7 + 2 + 6) - [-(-5 + 6) + (8 - 10 + 4) - 20]$

COLUMNA b: $3 - \{-[4 - (5 + 4 - 8) + 9] - 5\} - (9 - 10)$
COLUMNA c: $45 - \{26 - [-24 + 27 - (23 - 26 + 20)] - 34\}$
COLUMNA d: $-12 + \{46 - [38 + (29 - 24 + 17) + 15] - (-90)\}$

FILA C
COLUMNA a: $50 - \{-(-9 - 16) + [-(-30 + 19 - 12) + 29] - 46\}$
COLUMNA b:
$-10 + \{8 + (-12 + 8) + [-(-6 + 9 - 7) + 11 - (10 - 6) - 8]\} + 12 - (-5 + 9 + 3)$
COLUMNA c:
$-8 + \{-(8 - 3) - [-(-12 + 8 - 10) - (42 - 22) + (15 - 17 - 9)] - (12 + 3)\} - 20$
COLUMNA d:
$9 - [-(-6 - 7) + 4 - (20 + 6)] - \{-4 + [-(10 - 4 - 8) + 4] - (15 + 9 + 7) - 20\} + (-8)$

FILA D
COLUMNA a: $-\{-[-(6 + 12) + (-9 + 10 - 6) - (5 - 8)] - (-9 - 6 - 11) + 12\}$
COLUMNA b: $-15 + \{-9 + (-7 + 10) - [-(4 + 6 - 9) - (15 - 9 - 21)] - (4 + 8)\}$
COLUMNA c:
$-(-4) - \{-[14 - (18 - 13) - 8 - (5 - 9 - 7)] - [-(-14 - 10) - (12 - 3)] - (-10)\} - 9$
COLUMNA d:
$-\{-3 - [-2 - (4 - 6 - 9) + (5 + 7) - 2]\} + \{-[-5 + (4 + 3 + 9) - (-5)] - 4\}$

FILA E
COLUMNA a:
$6 + [-8 - (7 - 5)] + \{-[-3 - (9 - 6 - 7) + (5 + 10 - 12)] + (14 - 3 - 15)\}$
COLUMNA b:
$10 - \{5 + 3 - [17 - (11 + 13 - 8) - (15 - 19)] - [4 - (14 - 7) - (-7 - 5) - 2] + 9\}$
COLUMNA c:
$-20 + \{-48 + 13 - [50 - (60 - 10 - 70 - 40) + (2 - 28)] + [-(30 + 15) - (29 - 74)]\}$
COLUMNA d:
$-\{-16 + [24 - (38 - 18) - (-14 - 19)] - (12 + 15)\} - \{-[-7 - (11 + 29 - 15) - (-8)]\}$

15. Efectúa las operaciones de multiplicación en Z y completa el esquema de la actividad, donde se van a cruzar los números que provienen de los resultados obtenidos. (Debe colocarle en su casilla respectiva el menos en los resultados negativos).

   a) $(+9) \cdot (+7) =$
   b) $(+14) \cdot (-9) =$
   c) $(+3) \cdot (+39) =$
   d) $(-20) \cdot (-303) =$
   e) $(+99) \cdot (+12) =$
   f) $(+113) \cdot (+20) =$
   g) $(-102) \cdot (-36) =$
   h) $(-11) \cdot (+35) =$
   i) $(-44) \cdot (-47) =$
   j) $(-119) \cdot (+64) =$

k) $(-37) \cdot (+72) =$

l) $(-189) \cdot (-12) =$

ll) $(-325) \cdot (-122) =$

m) $(+957) \cdot (+125) =$

n) $(-4056) \cdot (+965) =$

ñ) $(+196) \cdot (+932) =$

o) $(+8456) \cdot (+1752) =$

p) $(-11256) \cdot (-1279) =$

q) $(+1256) \cdot (+12968) =$

r) $(-1379) \cdot (-235) =$

s) $(-666) \cdot (+525) =$

t) $(+47965) \cdot (+723) =$

RESULTADOS CRUZADOS

16. Efectúa las siguientes operaciones en Z, correspondiente al ejercicio de cada casilla del interior de la Pirámide.

(Efectuar las operaciones en hojas o un cuaderno)

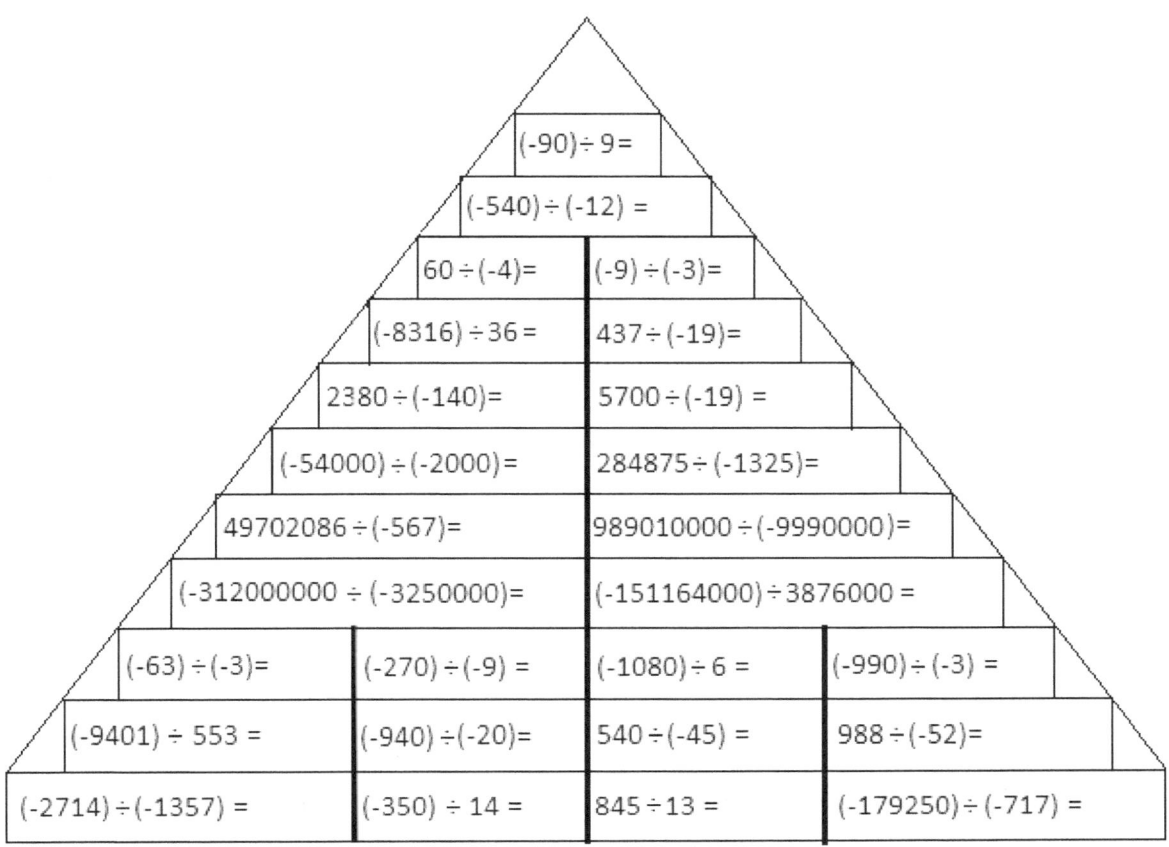

(-90)÷9=

(-540)÷(-12) =

60÷(-4)= (-9)÷(-3)=

(-8316)÷36 = 437÷(-19)=

2380÷(-140)= 5700÷(-19) =

(-54000)÷(-2000)= 284875÷(-1325)=

49702086÷(-567)= 989010000÷(-9990000)=

(-312000000÷(-3250000)= (-151164000)÷3876000 =

(-63)÷(-3)= (-270)÷(-9) = (-1080)÷6 = (-990)÷(-3) =

(-9401)÷553 = (-940)÷(-20)= 540÷(-45) = 988÷(-52)=

(-2714)÷(-1357) = (-350)÷14 = 845÷13 = (-179250)÷(-717) =

17. En el esquema mostrado a continuación hay una serie de casillas identificadas por una letra en la que se debe colocar los resultados de los ejercicios en Z mostrado en la actividad; luego se efectuaran las operaciones indicadas en la figura hasta concluir el resultado dado.

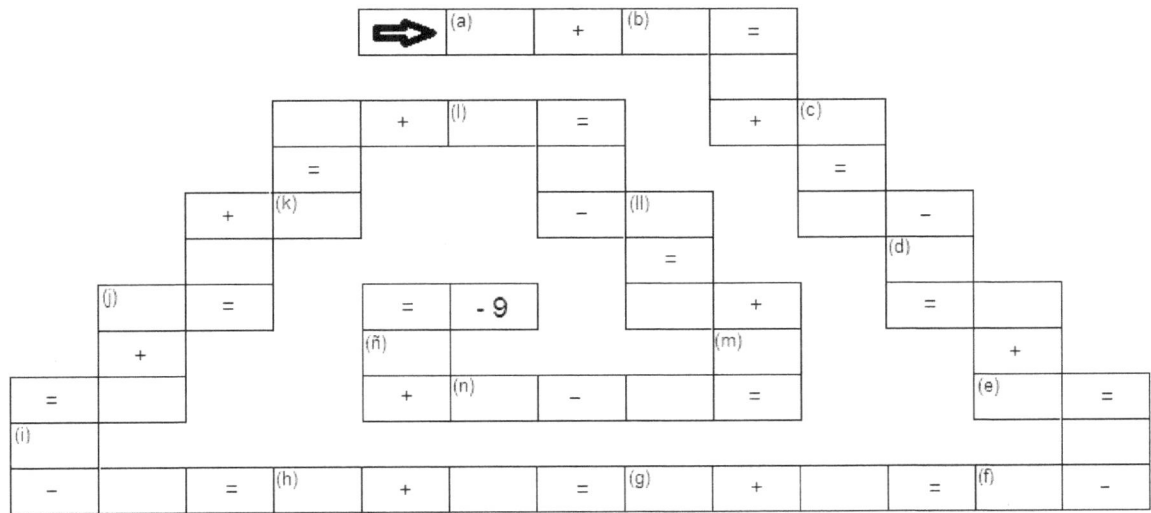

41

Efectuar las operaciones en hojas o un cuaderno.

(a) $8 \cdot (-12) =$

(b) $(-13) \cdot 2 =$

(c) $(-6) \cdot (-5) =$

(d) $(-19) \cdot 7 =$

(e) $(-13) \cdot (-1) =$

(f) $(-23) \cdot (-4) =$

(g) $|-176| \cdot 0 =$

(h) $|-8| \cdot |9| =$

(i) $(-144) \div 12 =$

(j) $(-76) \div (-19) =$

(k) $|-20| \div |-4| =$

(l) $|-120| \div 60 =$

(ll) $(-14832) \div (-412) =$

(m) $|-6916| \div |-364| =$

(n) $|-5607| \div 89 =$

(ñ) $9212 \div |-658| =$

18. Completa el término que falta en cada uno de los ejercicios, correspondiente a cada casilla dentro de la figura dada.
(Efectuar las operaciones necesarias en hojas o un cuaderno)

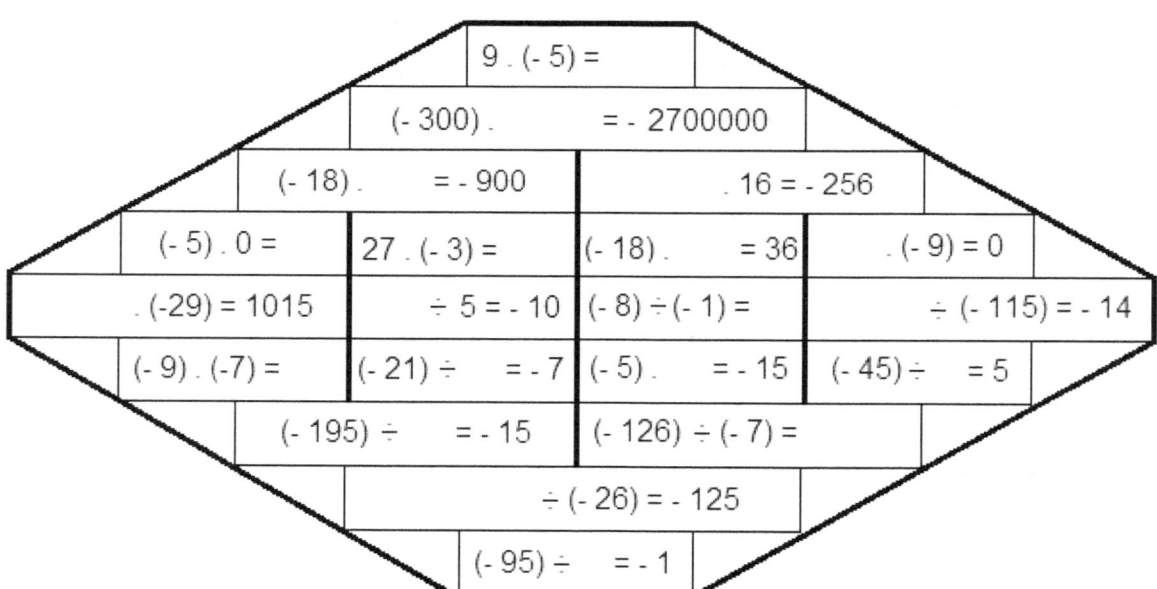

19. En el triángulo a continuación hay en su interior una serie de casillas identificadas por una letra en la que se debe colocar los resultados de las ecuaciones en Z dadas en la actividad; luego se efectuará las operaciones indicadas en la figura hasta concluir el resultado dado.

42

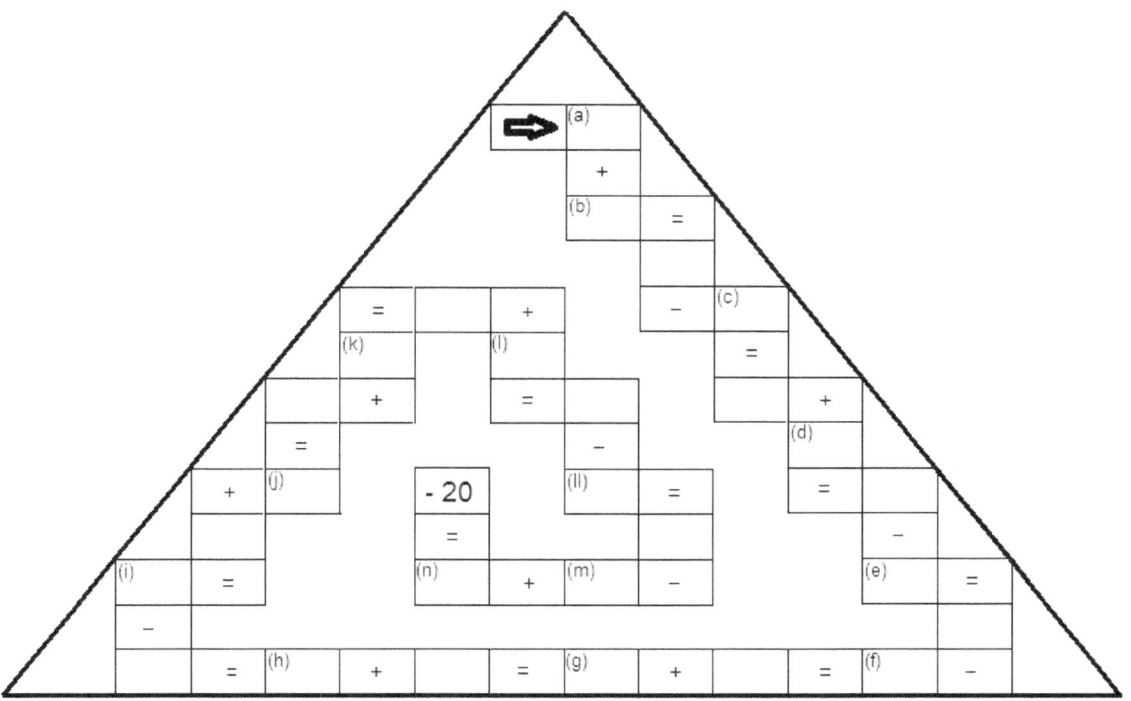

Efectuar las operaciones necesarias de las ecuaciones en hojas o un cuaderno.

(a) $(-8) \cdot (-7) = x$
(b) $(-13) \cdot x = 78$
(c) $(-32) \cdot x = 32$
(d) $x \cdot (-9) = -63$
(e) $(-x) \cdot 8 = 72$
(f) $68 = 9.7 + x$
(g) $72 = (-8) \cdot (-3) + x$
(h) $-64 = 5 \cdot (-4) + x$
(i) $23 \cdot 2 = (-5) \cdot x - 4$
(j) $(-9) \cdot x = (-3) \cdot 9$
(k) $x \cdot 6 = 120$
(l) $(-2) \cdot x \cdot (-8) = 464$
(ll) $(-5) \cdot x \cdot (-4) \cdot 7 = 7140$
(m) $(-9) \cdot 7 + x = (-3) \cdot (-6)$
(n) $(-9) \cdot x \cdot (-2) \cdot (-4) = (-144) \cdot (-2) \cdot 4$

20. Efectúa las operaciones de producto en Z que se dan en la actividad y luego completa el esquema dado, donde se van a cruzar los números que provienen de los resultados obtenidos. (Tomar en cuenta el signo negativo)

RESULTADOS CRUZADOS

a) $(-7) \cdot (-9) \cdot (-8) \cdot (-11) \cdot (+6) =$

b) $(-9) \cdot (-6) \cdot (+7) \cdot (-2) =$

c) $90 \cdot (-7) \cdot (-8) \cdot 10 \cdot (-12) =$

d) $(-6) \cdot (+9) \cdot (-7) \cdot (+12) \cdot (-8) =$

e) $(-13) \cdot (+10) \cdot (+9) \cdot (-8) \cdot (+15) =$

f) $(+18) \cdot (-12) \cdot (+35) \cdot (-9) \cdot (+23) =$

g) $(-20) \cdot (+15) \cdot (+18) \cdot (-16) \cdot (-22) \cdot (-30) \cdot (-10) =$

h) $(-43) \cdot (-25) \cdot 27 \cdot (-19) \cdot 23 \cdot (-13) \cdot 30 =$

i) $(-20) \cdot (-70) \cdot 70 \cdot (-50) \cdot (-100) \cdot (-12) \cdot (-200) =$

j) $(-18) \cdot 25 \cdot 24 \cdot (-20) \cdot (-18) \cdot 26 \cdot (-39) \cdot 50 =$

k) $(-6) \cdot (-9) \cdot 14 \cdot (-11) \cdot 12 \cdot (-8) \cdot (-7) \cdot 10 \cdot (-13) =$

l) $(-60) \cdot (-40) \cdot (-20) \cdot (-90) \cdot 60 \cdot (-100) \cdot (-3) \cdot (-150) \cdot (-40) =$

ll) $(-1) \cdot 7 \cdot (-6) \cdot 7 \cdot 9 \cdot (-4) \cdot (-18) \cdot 9 \cdot (-8) \cdot (-3) \cdot 20 =$

m) $405 \cdot (-212) \cdot (-225) \cdot 305 \cdot (-100) \cdot (-500) =$

n) $6 \cdot (-18) \cdot (-40) \cdot (-33) \cdot (-1) \cdot (-140) \cdot 600 \cdot (-900) =$

ñ) $(-203) \cdot (-232) \cdot 645 \cdot (600) \cdot (-400) \cdot 500 \cdot 90 =$

o) $6 \cdot (-8) \cdot (-2) \cdot (-4) \cdot (-3) \cdot 10 \cdot 12 \cdot (-6) \cdot 9 \cdot 12 \cdot (-3) \cdot 3 \cdot 5 \cdot (-4) =$

p) $(-25) \cdot (-6) \cdot (-4) \cdot (-5) \cdot (-8) \cdot 9 \cdot (-5) \cdot 2 \cdot (-12) \cdot (-9) \cdot 7 =$

q) $9 \cdot (-1) \cdot (-7) \cdot (-2) \cdot (-4) \cdot 10 \cdot (-3) \cdot 4 =$

21. En el esquema dado en esta actividad hay una serie de casillas identificadas por una letra en la que deben colocarse los resultados de los ejercicios en Z efectuados y luego realizar las operaciones indicadas en dicho esquema hasta concluir el resultado dado. Realizar los las operaciones en hojas o un cuaderno.

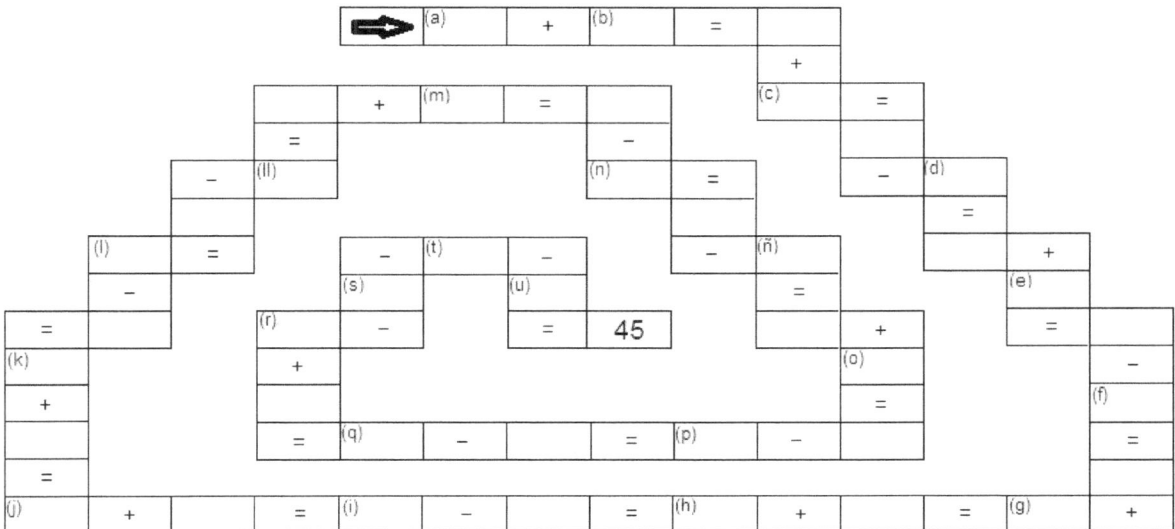

(a) $2 \cdot (-3) - 5 =$

(b) $-3 - 3 \cdot 4 + 2 - 5 \cdot (-1) =$

(c) $(-1) \cdot (-5) + (-4) \cdot (-2) =$

(d) $5 \cdot (-2) - 4 + (-3) - (-5) \cdot 0 =$

(e) $-4 \cdot (-5) - 10 + 12 - 4 \cdot (-5) =$

(f) $(-9) \cdot (-3) \cdot 2 - 3 \cdot (-1).5 + 20 =$

(g) $-9 \cdot (-5) - 25 + 10 - 6 \cdot (-5) =$

(h) $-(-8) \cdot (-5) \cdot (-3) + 3 \cdot (-7) \cdot (-4) - 180 =$

(i) $-(-10) - 3 \cdot 5 \cdot (-2) + (-3) \cdot 5 + (-9) + 8 \cdot 10 =$

(j) $8 \cdot (-2) \cdot 3 - 12 \cdot 0 \cdot (-9) + 3 \cdot (-4) \cdot (-2) =$

(k) $(-9) \cdot (-1) \cdot (-4) - 5 \cdot (-3) + (-6) \cdot (-2) \cdot 0 + (-5) \cdot (-9) =$

(l) $(-10) \cdot 0 \cdot (-30) + 2 \cdot (-5) \cdot 50 - 8 \cdot (-3) \cdot (-10) + 9 \cdot (-9) \cdot (-10) =$

(ll) $-8 \cdot (-1) \cdot (-2) - (3 \cdot 5) \div (-7) + (-6) \cdot (-2) \cdot (-1) + (-90) \div (-10) =$

(m) $(-700) \div (-100) + 7 \cdot 3 \cdot (-2) \cdot (-1) - 525 \div (-5) + 9 \cdot 5 \cdot (-2) =$

(n) $-(-606) \div (-303) - 3 \cdot 9 \cdot (-5) \cdot (-8) \cdot 0 - 3 \cdot (-5) + (-200) \div (-20) =$

(ñ) $-8 + (-40) \div (-8) + (-9) \cdot (-2) - 90 \div 9 =$

(o) $(-2) \cdot (-5) \cdot (-10) + (-3) \cdot 8 - 240 \div (-16) + 5 \cdot 3 \cdot (-2) =$

(p) $-8.(-3) + (-81) \div (-27) + 4 \cdot 3 \cdot (-10) - (-1000) \div (-100) =$

(q) $(-7) \cdot (-10) \cdot (-3) + (-612) \div (-12) + 9 \cdot (-3) + (-250) \div 25 - (-4) + 2 \cdot (-4) \cdot (-5) =$

(r) $(-120) \div 60 + (-350) \div (-35) + (-3) + 2 \cdot (-5) - 3 \cdot 5 \cdot (-10) + (-221) \div 17 =$

(s) $99 \div (-9) - (-6) + 4 \cdot (-5) \cdot (-1) \cdot 0 + (-75) \div 5 + 9 \cdot 2 \cdot (-3) + (-4) =$

(t) $-11 \cdot (-3) \cdot (-10) + 450 \div 10 - (-100) \div (-50) + (-20) \cdot (-9) =$

(u) $315 \div (-35) + 2 \cdot (-4) \cdot (-3) + 57 \div 19 - (-3) \cdot (-4) \cdot (-2) + (-6) =$

22. En la figura dada en esta actividad hay una serie de casillas identificadas por una letra en la que deben colocarse los resultados de los ejercicios en Z efectuados y luego realizar las operaciones indicadas en dicha figura hasta concluir el resultado dado. Realizar cada caso de las operaciones dadas en hojas o un cuaderno.

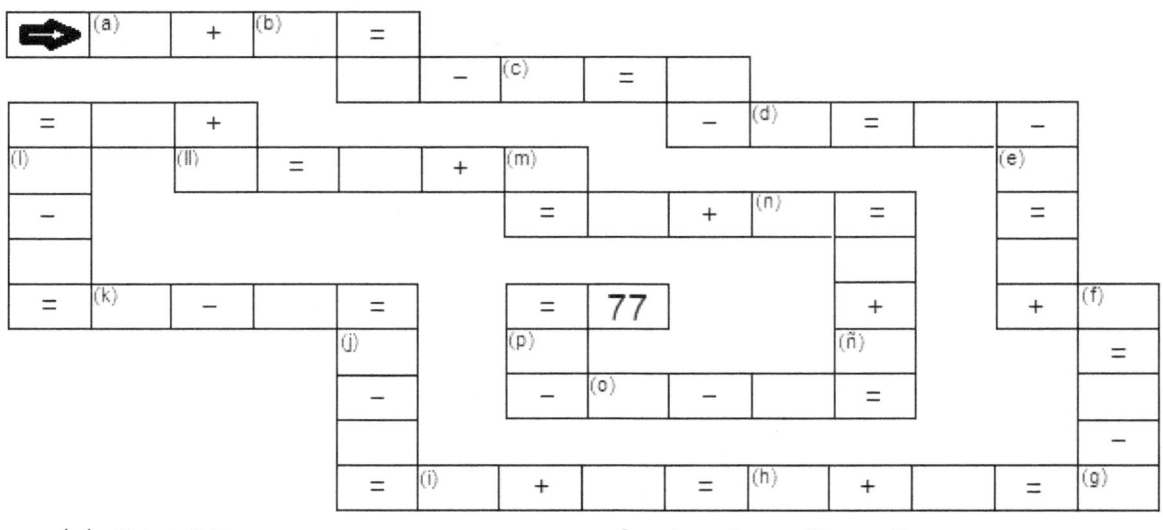

(a) $8A + 2B$ *cuando* $A = 4$, $B = -3$

(b) $-6A + 8B$ *cuando* $A = -5$, $B = -2$

(c) $A \cdot 8B$ *cuando* $A = -6$, $B = -2$

(d) $20A \div 2B$ *cuando* $A = 2$, $B = -4$

(e) $A - 3B + C$ *cuando* $A = 10$, $B = -9$, $C = -25$

(f) $7A + 9B - A$ *cuando* $A = -2$, $B = 3$

(g) $-5 \cdot (-3A + 4B) - B$ *cuando* $A = -9$, $B = -10$

(h) $25 \cdot (-A) \div 5B$ *cuando* $A = 2$, $B = -1$

(i) $|-2A| \cdot |(-A) \cdot B|$ *cuando* $A = 5$, $B = 10$

(j) $A \cdot B + 2C \cdot D$ *cuando* $A = -2$, $B = -5$, $C = 2$, $D = 4$

(k) $|A - B| + C \cdot |-D|$ *cuando* $A = -12$, $B = -5$, $C = 1$, $D = -3$

(l) $A \cdot C + D \div (-6) + 2B$ *cuando* $A = -6$, $B = 3$, $C = -4$, $D = -30$

(ll) $B \cdot D + 3A + (-5)C - E$ *cuando* $A = -4$, $B = -7$, $C = -1$, $D = 3$, $E = 8$

(m) $-|A| \cdot C \cdot |B| - |A \cdot C| \div D$ *cuando* $A = -2$, $B = -8$, $C = 6$, $D = -6$

(n) $|A \cdot 3B + 2 \cdot (C - B)|$ *cuando* $A = 8$, $B = -5$, $C = 10$

(ñ) $|A + B - C| \div D - A \cdot B$ *cuando* $A = 12$, $B = 8$, $C = 10$, $D = -5$

(o) $|3A + 2 \cdot (5C) \cdot B + 12 \div D| + 2D$ *cuando* $A = -2$, $B = 3$, $C = -1$, $D = 6$

(p) $2 \cdot (A \cdot B) + |3C \div D + (-E) + 2 \cdot (D \cdot E)| + 5 \cdot E \cdot A \cdot B$ *cuando* $A = 3$, $B = -5$, $C = 9$, $D = -9$, $E = -1$

23. En la figura mostrada a continuación hay una serie de casillas identificadas por una letra en la que debe colocarse los resultados numéricos de los problemas en Z dados en la actividad y luego efectuar las operaciones mostradas en dicha figura hasta concluir el resultado dado.

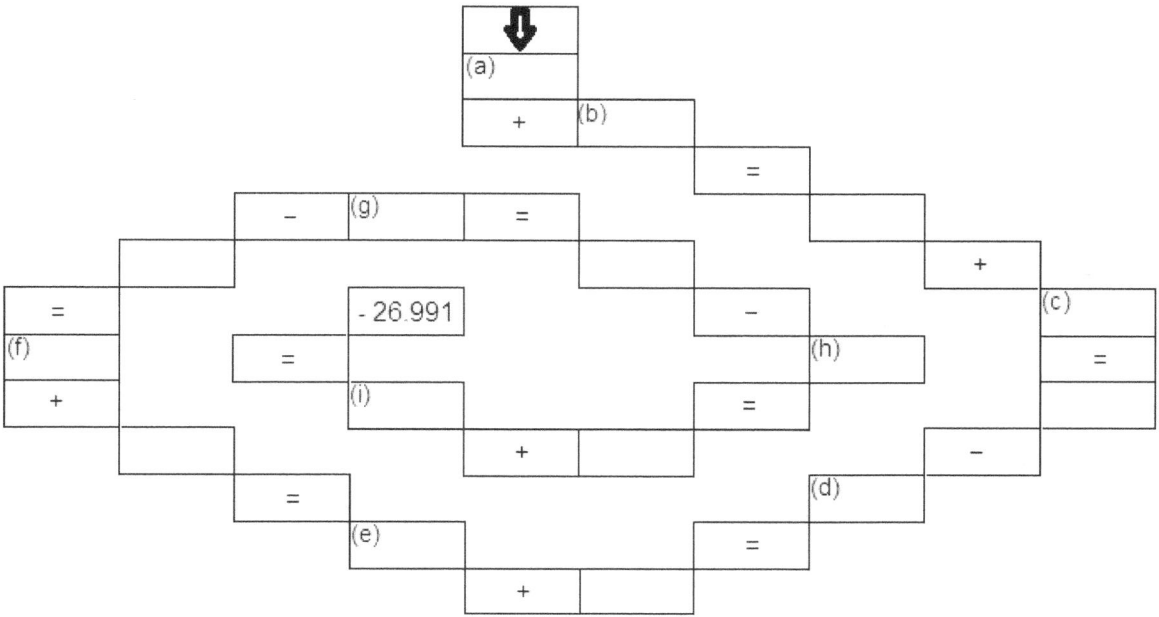

Resolver los problemas dados en la actividad en hojas o un cuaderno.

(a) Si Ricardo compra 12 estampillas para su álbum semanalmente. ¿Cuántas estampillas tendrá dentro de 20 semanas?

(b) Si María invierte 300 Bs.F. En su carro por semana. ¿En cuántos bolívares fuertes variarán sus ahorros dentro de 6 semanas?

(c) El triple de un número es – 1.215. ¿Cuál es el número?

(d) Juana tiene 18.000 Bs.F. y quiere comprar libros a 600 Bs.F. cada uno. ¿Cuántos libros puede comprar?

(e) ¿Cuál es el número que multiplicado por – 8 da 4.496?

(f) ¿Qué número multiplicado por (−20) y dividido entre 4 da 40?

(g) Federico ahorra 2.400 Bs.F. mensual. ¿Cuánto habrá ahorrado en un año?

(h) ¿Cuál es el número que multiplicado por (−24) da 1.296?

(i) Un señor compro para su tienda 40 trajes a 480 Bs.F. cada uno. Vendió 30 trajes a 400 Bs.F. cada uno. ¿A cómo tiene que vender los restantes para no perder?

24. Completa los espacios vacios, colocando en cada cuadro los resultados de los ejercicios de eliminación de signos de agrupación en Z; luego efectuar las operaciones señaladas después en el esquema, según las filas y columnas indicadas, hasta llegar al resultado dado.

Realizar los ejercicios de eliminación de signos de agrupación en hojas o un cuaderno:

FILA A

Columna a: $4 \cdot [2 - (-6)]$
Columna b: $-5 \cdot [-2 + (-5) - (-3)]$
Columna c: $[-4 \cdot (-5) + (-10) - (-8) \cdot 8]$
Columna d: $-2 \cdot [8 + 7 - (-7)] - [9 - (-12) + 5] . (-4)$

FILA B

Columna a: $-\{1 - [2 + 5 \cdot (2 - 6)] + 8 - [-3 + 4 - (8 - 6) \cdot (-2)]\}$
Columna b: $3 - [4 - (2 + 5) \cdot (-1) + 4] - [3 - 8 \cdot (-5 - 3)] - 6$
Columna c: $-\{2 - [4 - (8 - 5) \cdot (-2)] - [4 - 3 \cdot (-2 + 3)] - 5 - (8 - 6)\}$
Columna d: $-[9 - (3 - 5) \cdot 3] \cdot (-2) - \{-[5 - (3 - 1) + 8] \cdot 5 - (-10)\}$

FILA C

Columna a: $-(5 - 4) \cdot 3 - \{-5 + 3 - 9 \cdot [2 - (9 - 5 - 4) \cdot 3]\}$
Columna b: $-\{-[-3 - (5 - 2) \cdot (-6)]\} \cdot (-1) - \{-5 \cdot [3 - 2 - 5 \cdot (8 - 9 - 3) \cdot (-2) + 9]\}$
Columna c: $(-8) \cdot [12 - 20 \cdot (-3) - 8 \cdot (-3) \cdot (-1) + 6 \cdot (-5) \cdot 4]$
Columna d: $\{-15 + [-(-20 + 10) \cdot 3]\} - \{(9 \cdot 4) \cdot (-4) + [(-3) \cdot (-6 - 4)]\}$

FILA D

Columna a: $50 + \{10 - 5 \cdot 8 + 3 \cdot [16 - (7 - 3) \cdot 4 + (8 - 3) \cdot 10]\}$

Columna b: $-6 \cdot \{5 - [-6 + 4 \cdot (3 - 10 - 5) - 4 \cdot (5 + 3 + 6) - 10] + (6 + 3 - 1) \cdot (-8)\}$
Columna c: $[(6 + 8 - 9) \cdot 6] - [(39 - 27) \div 3]$
Columna d: $[(95 - 35) \div 5] - [(-3) \cdot (-8) + (62 - 30) \div (-2)]$

FILA E
Columna a: $[(9 - 6) \cdot 3 + (7 - 5) \cdot 6] \cdot [(10 + 30) \div (-10) - (8 - 3) \cdot 2]$
Columna b: $-4 \cdot (8 - 6) + (24 - 12) \div (-3) - \{-4 \cdot [-(80 - 60) \div (-4)]\}$
Columna c: $-[8 \cdot (-4)] \div (-4) - \{-5 \cdot (7 - 10) - [-4 + 5 + (-49 + 14) \div (-7)]\}$
Columna d: $-16 \div (-2) - \{-5 \cdot (5 - 7) - [-35 \div (-5) - 4 \cdot (-5) \cdot (4 - 6)]\}$

FILA F
Columna a: $-4 \cdot \{-5 \cdot [(-5) \cdot (3 - 5 + 2) + (-12 + 10 - 6) \div (-2) - (21 + 49) \div 7] - 3\} - 8$
Columna b: $-(5 + 9) + 6 \cdot \{-2 \cdot (-4) \cdot (-3) \cdot (2 - 5) - 4 \cdot [-(-5 + 2).(-3)] \cdot (-1)\} + (18 + 6) \div 2$
Columna c: $-6 \cdot \{-2 \cdot [3 - (6 - 2) \cdot (-1)] - (20 - 30 + 45) \div (-5)\}$
Columna d: $3 \cdot \{-4 \cdot [-(-9 + 19) \div (-2) - (-4 - 8 + 14 + 10) \div (-4)]\}$

25. Efectúa los ejercicios de eliminación de signos de agrupación en Z y completa el esquema donde se van a cruzar los números expresados en letras que provienen de los resultados obtenidos en la actividad.

RESULTADOS CRUZADOS

49

Realizar los ejercicios de eliminación de signos de agrupación en hojas o un cuaderno:

Ejercicio 1:
$-3 \cdot \{-2 \cdot [-(-4) \cdot (-3)] \cdot (-1)\} - (-2) + 3 \cdot \{-[(5 - 7 + 6) \div (-2) + (40 - 25) \div 5] - 1\}$

Ejercicio 2:
$-(-2) \cdot (-3) \cdot (-2 - 5) - \{2 \cdot [3 \cdot (-1) \cdot (-2)] \cdot (-3)\} + (-1)$

Ejercicio 3:
$-6 \cdot 0 \cdot (7 + 8 - 4) + 3 \cdot \{-3 \cdot [-4 \cdot (2 - 6) - 4 \cdot (3 + 8)] + (-4)\} + (-5) \cdot (-4) \cdot (-9)$

Ejercicio 4:
$\{-5 \cdot 4 \cdot (-8 + 6 - 2) - [-4 \cdot (1 + 4 + 3) + (16 + 30 - 8) \div (-2) - (-5) \cdot (-6)] + (-27 + 8) \cdot 6\}$

Ejercicio 5:
$-30 \cdot (-5) + 3 \cdot (-2 + 5) - 2 \cdot \{-4 \cdot 0 + 7 \cdot (-2 + 5) \cdot 0 - 4 \cdot [2 \cdot (9 + 7) \cdot 0 - 4 \cdot 5]\} - (-4 + 5 - 3)$

Ejercicio 6:
$[-(-3) \cdot 4] \div (-6) - \{-[(-5) \cdot (-8) - 20] \div (-4)\} - (3 - 5) \cdot (-3) - (100 - 50) \div (-2)$

Ejercicio 7:
$-[8 \cdot (-6)] \div [-6 \cdot (-4)] + \{-2 \cdot [(3 - 8) \cdot (-5) + 7 \cdot (-5) \cdot 3]\} + 5 \cdot (-6 - 8)$

Ejercicio 8:
$-5 \cdot \{-5 + 10 \div (-5) - 2 \cdot [-(-8 - 12) \div (-4) + (30 - 70) \div (-10)] + 4 \cdot (3 + 6 - 2)\} + 6 \cdot 10 \cdot 2$

Ejercicio 9:
$-6 \cdot (3 - 10) \div (-7) - 2 \cdot \{-[-(62 - 54 + 46) \div (-6)] \div (-1)\} + (18 + 10) \cdot 2$

Ejercicio 10:
$4 \cdot \{-2 \div (-2) - (26 - 16) \div (-5) - 3 \cdot [-4 \cdot (2 + 5) + (-64) \div (-8)] - (-6 + 2)\} + (-9 - 8) \cdot 10$

Ejercicio 11:
$-\{-3 \cdot [-(-4) \cdot (2 - 5) + (56 + 21 - 49) \div (-14) - 90 \div (-45)] - 3 \cdot (-50 + 20)\} - 20 \cdot (-9)$

Ejercicio 12:
$-\{20 + 6 \cdot [-4 \cdot (-9 - 4) + (-40 + 90) \div (-10) + (-72 + 60) \div (-6)] + (-50) \div 5\} - (-9) \cdot 35$

26. En la figura mostrada en la actividad hay una serie de casillas identificadas por una letra en la que se debe colocar los resultados de las ecuaciones en Z dada a continuación y luego realizar las operaciones indicadas en dicha figura hasta llegar al resultado dado.
(Realizar las ecuaciones en hojas o un cuaderno)

(a) $-[-9x - (x + 9)] - 3 \cdot (x - 4) + 19 = -x - [6 \cdot (-3 - x)] - (-12) \cdot 2$

(b) $3 \cdot [6 \cdot (3x - 12)] - 20 = -3 \cdot [2 \cdot (4x + 4)] - 20 \cdot (-5)$

(c) $-\{3x - [-(5x + 6) - 10x] + 5 \cdot (2x + 2)\} = -6 \cdot (6x - 4)$

(d) $-5y - \{3 \cdot (2y - 3) + [2 \cdot (y - 45) - 4y]\} = -3 \cdot (y + 4) - 9$

(e) $-2z - \{-5z + [-(2z + 8 + 3z) - 3 \cdot (z - 2)] + 6\} = (-8) \cdot (-5)$

(f) $-\{16 - (3x + 9 + 27x) + [3 \cdot (2x - 3 + 9)]\} = (-1) \cdot 3 - [5 \cdot (-3x - 10)]$

(g) $-\{-[10 - 2 \cdot (y - 5)] - 3 \cdot (y - 5)\} = -[-2y - 4 \cdot (8 + 2y)]$

(h) $-\{-5z - [-7 \cdot (z + 3) - (5z + z - 5)]\} - 9z = -[-5 \cdot (z - 4) + (-144) \div (-12)] - 6$

(i) $-2 \cdot \{-5 - [4 \cdot (x - 6 - 5x) + 2 \cdot (3x - 2 + x)]\} + 4x - (12 - 6) \div (-2) = 5$

(j) $-\{y - [-3 \cdot (y - 2) - 2 \cdot (y + 4)] - 6y\} = -[5 \cdot (y - 2)] + 3$

(k) $-5 \cdot \{x - 2 \cdot [3 \cdot (x + 4) - (5x + 12)] \cdot 3\} = -(x - 4) + [(-6) \cdot 25 - 4]$

(l) $-4 \cdot (4y - 3 + 5) + 2 \cdot \{-3 \cdot [-y + (5 - 2y) \cdot (-2)]\} = 14y + [(-368) \div 4]$

(ll) $69x - 5 \cdot \{-[x - 3 \cdot (x - 3) \cdot (-3)] \cdot (-2) \cdot (-1)\} + 7 = -4 \cdot (x + 5) \cdot 2 - 46$

(m) $-3 \cdot \{2x - [(2x - 6) \cdot 2 - (-49) \div (-7)] \cdot 3\} = 2 \cdot (x + 10) + (-20) \div (-4)$

50

(n) $-\{2z - [-4 \cdot (z-3) - 3 \cdot (z+4)] + [(-81) \div (-3) + 2 \cdot (-3) \cdot (-1)]\} = 5z + 23$

(ñ) $-\{-2 - [10 \cdot (2y - 4 - 5y) + 4 \cdot (6y - 3 + y)]\} - \{-[(-3y) \cdot (-2) + (4 - y) \cdot (-2) - 10]\} = -2$

(o) $-\{3x + [(-3) \cdot (4x + 10) - 12x] + 2 \cdot (5x + 15)\} = -[(-2) \cdot (x - 25)] + [(-2x) \cdot (-5)]$

(p) $-\{y - [(-3) \cdot (y - 2) - 4 \cdot (y + 5)] + (-2y) \cdot (-5) \cdot (-2)\} = -[6 \cdot (y - 4) - (-3) \cdot (-y)] - 8$

☆ ⇒ (a)   +   (b)

(Crucigrama / grid de operaciones)

☆ ⇒	(a)	+	(b)
			=
(n)	−		÷
=	=		(c)
	(m)	÷	=
·			+
(ñ) =		= (ll)	(d) =
		−	
+	(o)	=	+ (e)
	=	(l)	=
+		·	−
(p)		=	(f)
-3 =		+ (k)	=
			−
	− (j)	=	= (g)
=			
(i)	÷	=	(h) ·

POTENCIACIÓN DE NÚMEROS ENTEROS

Sea a un número entero y n es un número natural, tales que a y n sean diferentes de cero simultáneamente y se define la operación a^n; entonces se lee: "a a la n" o también "enésima potencia de a". Su notación es:

$$a^n = b$$

a : base
n : exponente
b : potencia

En el conjunto de los números enteros existen dos alternativas en cuanto a la base, ya que ésta puede ser negativa o positiva.

En la potenciación en Z tenemos que:

■ Cuando la base es positiva, la potencia es siempre positiva.
■ Cuando la base es negativa y el exponente es par, la potencia es positiva.

■ Cuando la base es negativa y el exponente es impar, la potencia es negativa.

Propiedades de la potencia:

1. Producto de potencias de igual base: Para multiplicar potencias de igual base, se copia la base y se suman los exponentes.

$$a^m \cdot a^n = a^{m+n} \qquad \text{donde} \qquad a \in Z \quad \text{y} \quad m,n \in N$$

2. Cociente de potencias de igual base: Para dividir potencias de igual base, se copia la base y se restan los exponentes.

$$a^m \div a^n = a^{m-n} \qquad \text{donde} \qquad a \in Z^* \quad \text{y} \quad m,n \in N$$

También se puede expresar de la forma siguiente:

$$\frac{a^m}{a^n} = a^{m-n} \qquad \text{donde} \qquad a \in Z^* \quad \text{y} \quad m,n \in N$$

3. Potencia de potencia: Para elevar una potencia a otra potencia se copia la base y se multiplican los exponentes.

$$\left(a^m\right)^n = a^{m \cdot n} \qquad \text{donde} \qquad a \in Z \quad \text{y} \quad m,n \in N$$

4. Potencia de un producto: Para calcular la potencia de un producto se eleva a dicha potencia cada uno de los factores.

$$(a \cdot b)^n = a^n \cdot b^n \qquad \text{donde} \qquad a,b \in Z \quad \text{y} \quad n \in N$$

También tenemos que:

$$\left(a^n . b^m\right)^p = a^{n \cdot p} \cdot b^{m \cdot p} \qquad \text{donde} \qquad a,b \in Z \quad \text{y} \quad n,m,p \in N$$

5. Potencia de un cociente: Para calcular la potencia de un cociente se eleva a dicha potencia cada uno de los factores.

$$(a \div b)^n = a^n \div b^n \qquad \text{donde} \qquad a \in Z, \quad b \in Z^* \quad \text{y} \quad n \in N$$

También tenemos que:

$$\left(a^n \div b^m\right)^p = a^{n \cdot p} \div b^{m \cdot p} \qquad \text{donde} \qquad a \in Z, \quad b \in Z^* \quad \text{y} \quad n,m,p \in N$$

6. Potencia con exponente cero: Toda cantidad elevada al exponente cero es siempre igual a uno.

$$a^0 = 1 \qquad \text{donde} \qquad a \in Z^*$$

7. Potencia con exponente uno: Toda cantidad elevada a la uno es igual a sí mismo.

$$a^1 = a \qquad \text{donde} \qquad a \in Z$$

8. Potencias sucesivas: Se copia la base y se multiplican todos los exponentes.

$$\left\{\left[\left(a^m\right)^n\right]^p\right\}^q = a^{m \cdot n \cdot p \cdot q} \qquad \text{donde} \qquad a \in Z \quad \text{y} \quad m,n,p,q \in N$$

ACTIVIDADES

1. Expresar en forma de potencias las siguientes multiplicaciones, correspondiente en cada una de las casillas de la Pirámide.

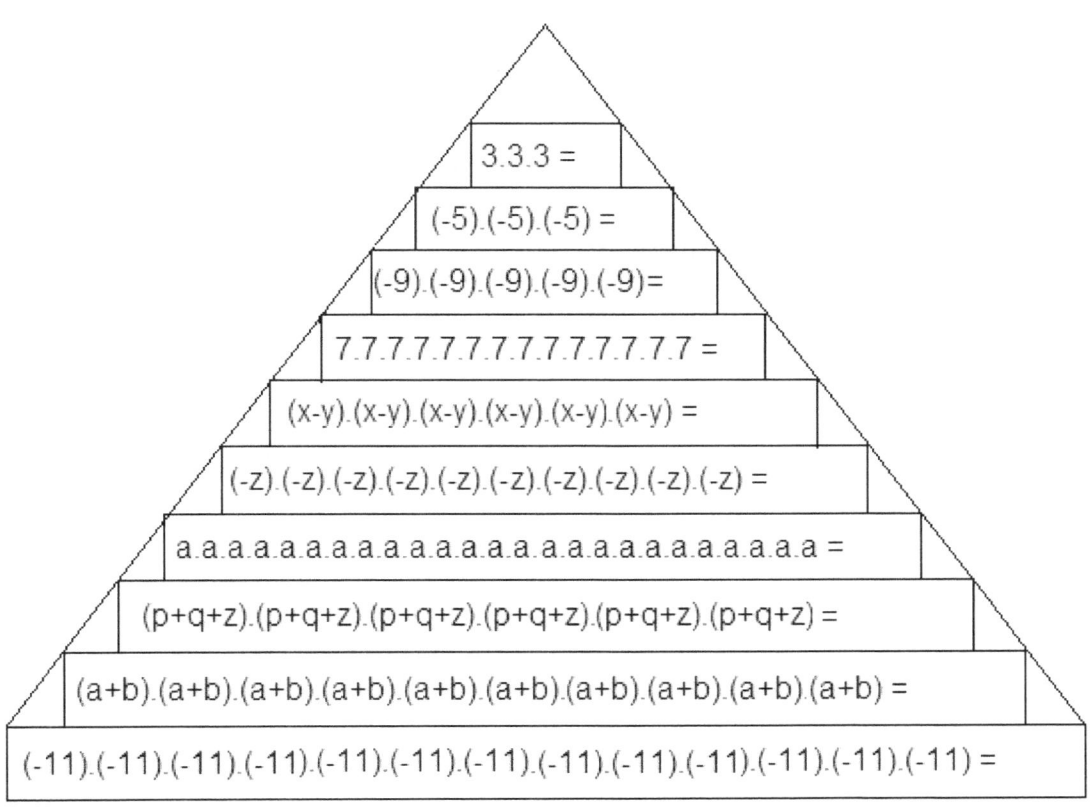

2. Efectúa las siguientes operaciones de potencia en Z, correspondiente al ejercicio de cada casilla en el interior de un rombo.

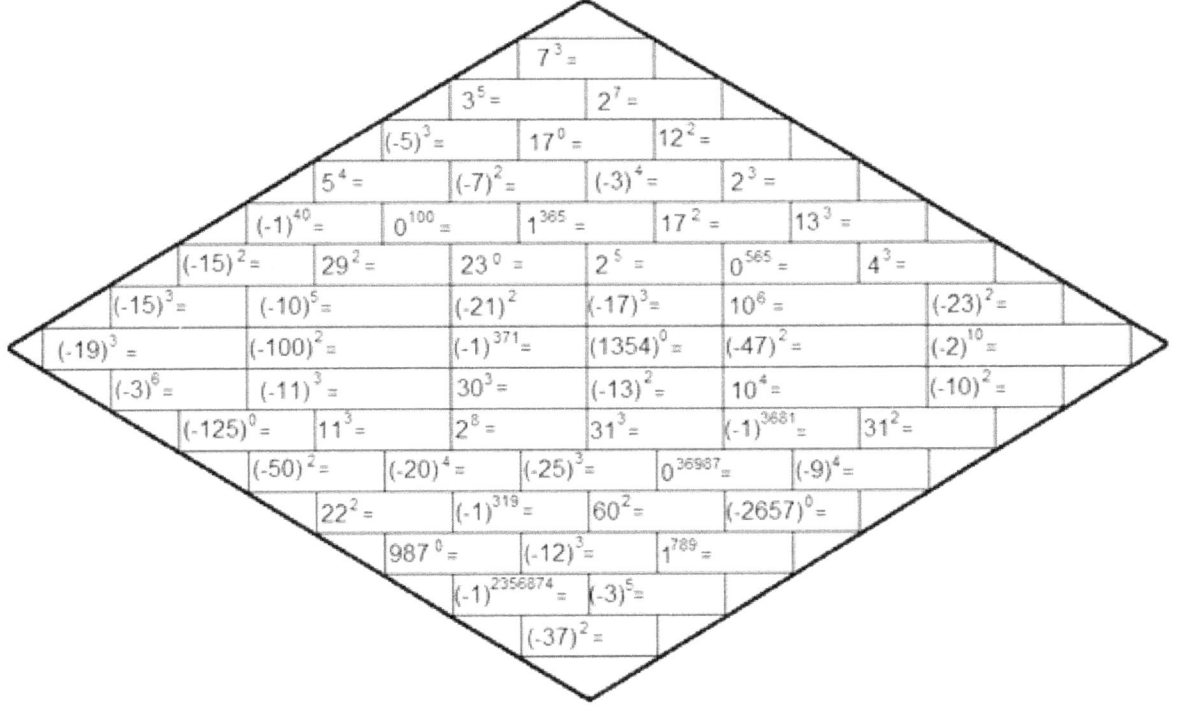

3. Efectúa las operaciones de potencia en Z y completa el esquema observado, donde se cruzan los números que provienen de los resultados obtenidos; tomar en cuenta el signo donde sea necesario.

RESULTADOS CRUZADOS

a) $(-2)^3 \cdot (-2)^4 =$
b) $3^2 \cdot 3^4 \cdot 3^5 =$
c) $(-7)^2 \cdot (-7)^3 \cdot (-7) =$
d) $(-5) \cdot (-5)^2 \cdot (-5)^0 \cdot (-5)^4 =$
e) $(-2)^3 \cdot (-2)^2 \cdot (-2)^5 =$
f) $(-5)^{10} \div (-5)^6 =$
g) $(-13)^4 \div (-13)^2 =$
h) $10^2 \cdot 10^3 \cdot 10^5 =$
i) $11^{32} \div 11^{29} =$
j) $[(-2)^2]^4 =$
k) $(10^2)^3 =$
l) $[(-3)^4]^2 =$
ll) $[(-9) \cdot 17]^2 =$
m) $[3^3 \cdot (-2)^2 \cdot (-7)]^2 =$
n) $[13 \cdot (-5)^3 \cdot (-27)^0 \cdot (-1)^{30}]^2 =$
ñ) $19^{31} \div 19^{29} =$
o) $\{[(-2)^2]^3\}^2 =$
p) $\{\{\{\{\{\{\{\{\{[(-1)^3]^7\}^{11}\}^5\}^9\}^{13}\}^3\}^{15}\}^3\}^7\}^{11}\}^{17} =$
q) $\{[(-2)^0 \cdot (-1)^7 \cdot (-3)]^2\}^3 =$

4. En la figura mostrada a continuación hay una serie de casillas identificadas por una letra en la que se debe colocar los resultados de las siguientes operaciones de potencias en Z dadas en la actividad y luego realizar las operaciones indicadas en dicha figura hasta llegar al resultado dado.

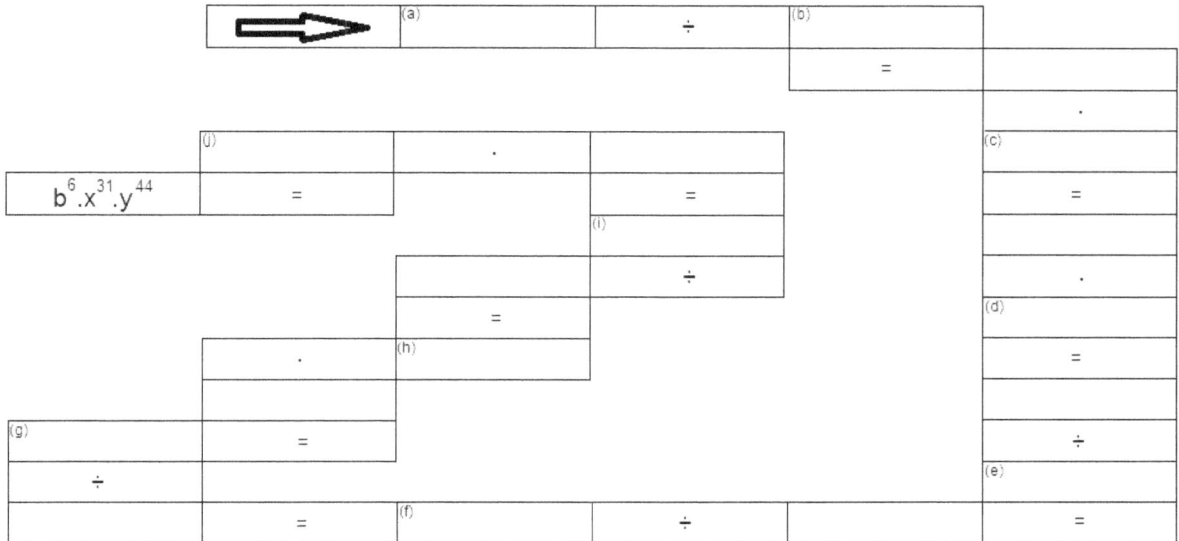

Realizar las operaciones en hojas o un cuaderno.

(a) $\left(\dfrac{3\cdot x^2\cdot y^4}{x\cdot y^3}\right)^5$

(b) $3^3 \cdot x^2 \cdot (3 \cdot y)^2$

(c) $5^8 \cdot x^6 \cdot y^3 \cdot (5^2 \cdot y)^4$

(d) $[(2 \cdot a)^2 \cdot (b^6)^2. (2^3 \cdot a^3 \cdot b^2)^2]^5$

(e) $[5^2 \cdot x^4 \cdot y \cdot (5 \cdot y)^3]^2$

(f) $\dfrac{18^5\cdot(a^3\cdot b^2)^8}{(18\cdot a^4)^5\cdot b^{15}}$

(g) $\dfrac{(5\cdot a)^8\cdot a^7\cdot(a^2\cdot b^2)^6\cdot(b^2)^2}{(5^2)^3\cdot(a^8\cdot b^7)^0\cdot(a^5\cdot b^2)^3}$

(h) $\left[\dfrac{(2\cdot x)^8\cdot x^9\cdot(2^2\cdot x^3)^2}{(2\cdot x)^3\cdot 2^2\cdot(x^2)^2}\right]^2$

(i) $\{5^2 \cdot (2^5)^5 \cdot [(x^2)^3 \cdot (a^2)^3]^2 \cdot (b^{10})^3 \cdot y\}^2 \cdot b^3 \cdot (2^2 \cdot x^3)^2$

(j) $\dfrac{[(x^2)^3\cdot y^4]^4\cdot x^5\cdot\left\{x^7\cdot\left[(y^3)^4\cdot(x^5)^2\right]^3\right\}^3}{(x^8)^9\cdot\{y^{10}\cdot[x^5\cdot(y^2)^3]^4\cdot(y^3)^2\}^2\cdot(x^{10})^0}$

5. En la figura mostrada a continuación hay una serie de casillas identificadas por una letra en la que se debe colocar los resultados de los siguientes ejercicios de potencias en Z dados en la actividad y luego realizar las operaciones indicadas en dicha figura hasta llegar al resultado dado.

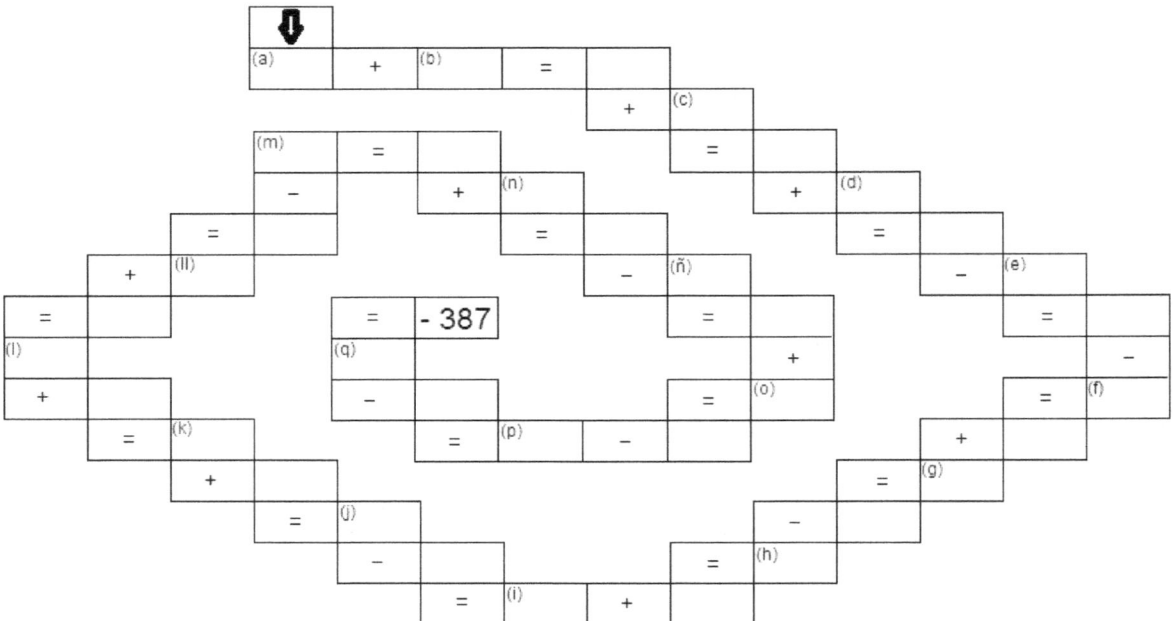

Realizar las operaciones en hojas o un cuaderno.

(a) $\dfrac{(-2)^5 \cdot 3^3 \cdot (-2)^4 \cdot 3 \cdot (-2)}{(-2)^3 \cdot 3^3 (-2)^5}$

(b) $\dfrac{(-3)^5 \cdot \left[(-3)^4 \cdot (-5)^3\right]^4 \cdot 3^7 \cdot (-3)^2 \cdot (-5)^5}{(-3)^{10} \cdot (-5)^{11} \cdot (-3)^{11} \cdot (-5)^4 \cdot 3^6}$

(c) $\dfrac{(-4)^9 \cdot \left[4 \cdot (-5)^2 \cdot (-4)^3\right]^2 \cdot 4^8}{\left[(-4)^9 \cdot 4^6\right]^0 \cdot \left[(-4)^7 \cdot 4^4 \cdot (-5)^2\right]^2}$

(d) $\dfrac{(-2)^8 \cdot \left[(-3)^5 \cdot (-2)^6 \cdot (-3)^8 \cdot (-2)^4 \cdot (-3)\right]^3}{\left[(-2)^5 \cdot (-3)^8\right]^4 \cdot (-2)^{15} \cdot \left[(-3)^2\right]^4}$

(e) $\dfrac{(-5)^6 \cdot \left(3^4\right)^3 \cdot 3^6 \cdot \left[(-5)^8 \cdot 3^5\right]^3 \cdot \left[(-5)^{12} \cdot 3^{19}\right]^0}{\left[(-5)^2\right]^5 \cdot \left[3^8 \cdot (-5)^6\right]^3 \cdot \left(3^2\right)^4}$

(f) $\dfrac{\left\{\left[(-11)^3 \cdot (-7)^5\right]^3\right\}^2 \cdot \left\{\left[(-11)^4 \cdot (-7)^2\right]^4\right\}^3}{\left\{\left[(-11)^4\right]^5 \cdot (-7)^{25}\right\}^2 \cdot \left\{\left[(-11)^2\right]^4\right\}^3 \cdot \left[(-7)^2\right]^2}$

(g)
$$\frac{\left\{\left[(-5)^2\right]^2\cdot\left[(-13)^3\right]^4\right\}^2\cdot\left\{\left[(-5)\cdot(-13)\right]^3\cdot\left[(-5)^2\right]^3\right\}^2}{\left\{\left[(-5)^3\cdot(-13)^2\right]^3\cdot(-5)\right\}^2\cdot\left[(-13)^2\right]^9\cdot\left[(-5)^2\right]^2}$$

(h)
$$\frac{\left\{(-19)^2\cdot\left[(-11)^4\right]^2\right\}^3\cdot\left[(-19)\cdot(-11)^2\right]^3}{(-19)^2\cdot\left[(-11)^{14}\cdot(-19)^3\cdot(-11)^0\cdot(-19)^0\right]^2\cdot(-11)}$$

(i)
$$\left\{\frac{(-23)^2\cdot\left[(-31)^8\cdot(-23)^7(-31)^{12}\right]^{13}\cdot\left[(-23)^{13}\cdot(-31)^{19}\right]^{13}}{(-23)^7\cdot\left[(-31)^{15}\cdot(-24)^9\right]^{16}\cdot\left\{\left[(-31)^6\right]^9\right\}^7\cdot\left[(-23)^4\right]^7}\right\}^0$$

(j)
$$\left\{\frac{\left\{\left[(-3)^2(-2)^0\right]^3\right\}^2\cdot\left\{\left[(-3)^9\right]^0\right\}^7\cdot\left\{(-3)^2\cdot\left[(-2)^2\right]^2\right\}^5}{\left\{(-3)^2\left[(-2)^3\cdot(-3)^2\right]^2\right\}^2\cdot\left[(-3)^2\right]^3\cdot\left[(-3)^2\cdot(-2)^3\right]^2}\right\}^2$$

(k)
$$\frac{\left\{\left[(-5)^4\cdot(-2)^2\cdot(-5)^2\right]^3\cdot\left[(-2)^3\right]^5\cdot\left[(-2)^{30}\cdot(-5)^{10}\right]^0\cdot\left[(-5)^2\cdot(-2)\right]^4\right\}^3}{\left\{\left[(-5)^3\cdot(-2)^3\cdot(-2)^4\right]^2\cdot\left[(-2)^2\cdot(-5)^4\right]^5\cdot\left[(-5)^6\right]^2\cdot\left[(-2)^2\right]^6\right\}^2}$$

(l)
$$\left\{\frac{(-7)^2\cdot\left\{3^2\cdot\left[(-7)^4\cdot3^3\right]^4\right\}^3\cdot\left[(-7)^0\right]^{30}\cdot\left\{\left[(-7)^2\cdot3\right]^2\right\}^2}{\left\{\left[(-7)^4\right]^3\cdot3^{10}\right\}^2\cdot(-7)^{17}\cdot\left\{3^4\cdot\left[(-7)^2\right]^2\right\}^4\cdot(3^2)^5}\right\}^3$$

(ll)
$$\left\{\frac{(-1)^{13}\cdot\left\{(-3)^2\cdot\left[(-1)^4\cdot(-3)^4\right]^5\right\}^2\cdot\left\{\left[(-1)^5\cdot(-3)\right]^4\cdot\left[(-1)^3\right]^{10}\right\}^3}{\left\{(-1)^2\cdot\left[(-1)^4(-3)^2\right]^3\right\}^2\cdot\left\{(-1)^2\cdot\left[(-3)^3\cdot(-1)\cdot(-3)^3\right]^2\right\}^3\cdot\left[(-3)^2\right]^3}\right\}^2$$

(m)
$$\frac{\left\{\left[(-3)^7\cdot(-5)^4\cdot3^2\right]^3\right\}^4(-5)^4\left[(-3)^2\right]^3\cdot(3^5)^2\cdot\left[(3^2)^3\cdot(-5)^2\cdot(-3)\right]^3\cdot\left[(3^2)^3\right]^4}{\left\{\left[(-3)^4\cdot(-5)^4\cdot3^7\right]^2\right\}^4\cdot\left[(-5)^4\cdot(-3)^{10}3^3\right]^6}$$

(n)
$$\frac{\left\{\left[(-7)^3\cdot(-11)^2\cdot(-2)^3\right]^3\right\}^3\cdot\left[(-2)^3\right]^5\cdot\left[(-7)^4\right]^5\cdot\left\{\left[(-2)^2\right]^3\cdot(-7)^2\cdot\left[(-11)^2\right]^3\right\}^2}{\left\{\left[(-11)^2\cdot(-2)^5\cdot(-7)^3\right]^5\right\}^2\cdot\left[(-11)^2\right]^5\cdot\left[(-7)^5\cdot(-11)^0\right]^4}$$

(ñ)
$$\frac{\left\{\left[(-31)^2\cdot(-51)^3\cdot(-31)^7\right]^5\right\}^0\cdot\left\{\left[(-31)^3\cdot(-51)^4\right]^2\right\}^3\cdot\left[(-31)^0\right]^4}{\left\{\left[(-31)^3\cdot(-51)^4\right]^3\right\}^2\cdot\left[(-31)^8\right]^0\cdot\left\{\left[(-51)^{20}\cdot(-31)^4\right]^5\right\}^0}$$

(o)
$$\frac{\left[(17^3)^2\cdot(-17)^2\right]^4\cdot(-17)^5\cdot\left\{17^3\cdot\left[(-17)^5\right]^3\cdot\left[(17^4)^5\right]^2\right\}^3}{(17^3)^9\cdot\left\{(-17)^3\cdot\left[(-17)^2\cdot17^9\right]^4(17^2)^5\right\}^2\cdot\left[(-17)^7\right]^5\cdot(17^2)^{17}}$$

$$\text{(p)} \left\{ \frac{[(-23)^2 \cdot (-17)^2]^2 \cdot \left\{[(-23)^5 \cdot (-17)^{19} \cdot (-23)^{10}]^{15}\right\}^0 \cdot \left\{[(-23)^2 \cdot (-17)]^2\right\}^5}{\left\{[(-23)^9 \cdot (-17)^{15} \cdot (-23)^8]^0\right\}^3 \cdot [(-17)^4 \cdot (-23)^8]^3 (-17)^2} \right\}^3$$

$$\text{(q)} \ \frac{\left\{[(-5)^3]^4 \cdot (5^3)^2 \cdot \left[(-5)^2 \cdot (5^8)^2 \cdot (-5)^3\right]^3 \cdot \left[(5^3)^2\right]^3\right\}^2 \left\{[(-5)^3]^4 \cdot \left[(5^4)^2\right]^3\right\}^0}{[(-5)^2]^8 \cdot \left\{[(5^2)^4]^3 \cdot [(-5)^2]^2 \cdot [(5^2)^3 \cdot (-5)^4]^2\right\}^3 \cdot \left\{[(-5)^{10}]^{12} \cdot (5^5)^6\right\}^0 \cdot (5^{17})^2}$$

6. Completa en cada casilla los pasos que se identifican en los ejercicios de determinar de x y al final efectuar las operaciones con los valores de x hasta concluir el resultado dado.

EJERCICIOS			PROCEDIMIENTO		VALOR DE x
	$5^3 \cdot 5 = x$	=>		=>	
					$\div$
	$3^x \cdot 3^5 = 3^{10}$	=>		=>	
					$-$
	$(-13)^{20} \cdot (-13)^8 = (-13)^x$	=>		=>	
					$+$
	$(-3)^5 \cdot (-3)^x = (-3)^{18}$	=>		=>	
					$\div$
$(-2)^3 \cdot (-2) \cdot (-2)^5 \cdot (-2)^x = (-2)^{14}$		=>		=>	
					$+$
$[(-7)^2]^2 \cdot [(-7)^3]^2 = (-7)^x$		=>		=>	
					$\times$
$[4 \cdot (-5)]^x = 4^3 \cdot (-5)^3$		=>		=>	
					$+$
$[(-13) \cdot (-23)]^9 = (-13)^x \cdot (-23)^9$		=>		=>	
					$+$
$\{\{\{[(-19)^5]^2\}^9\}^{12}\}^x = 1$		=>		=>	
					$=$
					105

7. En la figura a continuación hay una serie de casillas identificadas por una letra en la que se debe colocar los resultados de los ejercicios de potenciación en Z y luego realizar las operaciones indicadas en dicha figura hasta llegar al resultado dado.

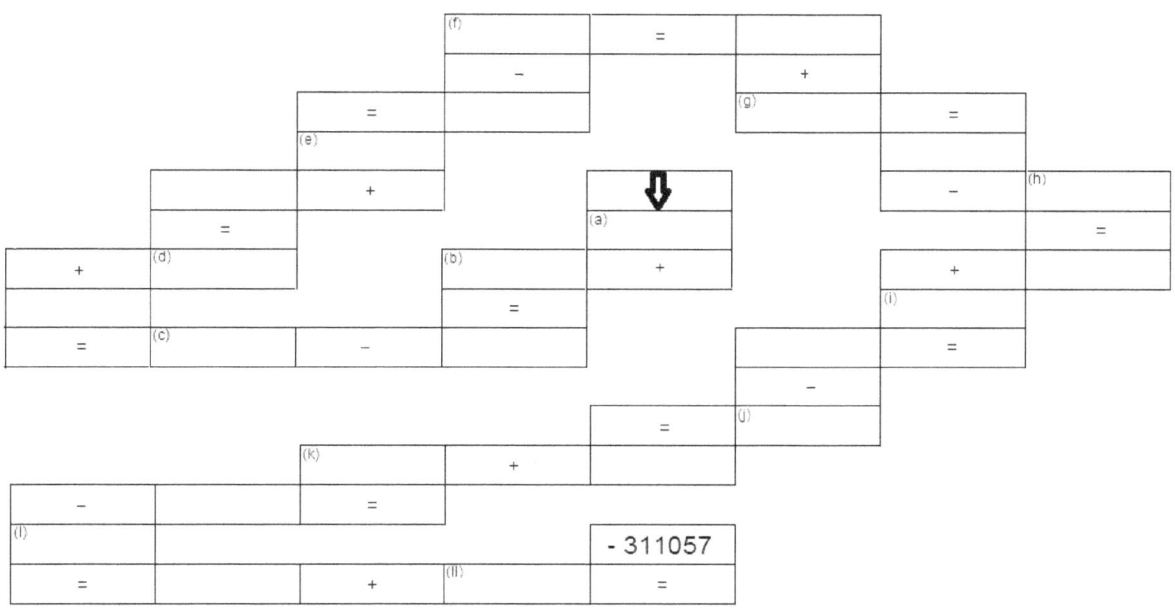

Realizar las operaciones en hojas o un cuaderno.

(a) $5^3 + (-3) - 3 \cdot (7 - 4) + (-1)^0$

(b) $(-7)^2 - 5 \cdot (2 + 4) + 11^2 + 7 + 3^2$

(c) $(-3)^5 + 9^2 - 7 \cdot (-9 - 5) + 13^2 \cdot [(7^4)^8]^0 + 4 \cdot 5^2$

(d) $4^2 \cdot (-11) + 3^2 \cdot (3^3 + 10^2) - 4 \cdot (-6 - 1 + 3) + (-17)^2 + (7^2 + 41) \div 5 + (-13)^2$

(e) $(-5)^4 \cdot (7^2 - 2^2 + 13^2) + 13 \cdot (11^3 - 1^{100} - 23) - 7 \cdot (-31 - 3^2) + (26 - 2^2) \div (-2)$

(f) $13 + [(-11)^4 \div (-11)^2]^4 + 1^{1000} - [(-17)^3 \div (-13)^0]^2 + \{[91 \cdot (23^2 - 17^5)^9]^{12}\}^0$

(g) $5 \cdot \{[(-2)^4 \div (-2)^2]^2\}^2 + 5 \cdot \{[(-19)^6]^0\}^2 - [(-3)^6 \div (-3)^4]^2 + 3 \cdot [(-5)^2]^2$

(h) $(-3)^2 + [-(-3)^9 \div (-3)^5]^0 - 3^4 - [(-135) \div (-3)^3] - [-(-3)^5 \div (-3)^2] + [(-3)^5 \cdot (-3)^0]$

(i) $-\{-[-(5^2 - 3^2)^2]^2 - [(-5)^2]^2 + [-(-3)^9 \div (-3)^7]^2 - 5 \cdot [5^2 \div (-5)^2]^2\}$

(j) $-\{[(-3)^2]^2 \cdot [-(-3)^2 \cdot (5 - 2)^8]^0 + [-(-19)^0 - 3]^2 - [(-289) \div (-17)^2]^0 - (529 \div 23^2)^{30}\}$

(k) $3^3 - (-7)^2 - 2 \cdot \{-[(-729) \div (-3)^6]^2 + (-7)^3 - [59049 \div (-3)^{10}]^0\} - 2 \cdot |-12 - 8|$

(l) $-\{-(6^2 - 33)^2 - [-(-7)^2 \cdot (-1)^{10}] \div (-7) - (-1)^{220} - 3 \cdot (-13 + 3^2) - (-2)^3\}$

(ll) $5^7 \cdot \{-[(-5)^4 \div (-625)]^2 - 5 \cdot [-(-2)^6 \cdot (-3)^2 \cdot (-7)]^{20} - [(-31)^3 \div (-31)^2]^2 \cdot (-2)\} + (-2)^2 \cdot 10^7$

59

RELACIONES: "DIVIDE A" Y MÚLTIPLO DE"
MÍNIMO COMÚN MÚLTIPLO. MÁXIMO COMÚN DIVISOR

Un número natural b divide a otro natural a si existe otro natural c tal que $b \cdot c$ es igual a $a : \dfrac{a}{b}$

Consideremos todos los números naturales que dividen a 60:

$$Div.(60) = \{1,2,3,4,5,6,10,12,15,20,30,60\}$$

Estos números naturales se conocen como divisores de 60 y juntos forman el conjunto de los divisores de 60.

Propiedades de la relación divide a:
a) Todo número natural distinto de cero es divisible por sí mismo.
b) Todo número natural es divisible entre 1.
c) El cero es divisible entre cualquier número natural distinto de cero

Un número entero a es divisible por otro número entero b si la división de los valores absolutos de ambos números es exacto o sea: $\dfrac{|a|}{|b|}$ es exacto.

Para determinar los divisores de un número entero, se calculan los divisores del número natural que es su valor absoluto y se une este conjunto de números con el de sus opuestos.

Ejemplo: $Div.(-30) = \{1, -1,2, -2,3, -3,5, -5,6. -6,10, -10,15, -15,30, -30\}$

Múltiplos de un número: Si a y b son números naturales se dice que b es múltiplo de a si existe un número natural c tal que: $b = a.c$

Si b es múltiplo de a entonces a divide a b.

Propiedades de los múltiplos de un número:
a) El cero es múltiplo de todo número natural.
b) Todo número natural es múltiplo de sí mismo.
c) El conjunto de los múltiplos de un número es ilimitado.

Ejemplo: $M(5) = \{0 \cdot 5, 1 \cdot 5, 2 \cdot 5, 3 \cdot 5, 4 \cdot 5, 5 \cdot 5, 6 \cdot 5, 7.5, \dots\dots\dots\dots\dots\dots\dots\}$

$$M(5) = \{0,5,10,15,20,25,30,35, \dots\dots\dots\dots\dots\dots\dots\}$$

Un número entero a es múltiplo de otro número entero b si existe un número entero n tal que $a = b \cdot n$. Si esto sucede, se dice también que a es divisible por b, que es divisor de a.

Ejemplo: $+40$ es múltiplo de $+5$ y -5; de la misma forma, -40 es múltiplo de $+5$ y -5.

Divisibilidad en el conjunto de los números enteros:
Como los valores absolutos de los números enteros son los números naturales, los criterios de divisibilidad entre números enteros son los mismos que los criterios de divisibilidad para números naturales.

Entre algunos criterios de divisibilidad tenemos:

❖ Un número es divisible por 2 si termina en cero o cifra par.
❖ Un número es divisible por 3 si la suma de sus cifras es divisable por 3.
❖ Un número es divisible por 4 cuando sus dos últimas cifras de la derecha son cero o forman un múltiplo de 4.
❖ Un número es divisible por 5 si termina en cero o cinco.
❖ Un número es divisible por 6 si es divisible por 2 y por 3 a la vez.
❖ Un número es divisible por 7 si separamos la primera cifra de la derecha, multiplicándola por 2, restando dicha multiplicación de lo que queda a la izquierda y así sucesivamente, dará como resultado cero o múltiplo de 7.
❖ Un número es divisible por 10 cuando su última cifra es cero.

Recodemos que: "Un número natural es primo si sus únicos divisores son el mismo y la unidad; es decir un número a es primo si: $Div.(a) = 1\ y\ a$. Un número natural es compuesto si posee más de dos divisores.

Descomposición de un número entero en sus factores primos.

Para descomponer un número entero en sus factores primos, se siguen los siguientes pasos:

➤ Aplicando los criterios de divisibilidad, se determinan los divisores primos.
➤ Dividimos el número entre el menor de los divisores obtenidos tantas veces como sea posible.
➤ Después se divide entre el divisor primo que sigue tantas veces como sea posible y así sucesivamente, hasta obtener un cociente primo.
➤ El resultado se expresa en forma de producto de potencias.
➤ Si el número es negativo se puede prescindir por el momento al comenzar la descomposición y al finalizar, se multiplica por (-1) el producto de potencias.

Mínimo común múltiplo (m.c.m.) de dos o más números enteros: Es el menor de los múltiplos positivos comunes diferente de cero de dichos números.

Para calcular el mínimo común múltiplo (m.c.m.) de dos o más números se descomponen en sus factores primos y se multiplican los factores comunes y no comunes de dichos números elevados a su mayor exponente.

Para calcular el máximo común divisor (M.C.D.) de dos o más números se descomponen en sus factores primos y se multiplican los factores primos comunes de dichos números con su menor exponente.

ACTIVIDADES

1. Escribe el conjunto de todos los divisores de los números que corresponden a cada una de las casillas de la figura mostrada a continuación.

61

❖❖❖❖❖❖❖❖❖	$Div.\,(20) = \{$	$\}$	❖❖❖❖❖❖❖❖❖
❖❖❖❖❖❖❖❖	$Div.\,(-15) = \{$	$\}$	❖❖❖❖❖❖❖❖
❖❖❖❖❖❖	$Div.\,(150) = \{$	$\}$	❖❖❖❖❖❖
❖❖❖ $Div.\,(-10) = \{$	$\}$ $Div.\,(45) = \{$	$\}$	❖❖❖
❖ $Div.\,(50) = \{$	$\}$ $Div.\,(-25) = \{$	$\}$	❖
$Div.\,(60) = \{$	$\}$ $Div.\,(80) = \{$	$\}$	
❖ $Div.\,(56) = \{$	$\}$ $Div.\,(-30) = \{$	$\}$	❖
❖❖❖ $Div.\,(-95) = \{$	$\}$ $Div.\,(28) = \{$	$\}$	❖❖❖
❖❖❖❖❖	$Div.\,(200) = \{$	$\}$	❖❖❖❖❖
❖❖❖❖❖❖❖	$Div.\,(90) = \{$	$\}$	❖❖❖❖❖❖❖
❖❖❖❖❖❖❖❖❖	$Div.\,(75) = \{$	$\}$	❖❖❖❖❖❖❖❖❖

2. Escribe los nueve primeros múltiplos de los números que corresponde a cada una de las casillas de la figura mostrada a continuación.

❖❖❖❖❖❖❖❖❖	$M(10) = \{$	$\}$	❖❖❖❖❖❖❖❖❖
❖❖❖❖❖❖❖❖	$M(82) = \{$	$\}$	❖❖❖❖❖❖❖❖
❖❖❖❖❖❖	$M(40) = \{$	$\}$	❖❖❖❖❖❖
❖❖❖ $M(2) = \{$	$\}$ $M(7) = \{$	$\}$	❖❖❖
❖ $M(16) = \{$	$\}$ $M(4) = \{$	$\}$	❖
$M(60) = \{$	$\}$ $M(25) = \{$	$\}$	
❖ $M(9) = \{$	$\}$ $M(19) = \{$	$\}$	❖
❖❖❖ $M(11) = \{$	$\}$ $M(5) = \{$	$\}$	❖❖❖
❖❖❖❖❖	$M(105) = \{$	$\}$	❖❖❖❖❖
❖❖❖❖❖❖❖	$M(92) = \{$	$\}$	❖❖❖❖❖❖❖
❖❖❖❖❖❖❖❖❖	$M(13) = \{$	$\}$	❖❖❖❖❖❖❖❖❖

3. En la figura de la actividad hay una serie de casillas identificadas por una letra en la que se debe colocar los resultados de los ejercicios de descomposición en factores primos y luego realizar las operaciones indicadas en dicha figura hasta llegar al resultado dado.

Realizar los ejercicios en hojas o un cuaderno.
a) 4.320
b) 220.500
c) 1.260
d) 24.255
e) 29.106.000
f) 5.060.475
g) 86.736.125
h) 4.167.450
i) 451.381.875
j) 680.400

k) 85.050
l) 84
ll) 8.400
m) 11.760

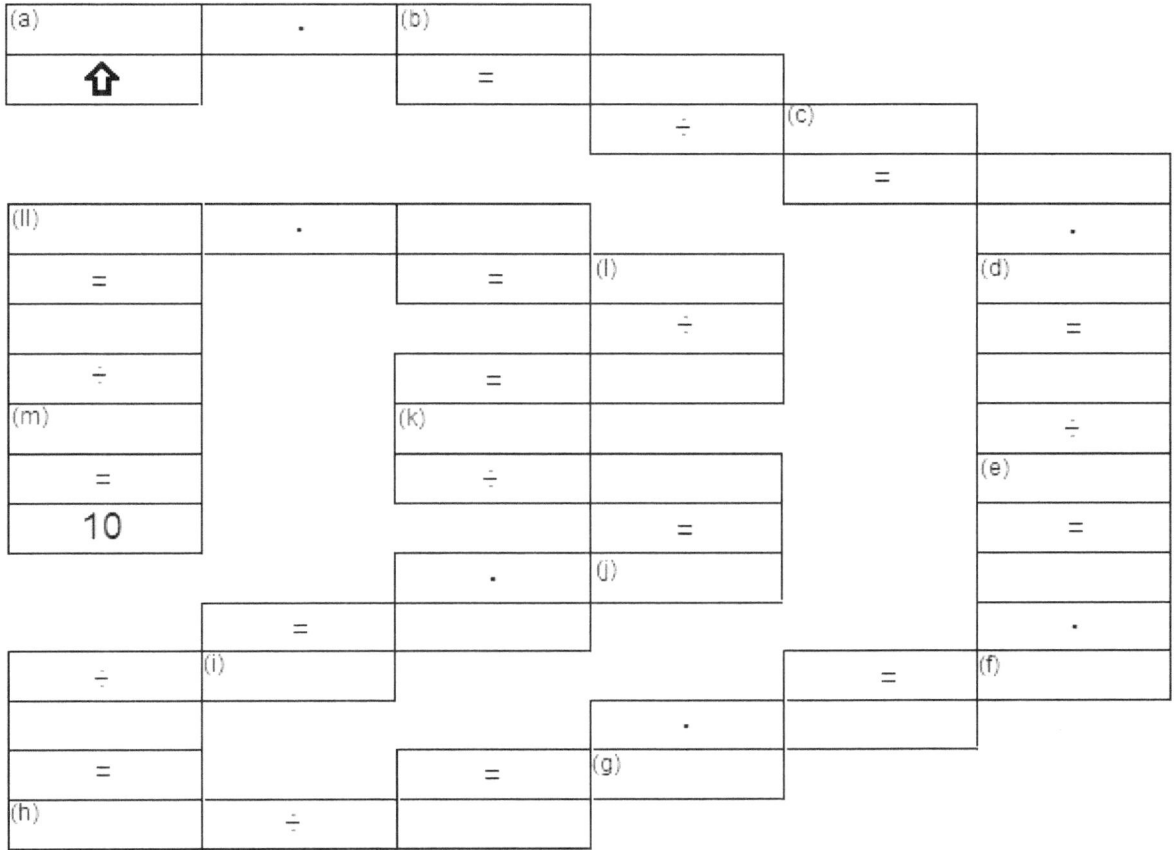

4. Efectúa los ejercicios de calcular el máximo común divisor (M.C.D.) dados en la actividad; completa el esquema con los resultados que se cruzan y estos van escritos en letras.

    Realizar los ejercicios en hojas o un cuaderno.
a) 20, 80, 120 y 180
b) 50, 100, 150 y 180
c) 156, 468, 312 y 2.730
d) 360, 1.188, 1.008 y 1.512
e) 400, 800, 1.200 y 1.600
f) 90, 270, 450, 720 y 810
g) 20, 25, 40, 70 y 320
h) 30, 60, 45, 225 y 525
i) 270, 405, 315, 3.150 y 2.205
j) 1.372, 98, 2.156, 4.312 y 56.056

k) 1.100, 1.375, 2.200, 3.465 y 3.300
l) 598, 3.380, 11.050, 68.068 y 447.304

RESULTADOS CRUZADOS

5. Realizar los ejercicios de mínimo común múltiplo (m.c.m) en un cuaderno, hoja o block y buscar los resultados en la sopa de números dada en la actividad.

a) 192, 768 y 702
b) 216, 162, 864 y 972
c) 200, 400, 600, 800 y 1.000
d) 4.500, 3.042, 2.520 y 3.564
e) 810, 2.025, 10.125, 3.750 y 4.050
f) 360, 4.320, 5.040, 10.880 y 75.600
g) 260, 860, 12.600, 3.000 y 3.600
h) 1.400, 5.600, 84.000 y 21.000
i) 3.996, 4.212, 1.944, 11.988, 25.272 y 17.496

j) 2.368, 2.496, 3.456, 21.312 y 22.464
k) 864, 1.728, 30.800, 8.160, 9.792 y 65.280
l) 150, 300, 1.200, 1.500, 6.300 y 9.600
ll) 1.485, 6.615, 66.825, 11.025 y 46.305
m) 8.450, 3.734.900, 88.400 y 1.878.500
n) 25.920, 43.200, 388.800, 50.400 y 57.600
ñ) 15.120, 105.840, 68.040 y 476.000
o) 62.400, 156.000, 82.000, 32.800 y 123.000
p) 1.728, 3.456, 6.912, 8.000 y 27.648
q) 36.504, 77.064, 1.464.216 y 8.785.296
r) 115.934, 42.588, 3.709.888 y 626.971.072

SOPA DE NÚMERO

```
3 2 6 3 5 8 8 9 0 1 2 6 9 8 6 6 0 0 0 9 8
4 2 3 5 3 2 2 6 1 1 9 5 2 0 0 0 0 5 6 3 0
5 3 6 6 3 1 0 5 4 0 5 3 0 0 0 2 3 3 3 2 9
6 3 3 5 1 6 8 7 5 8 9 3 4 5 5 7 1 0 1 2 6
0 0 0 3 7 0 4 3 4 0 0 0 4 5 4 4 2 4 1 4 7
0 8 5 7 2 6 0 6 6 8 6 5 2 2 3 4 0 1 4 8 6
0 8 6 4 1 6 0 2 6 3 5 5 8 8 8 6 0 6 4 6 0
7 8 4 9 0 8 0 2 1 0 5 4 0 5 3 0 0 0 5 5 0
6 5 2 7 2 1 9 9 8 9 9 9 9 6 6 7 3 3 8 9 0
1 6 7 4 8 5 0 0 8 9 8 5 6 5 5 8 2 8 6 5 1
0 5 3 0 1 5 5 6 5 3 7 4 9 7 4 0 8 1 1 9 1
0 6 9 8 6 0 0 8 4 1 5 5 7 6 0 2 0 2 0 1 5
8 5 6 0 0 1 6 1 3 3 8 8 8 6 1 7 7 2 7 1 8
0 1 4 7 0 7 5 0 0 0 0 5 4 5 7 7 9 5 0 5 3
0 0 8 6 7 2 6 3 1 5 3 5 5 6 3 2 3 1 3 2 4
0 2 3 7 3 2 5 2 5 2 5 3 3 3 2 5 2 5 5 6 4
2 8 2 5 2 4 2 4 5 8 5 3 8 8 6 5 6 I 6 6 5
3 1 3 2 0 2 6 2 8 3 2 5 6 9 0 6 6 0 8 7 2
9 6 6 9 6 9 3 8 9 6 2 1 0 2 8 1 7 7 9 3 3
5 0 2 5 8 5 5 4 6 4 7 2 4 3 4 1 4 0 4 4 5
1 0 1 5 3 5 6 1 2 0 0 3 5 8 4 0 2 0 4 5 6
1 0 3 2 3 6 9 1 0 0 7 8 6 0 0 9 6 8 7 5 7
7 7 6 6 7 5 8 4 2 2 2 1 5 1 2 1 2 0 4 0 8
2 6 2 7 1 2 2 5 6 2 8 9 9 2 1 6 9 7 5 8 8
1 6 6 7 7 7 9 6 8 9 9 2 2 6 1 9 5 2 0 0 0
1 0 8 8 6 4 0 0 8 3 1 1 2 7 9 2 0 0 0 9 1
```

6. En la figura a continuación hay una serie de casillas identificadas por una letra en la que se debe colocar los resultados de los problemas de máximo común divisor y mínimo común múltiplo; luego realizar las operaciones indicadas en dicha figura hasta llegar al resultado dado. Realizar los problemas en hojas o un cuaderno.

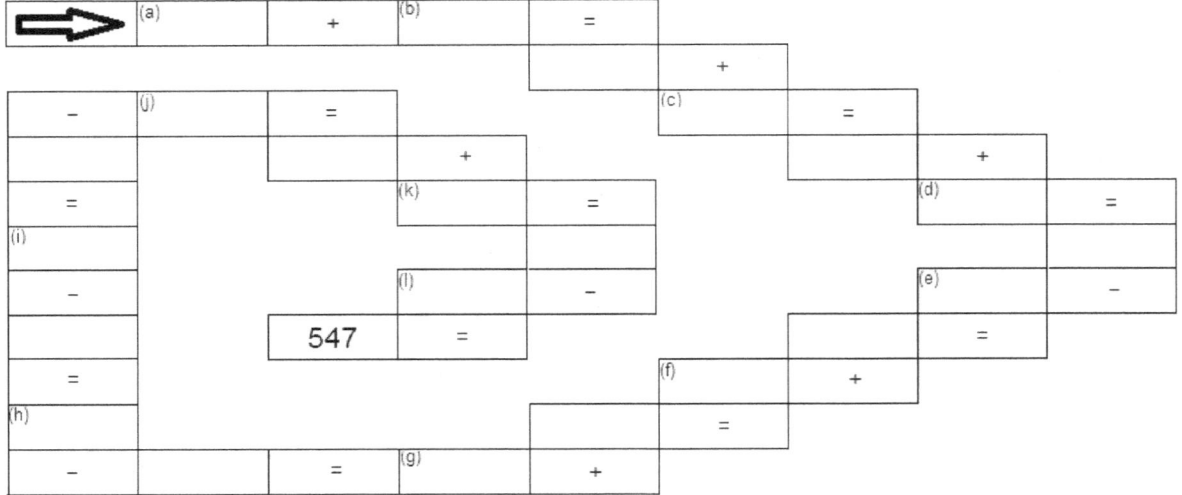

(a) ¿Qué número tiene como descomposición $2^2, 3$ y 11?

(b) Un automóvil sale del estado Miranda para Cumana cada seis días, otro cada siete días y otro cada ocho días. ¿Cada cuánto tiempo partirán del estado Miranda los tres el mismo día?

(c) ¿Qué número tiene como descomposición $3, 5$ y 13?

(d) El máximo común divisor de dos números es 3 y el mínimo común múltiplo 81. Calcular el producto de los dos números?

(e) Se tiene tres trozos de madera de 63 cm, 147 cm y 441 cm de largo. Si desea dividir en partes iguales y de mayor longitud posible. ¿Cuánto debe medir cada trozo?

(f) Determinar la menor distancia que se puede medir exactamente con una regla de 3, de 5 o de 27 pies de largo.

(g) Determinar la menor capacidad de una piscina que se puede llenar en un número exacto de minutos por cualquiera de las tres: la primera 24 litros por minuto, la segunda 36 litros por minuto y la tercera 40 litros por minuto.

(h) Una costurera dispone de tres piezas de tela para elaborar una serie de vestidos, sus longitudes son: 72 m, 128 m y 120 m; se quiere dividir en otras iguales sin desperdiciar tela. ¿De qué manera podemos dividir la tela?

(i) Se tienen tres trozos de alambre y cada uno mide 960 cm, 312 cm y 1.188 cm. ¿Cuál es la mayor medida común de dichos trozos?.

(j) Se tienen cuatro pedazos de hierro de 225 cm, 1.125 cm, 405 cm y 2.025cm de largo. Se desea dividir en partes iguales y de la mayor longitud posible. ¿Cuánto de medir cada pedazo?

(k) Determinar la menor cantidad de dinero que se necesita para comprar un número exacto de docenas de creyones de 160 Bs.F. la docena o un número exacto de marcadores de 120 Bs.F. la docena.

(l) Tenemos cuatro llaves que vierten por minuto 24 litros, 60 litros, 72 litros y 108 litros de agua. ¿Cuál es la menor capacidad de un tanque que se puede llenar en un exacto de segundo?

UNIDAD III
NÚMEROS RACIONALES

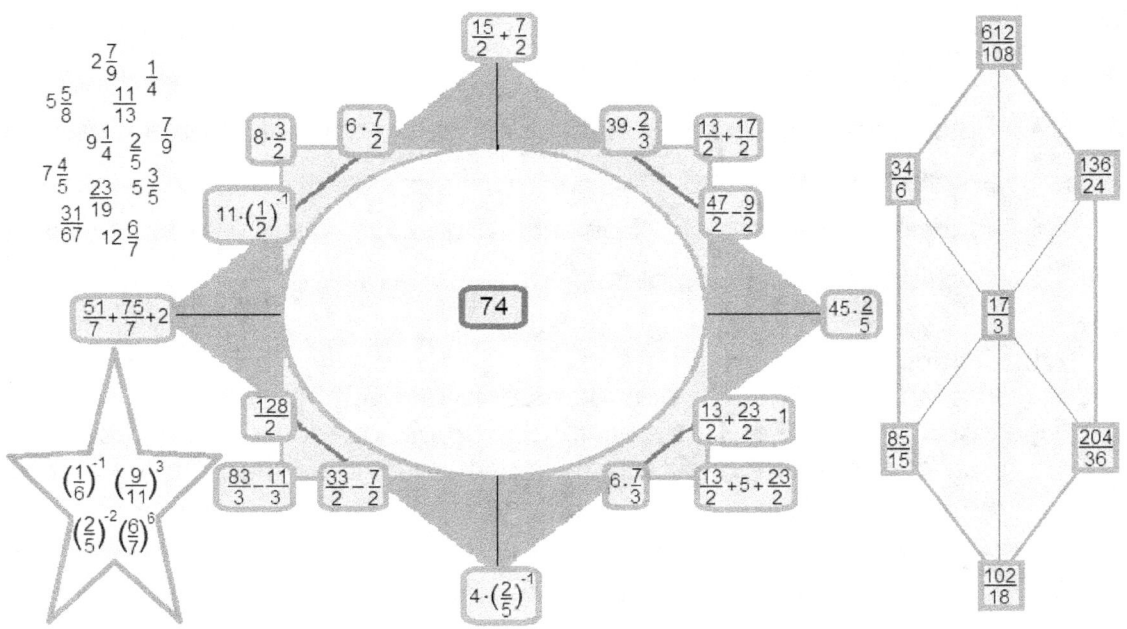

CONTENIDO:

- NÚMER0 RACIONALES
- ADICIÓN DE NÚMEROS RACIONALES
- SUSTRACCIÓN DE NÚMEROS RACIONALES
- MULTIPLICACIÓN DE NÚMEROS RACIONALES
- DIVISIÓN DE NÚMEROS RACIONALES
- POTENCIACIÓN EN Q
- EXPRESIONES DECIMALES EN Q
- NOTACIÓN CIENTÍFICA
- ACTIVIDADES CON MATEMÁTICA RECREATIVA

Amplificación del conjunto Z.

Una fracción expresa una o más de las partes iguales en que ha sido dividida la unidad.

Toda fracción consta de los términos siguientes:
- ⊥ Numerador, que señala el número de partes que se ha elegido.
- ⊥ Denominador, que señala el número de partes iguales en que ha se ha dividido la unidad.

Tenemos que en la fracción:

$$\frac{a}{b} \quad donde \ a \ es \ el \ Numerador \ y \ la \ b \ el \ Denominador$$

Los números fraccionarios positivos y negativos unidos a los números enteros forman un nuevo conjunto de números llamados racionales.

Clasificación de las fracciones.

Las fracciones se dividen en comunes y decimales:

- Fracciones comunes: Son aquellas cuyo denominador no es la unidad seguida de cero; ejemplos: $\frac{3}{5}, \frac{7}{9}, \frac{5}{13}, \frac{19}{14}$, etc.

- Fracciones decimales: Son aquellas cuyo denominador es la unidad seguida de ceros; ejemplos: $\frac{5}{10}, \frac{9}{100}, \frac{15}{10000000}, \frac{19}{100000}$, etc.

Las fracciones, tanto comunes como decimales; podemos clasificarlas de acuerdo a las características del numerador y del denominador:

i) **Fracción propia:** Una fracción es propia cuando el numerador es menor que el denominador. Si el valor absoluto de a es menor que valor absoluto de b y b es diferente de cero entonces la fracción $\frac{a}{b}$ es menor que 1.

Ejemplos de fracciones propias: $\frac{1}{5}, \frac{4}{9}, \frac{9}{15}, \frac{11}{19}$, etc.

ii) **Fracción impropia:** Una fracción es impropia cuando el numerador es mayor que el denominador. Si el valor absoluto de a es mayor que valor absoluto de b y b es diferente de cero entonces la fracción $\frac{a}{b}$ es mayor que 1.

Ejemplos de fracciones impropias: $\frac{4}{3}, \frac{14}{9}, \frac{19}{15}, \frac{9}{5}$, etc.

iii) **Fracción unidad:** Una fracción es igual a la unidad cuando el numerador y el denominador son iguales y distinto de cero. Si a es igual a b y b es diferente de cero entonces la fracción $\frac{a}{b}$ es igual a 1.

Ejemplos de fracciones unidad: $\frac{4}{4}, \frac{14}{14}, \frac{9}{9}, \frac{27}{27}$, etc.

iv) **Fracción nula:** Una fracción es nula cuando el numerador es cero y el denominador es diferente cero. Si a es igual a cero y b es diferente de cero entonces la fracción $\frac{a}{b}$ es igual a 0.

Ejemplos de fracciones nulas: $\dfrac{0}{4}$, $\dfrac{0}{24}$, $\dfrac{0}{9}$, $\dfrac{0}{17}$, etc.

v) **Fracción entera:** Una fracción entera es aquella cuyo denominador es la unidad. Si a es diferente a cero y b es igual a uno entonces la fracción $\dfrac{a}{b}$ es igual al numerador en este caso el resultado es a.

Ejemplos de fracciones unidad: $\dfrac{6}{1}$, $\dfrac{24}{1}$, $\dfrac{8}{1}$, $\dfrac{19}{1}$, etc.

vi) **Fracciones equivalentes:** Dos fracciones son equivalentes si y sólo si sus productos cruzados son iguales.

$$\frac{a}{b} = \frac{c}{b} \qquad porque \qquad a \cdot d = c \cdot b$$

Ejemplo de fracción equivalente: $\dfrac{1}{4} = \dfrac{2}{8}$ $\qquad$ porque $\qquad$ $1 \cdot 8 = 2 \cdot 4$

$$8 = 8$$

vii) **Fracción mixta:** Una fracción es mixta cuando ella consta de una parte entera y una parte fraccionaria, se expresa de la forma $a\dfrac{b}{c}$, donde a es la parte entera y $\dfrac{b}{c}$ es una fracción propia.

Una fracción impropia puede convertirse en una fracción mixta.

Para reducir un número mixto en una fracción impropia, procedemos de la forma siguiente:

1. Se multiplica la parte entera por el denominador de la fracción.
2. Se suma el numerador al producto.
3. Al resultado se le pone como denominador el que tenía la fracción original.

Ejemplos: a) Reducir el número mixto $15\dfrac{2}{3}$ a fracción impropia.

Multiplicamos la parte entera 15 por el denominador 3 y sumándole el numerador 2 al producto, se llega al resultado $\dfrac{47}{3}$. Solamente ha cambiado la forma.

$$15\frac{2}{3} = \frac{15\cdot3+2}{3} = \frac{45+2}{3} = \frac{47}{3} \qquad \text{Entonces} \qquad 15\frac{2}{3} = \frac{47}{3}$$

b) Convertir la fracción $\dfrac{39}{5}$ es número mixto.

Dividimos $39 \div 5$, el cociente de la división es el número entero y la fracción tendrá como numerador el residuo 4, y como denominador 5.

$$\frac{39\ \big/\ 5}{4\ \big/\ 7}$$

Entonces: $\qquad\qquad \dfrac{39}{5} = 7\dfrac{4}{5}$

Amplificación de fracciones: El proceso de determinar fracciones equivalentes, multiplicando numerador y denominador por un número entero que no sea nulo, se denomina *Amplificación de fracciones*. Entonces *Amplificar* una fracción es multiplicar numerador y denominador por un mismo número entero no nulo.

Ejemplo: Consideremos la fracción $\frac{5}{9}$. Multipliquemos numerador y denominador por un mismo entero no nulo.

$$\frac{5 \cdot 5}{9 \cdot 5} = \frac{25}{45} \qquad \text{Entonces la fracción amplificada:} \qquad \frac{5}{9} = \frac{25}{45}$$

Fracciones Irreducibles: Es toda fracción cuyo numerador y denominador son números primos. Ejemplo $\frac{17}{23}$ es una fracción irreducible porque sus dos términos, 17 y 23, son primos entre sí.

Simplificación de fracciones: Simplificar una fracción es transformarla en otra fracción equivalente cuyos términos sean menores.

Para simplificar una fracción se dividen sus dos términos sucesivamente por los factores comunes que tengan.

Para simplificar una fracción, hasta su equivalente irreducible, se puede seguir dos procedimientos: dividir los dos términos por su máximo común divisor (M.C.D.) y otro que consiste en dividir los dos términos, sucesivamente, por sus divisores comunes. En forma general tenemos que: *"Si d es divisor común de a y b, entonces la fracción $\frac{a \div d}{b \div d}$ es equivalente a $\frac{a}{b}$, es decir $\frac{a}{b} = \frac{a \div d}{b \div d}$, con d divisor de a y b".*

Concluyamos diciendo que el proceso de hallar fracciones equivalentes dividiendo numerador y denominador por un común divisor es denominado *"simplificación de fracciones".*

Ejemplos: a) Simplificar la siguiente fracción $\frac{3910}{7820}$.

Dividimos sus dos términos sucesivamente por los factores comunes que tengan:

$$\frac{3910}{7820} = \frac{3910 \div 2}{7820 \div 2} = \frac{1955 \div 5}{3910 \div 5} = \frac{391 \div 17}{782 \div 17} = \frac{23 \div 23}{46 \div 23} = \frac{1}{2}$$

b) Simplificar la fracción utilizando el procedimiento del máximo común divisor : $\frac{84}{30}$

Descomponemos en factores primos tanto el numerador como el denominador: $84 = 2^2 \cdot 3 \cdot 7$ y $30 = 2 \cdot 3 \cdot 5$; entonces el M.C.D.(de 84 y 30) $= 2 \cdot 3 = 6$

Luego, la fracción: $\frac{84}{30} = \frac{84 \div 6}{30 \div 6} = \frac{14}{5}$

NÚMEROS RACIONALES Q

Un número racional: Es todo número que puede representarse como el cociente de dos números enteros es decir una fracción común con numerador y denominador diferente de cero. Otra forma de definir dicho número es como el conjunto de todas las fracciones equivalentes a una dada y simbolizada por cualquiera de las fracciones que pertenecen a él.

Por ejemplo tenemos que la fracción $\dfrac{-3}{11}$ es una fracción irreducible y se llama fracción canónica o representante canónico de un número racional.

En general el número racional se puede expresar como el conjunto que se utiliza fracciones irreducibles, colocándole una raya en la parte superior.

Por ejemplo: $\left(\dfrac{\overline{1}}{7}\right) = \left\{ \ldots\ldots\ldots, \dfrac{2}{14}, \dfrac{-3}{-21}, \dfrac{4}{28}, \dfrac{-5}{-35} \right\}$

El conjunto de todos los números racionales se represente con la letra Q.

$$Q = \left\{ \left(\dfrac{\overline{a}}{b}\right) \ con \ a \in Z \ y \ b \in Z^* \right\}$$

Subconjuntos Notables de Q:

➢ El conjunto Q^+ está formado por los números racionales positivos, cuyo numerador y denominador tienen el mismo signo.

➢ El conjunto Q^- está formado por los números racionales negativos, cuyo numerador y denominador tienen diferente signo.

➢ El conjunto Q_+^* está formado por los números racionales positivos excluyendo el cero: $Q_+^* = Q^+ - \{0\}$

➢ El conjunto Q_-^* está formado por los números racionales negativos excluyendo el cero: $Q_-^* = Q^- - \{0\}$

De todo lo anterior se concluye que:
$$Q = Q^+ \cup \{0\} \cup Q^-$$
Representación de un diagrama los subconjuntos notables de Q:

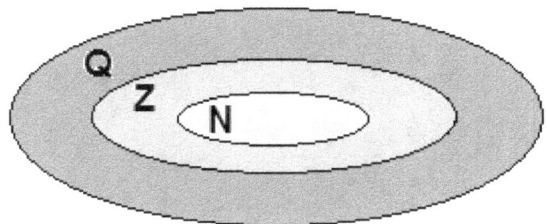

N es subconjunto de Z; Z es subconjunto de Q; N es subconjunto de Q
Concluyendo:
$$N \subset Z \subset Q$$

71

Valor absoluto de un número racional:

El concepto de módulo o valor absoluto de un número racional es una extensión del concepto de módulo o valor absoluto de un número entero. Simbólicamente, si $\frac{a}{b}$ es un número racional positivo se escribe:

$$\left|\frac{a}{b}\right| = \frac{a}{b}$$ (se lee: módulo de a entre b, es igual a entre b)

$$\left|-\frac{a}{b}\right| = \frac{a}{b}$$ (se lee: módulo de menos a entre b, es igual a entre b)

ACTIVIDADES

1. Determinar las siguientes ecuaciones ubicadas dentro del esquema y marca con una X identificando si el resultado es un número entero (Z) ó racional (Q).

ECUACIONES	Solución	
	Z	Q
$2x + 4 = 8 \Rightarrow$		
$9x - 2 = 2 \Rightarrow$		
$3(z + 6) = 48 \Rightarrow$		
$5x + 4 = 7 \Rightarrow$		
$8(y - 1) = 8 \Rightarrow$		
$2y - 7 = -20 + y \Rightarrow$		
$4(5x + 3) = 2(9x + 5) \Rightarrow$		
$9x + 10 - 5x = 3x + 21 \Rightarrow$		
$5(2y - 4) = -6(2y + 2) \Rightarrow$		
$-9z - 3(2z + 5) = 3z - 1 \Rightarrow$		
$7x - 8(2x - 3) = -3(5x + 7) + 33 \Rightarrow$		
$3 + [2(3x + 2)] = 5x + 3 \Rightarrow$		
$4(5x + 3) - 8 = 3(x - 2) + 13 \Rightarrow$		
$-[2(8x - 2)] = 2(3x - 9) \Rightarrow$		

2. Clasifica cada una de las fracciones, en la casilla correspondiente, mostrada en la figura a continuación:

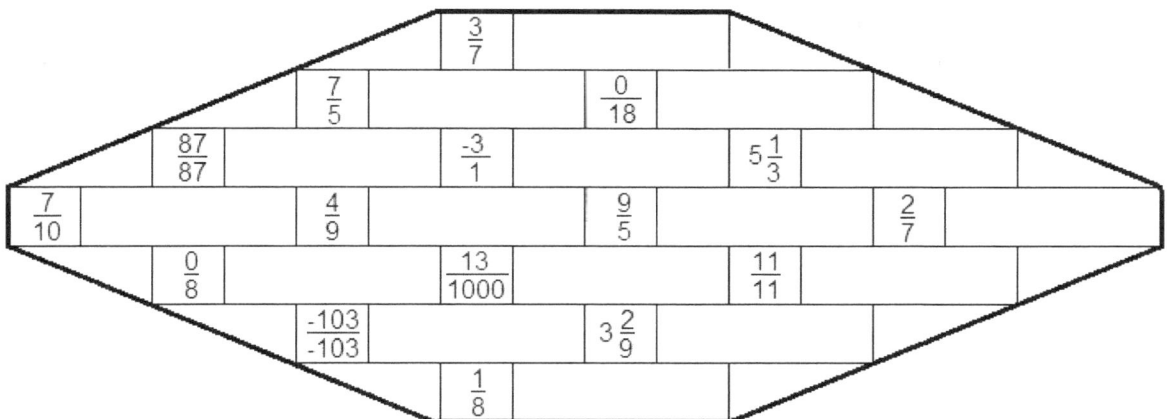

3. En la figura a continuación hay una serie de casillas identificadas por una letra en la que se debe colocar el valor de x, con el que se demuestra que las fracciones dadas en cada caso son equivalentes y luego realizar las operaciones indicadas en dicha figura hasta llegar al resultado dado..

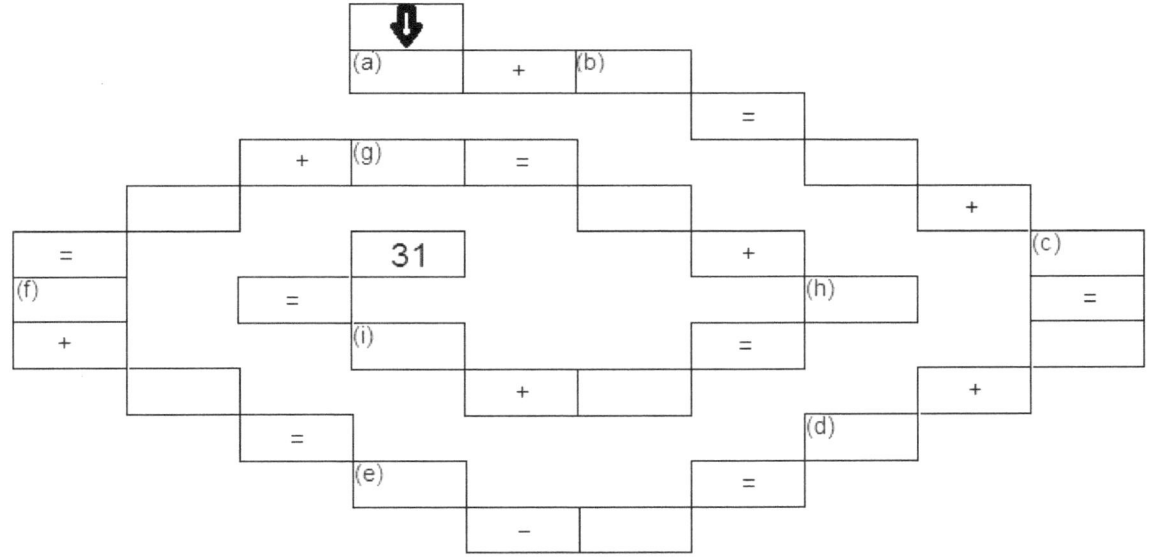

Realizar los ejercicios en hojas o un cuaderno.

(a) $\dfrac{1}{2}$ y $\dfrac{x}{8}$
(b) $\dfrac{x}{6}$ y $\dfrac{3}{18}$
(c) $\dfrac{-3}{x}$ y $\dfrac{-15}{60}$
(d) $\dfrac{5}{4}$ y $\dfrac{x}{20}$

(e) $\dfrac{-5}{4}$ y $\dfrac{x}{20}$
(f) $\dfrac{18}{14}$ y $\dfrac{x}{28}$
(g) $\dfrac{-80}{15}$ y $\dfrac{x}{30}$
(h) $\dfrac{7}{16}$ y $\dfrac{28}{x}$

(i) $\dfrac{18}{27}$ y $\dfrac{16}{x}$

73

4. Simplificar una serie de fracciones, hasta su más simple expresión dada en la actividad. En la figura a continuación hay una serie de casillas identificadas por una letra en la que debe colocarse el resultado obtenido de dividir el numerador y denominador de la fracción simplificada (máximo dos decimales) y luego realizar las operaciones indicadas en dicha figura hasta llegar al resultado dado.

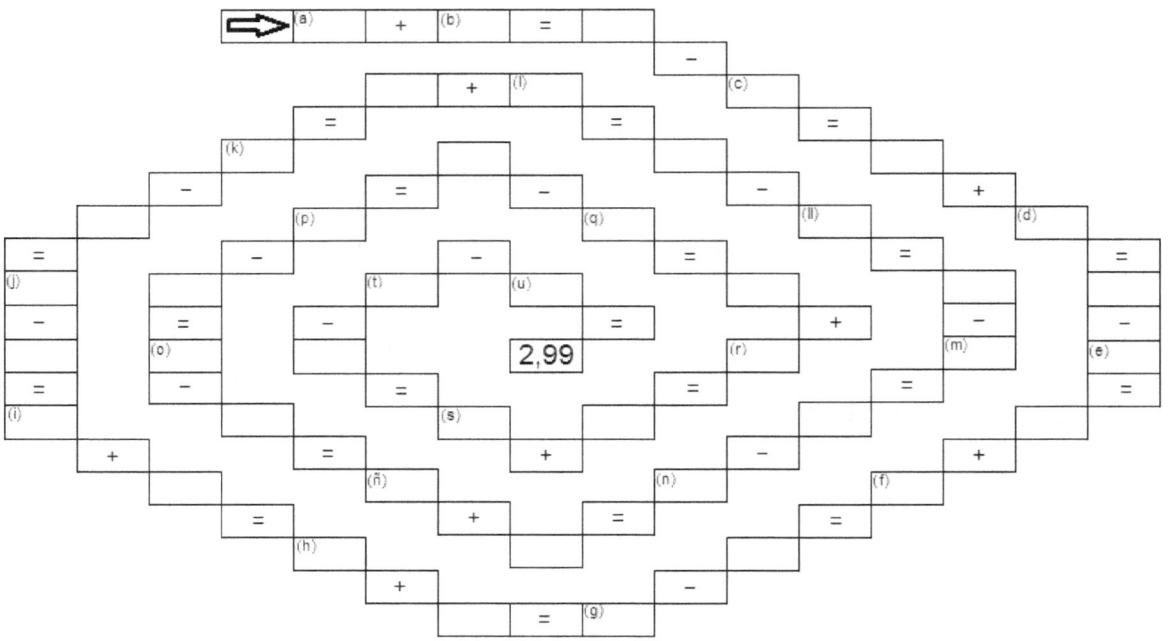

(a) $\dfrac{56}{72} =$

(b) $\dfrac{192}{108} =$

(c) $\dfrac{72}{216} =$

(d) $\dfrac{1890}{3780} =$

(e) $\dfrac{580}{1000} =$

(f) $-\dfrac{1944}{2268} =$

(g) $\dfrac{6174}{9702} =$

(h) $\dfrac{7200}{3240} =$

74

(i) $-\dfrac{2376}{2592} =$

(j) $\dfrac{200}{350} =$

(k) $\dfrac{1800}{9000} =$

(l) $\dfrac{5040}{1530} =$

(ll) $\dfrac{2187}{6561} =$

(m) $\dfrac{3087}{4851} =$

(n) $\dfrac{4050000}{3645000} =$

(ñ) $\dfrac{6752}{2112} =$

(o) $\dfrac{1528800}{1293600} =$

(p) $\dfrac{103500}{31500} =$

(q) $\dfrac{57759975}{54033525} =$

(r) $\dfrac{148539600}{14374800} =$

(s) $\dfrac{722500}{127500} =$

(t) $\dfrac{77342445}{108279423} =$

(u) $\dfrac{7619320000}{616000000} =$

5. Convertir en fracciones impropias los siguientes números mixtos correspondiente a cada una de las casillas de la figura.

75

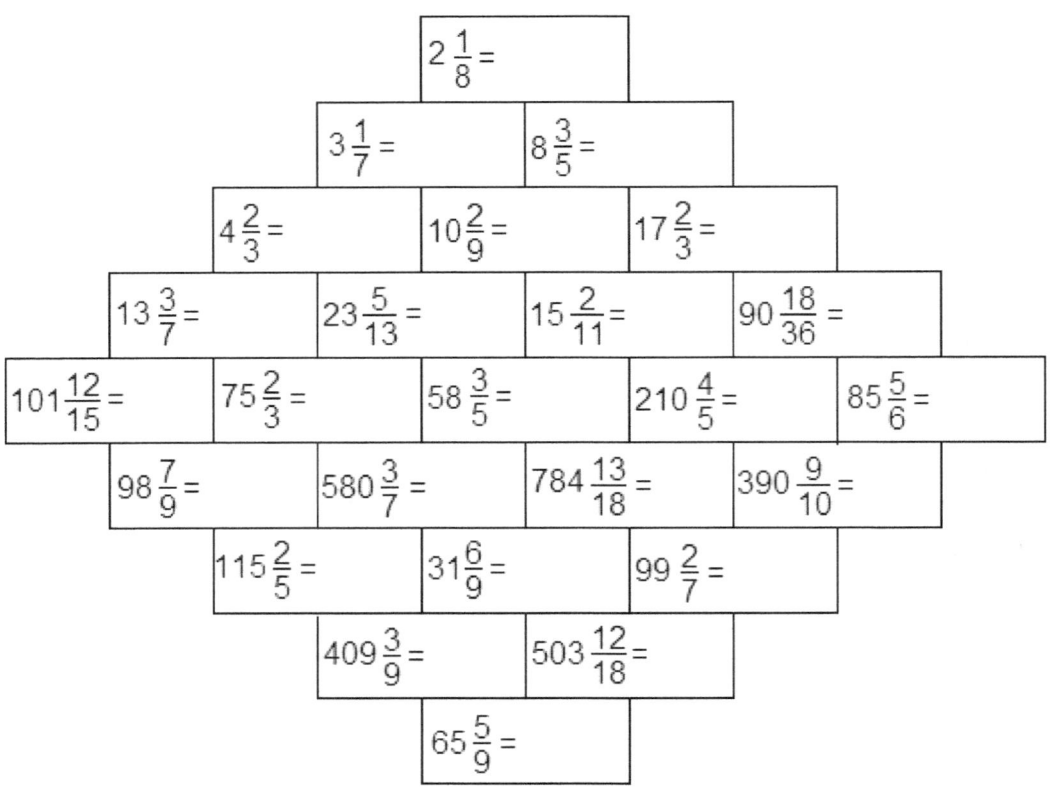

$2\frac{1}{8} =$

$3\frac{1}{7} =$ $8\frac{3}{5} =$

$4\frac{2}{3} =$ $10\frac{2}{9} =$ $17\frac{2}{3} =$

$13\frac{3}{7} =$ $23\frac{5}{13} =$ $15\frac{2}{11} =$ $90\frac{18}{36} =$

$101\frac{12}{15} =$ $75\frac{2}{3} =$ $58\frac{3}{5} =$ $210\frac{4}{5} =$ $85\frac{5}{6} =$

$98\frac{7}{9} =$ $580\frac{3}{7} =$ $784\frac{13}{18} =$ $390\frac{9}{10} =$

$115\frac{2}{5} =$ $31\frac{6}{9} =$ $99\frac{2}{7} =$

$409\frac{3}{9} =$ $503\frac{12}{18} =$

$65\frac{5}{9} =$

6. Convertir en números mixtos las siguientes fracciones impropias colocadas dentro del esquema y efectuar las operaciones como se le indica.

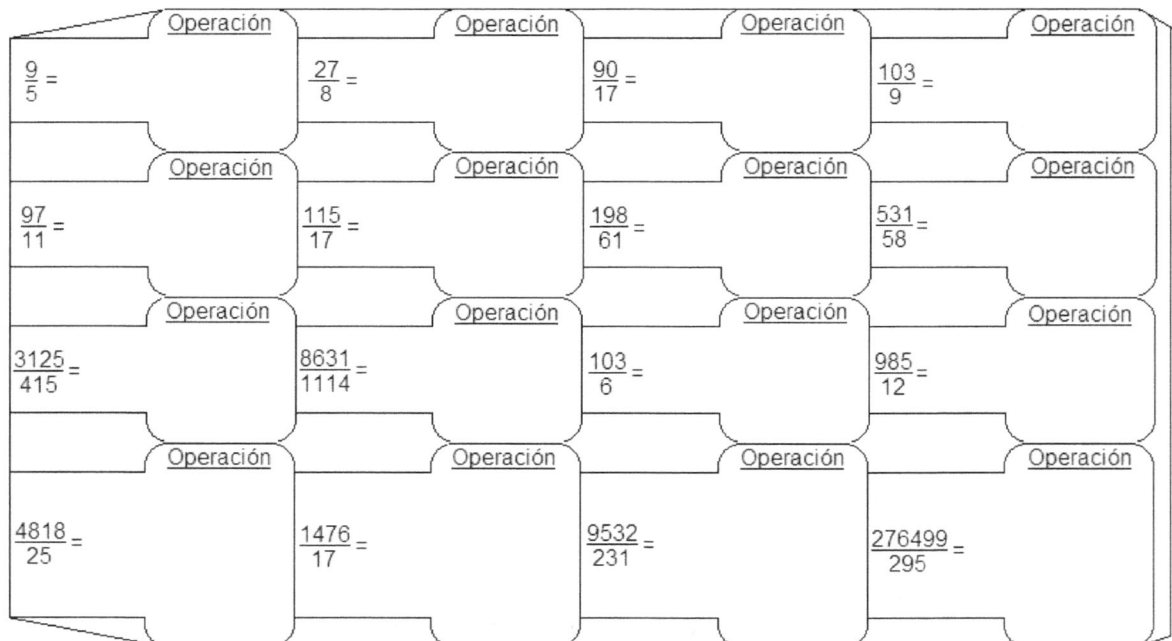

Operación	Operación	Operación	Operación
$\frac{9}{5} =$	$\frac{27}{8} =$	$\frac{90}{17} =$	$\frac{103}{9} =$
$\frac{97}{11} =$	$\frac{115}{17} =$	$\frac{198}{61} =$	$\frac{531}{58} =$
$\frac{3125}{415} =$	$\frac{8631}{1114} =$	$\frac{103}{6} =$	$\frac{985}{12} =$
$\frac{4818}{25} =$	$\frac{1476}{17} =$	$\frac{9532}{231} =$	$\frac{276499}{295} =$

7. Escriba el valor absoluto de los números racionales dados en la actividad. En la figura a continuación hay una serie de casillas identificadas por una letra en la que debe colocarse el resultado obtenido de dividir el numerador y denominador de la fracción resultante (máximo dos decimales) y luego realizar las operaciones indicadas en dicha figura hasta llegar al resultado dado.

(a) $\left|\dfrac{8}{5}\right| =$

(b) $\left|-\dfrac{11}{13}\right| =$

(c) $-\left|-\dfrac{19}{21}\right| =$

(d) $\left|\dfrac{27}{29}\right| =$

(e) $\left|-\dfrac{1}{4}\right| =$

(f) $-\left|\dfrac{1}{100}\right| =$

(g) $-\left|-\dfrac{9}{5}\right| =$

(h) $\left|-\dfrac{99}{112}\right| =$

(i) $-\left|-\dfrac{77}{100}\right| =$

(j) $\left| -\dfrac{18}{23} \right| =$

(k) $-\left| -\dfrac{3}{20} \right| =$

OPERACIONES DE NÚMEROS RACIONALES

ADICIÓN DE NÚMEROS RACIONALES
Sumar fracciones es un proceso de combinar dos o más fracciones en un solo número racional. O sea reducir a una sola fracción las cantidades contenidas en dos o más fracciones dadas.

En la suma o adición de fracciones existen dos casos:

♣ **Adición de fracciones con igual denominador:** Para efectuar la suma de dos o más fracciones con igual denominador, se conserva el mismo denominador y se suman los numeradores.

$$\frac{a}{e} + \frac{b}{e} + \frac{c}{e} + \frac{d}{e} = \frac{a+b+c+d}{e} \quad donde \quad e \neq 0$$

Ejemplo: $\dfrac{3}{5} + \dfrac{2}{5} + \dfrac{4}{5} = \dfrac{3+2+4}{5} = \dfrac{9}{5}$

♣ **Adición de fracciones con diferentes denominadores:** La suma de dos o más fracciones con diferentes denominadores se resuelve reduciendo las fracciones dadas a un denominador común, por medio del mínimo común múltiplo de los denominadores de las fracciones y luego sumar los resultados dados.

$$\frac{a}{f} + \frac{b}{g} + \frac{c}{h} + \frac{d}{i} = \frac{a \cdot g \cdot h \cdot i + b \cdot f \cdot h \cdot i + c \cdot f \cdot g \cdot i + d \cdot f \cdot g \cdot h}{f \cdot g \cdot h \cdot i} \quad donde \quad f, g, h, i \neq 0$$

Ejemplo: Sumar $\dfrac{3}{5} + \dfrac{2}{15} + \dfrac{4}{20}$

Los pasos a seguir para efectuar la suma de fracciones de diferentes denominadores:

1. Hallamos el m.c.m. de los denominadores: 5, 15 y 20.
   Descomponemos en factores primos: $5 = 5$; $15 = 3.5$ y $20 = 2^2.5$
   Entonces: m.c.m. (5, 15, 20) $= 2^2.3.5 = 4.3.5 = 60$
2. Para determinar los numeradores dividimos el m.c.m. entre cada denominador y su cociente multiplicamos por el numerador respectivo, y sumamos los resultados obtenidos, dándonos el numerador de la fracción resultante; simplificándola hasta su mínima expresión si es posible.

$$\frac{3}{5} + \frac{2}{15} + \frac{4}{20} = \frac{36 + 8 + 12}{60} = \frac{56}{60} = \frac{14}{15}$$

Adiciones de fracciones mixtas: Para sumar dos o más fracciones mixtas debemos transformarlas en fracciones impropias, luego realizamos la suma como explicamos anteriormente.

Propiedades de la adición en Q.

i) Propiedad conmutativa: "Al tener los sumandos $\frac{a}{b}$ y $\frac{c}{d}$ siendo b y d diferente de cero o sea a y $b \neq 0$, el orden de los sumandos no altera el resultado".

$$\frac{a}{b} + \frac{c}{d} = \frac{c}{d} + \frac{a}{b} \qquad donde \quad b \; y \; d \; \neq 0$$

ii) Propiedad asociativa: "Al sumar tres o más números racionales es siempre igual cualquiera que sea la forma que se asocien para realizar la operación".

$$\frac{a}{b} + \left(\frac{c}{d} + \frac{e}{f}\right) = \left(\frac{a}{b} + \frac{c}{d}\right) + \frac{e}{f} \qquad donde \quad b, d \; y \; f \neq 0$$

iii) Elemento neutro: "Si $\frac{a}{b}$ es una fracción con $b \neq 0$, se cumple que $\frac{a}{b} + 0 = \frac{a}{b} + \frac{0}{b} = \frac{a}{b}$, siendo la fracción $\frac{0}{a}$ el elemento neutro para la adición de fracciones".

iv) Elemento simétrico u opuesto: "Si $\frac{a}{b}$ y $-\frac{a}{b}$ son fracciones con $b \neq 0$, se cumple que $\frac{a}{b} + \left(-\frac{a}{b}\right) = \frac{0}{b} = 0$, siendo $-\frac{a}{b}$ elemento simétrico u opuesto de $\frac{a}{b}$ "

Ecuaciones en el conjunto Q: Para resolver una ecuación es necesario determinar el valor de la incógnita dada para la cual se verifica dicha igualdad.

SUSTRACCIÓN DE NÚMEROS RACIONALES

➢ Para efectuar la resta dos números racionales con igual denominador $\frac{a}{b}$ y $\frac{c}{b}$ donde $b \neq 0$, se suman al minuendo $\left(\frac{a}{b}\right)$ el opuesto del sustraendo $\left(\frac{c}{b}\right)$.

$$\frac{a}{b} - \frac{c}{b} = \frac{a}{b} + \left(-\frac{c}{b}\right) \qquad donde \; b \neq 0$$

➢ Para efectuar la resta dos números racionales de diferente denominador, se reducen a un denominador común por medio del mínimo común múltiplo y luego se restan los numeradores de dichas fracciones.

$$\frac{a}{b} - \frac{c}{d} = \frac{ad - cb}{bd} \qquad donde \; b \; y \; d \; \neq 0$$

SUMA ALGEBRAICA EN Q

Se entiende como suma algebraica en Q, la combinación de adiciones y sustracciones de números racionales, separados por diferentes signos de agrupación (paréntesis, corchetes y llaves).

Para resolver los ejercicios de suma algebraica en Q se de tomar en cuenta la regla de los signos se agrupación; luego de eliminar los signos de agrupación se procede a sumar y restar las fracciones.

Por ejemplo, sabiendo que b, c, f, h y $j \neq 0$, tenemos:

$$-\left\{\frac{a}{b} + \left[\frac{c}{d} - \left(\frac{e}{f} + \frac{g}{h} - \frac{i}{j}\right)\right]\right\} = -\left\{\frac{a}{b} + \left[\frac{c}{d} - \frac{e}{f} - \frac{g}{h} + \frac{i}{j}\right]\right\} =$$

$$-\left\{\frac{a}{b} + \frac{c}{d} - \frac{e}{f} - \frac{g}{h} + \frac{i}{j}\right\} = -\frac{a}{b} - \frac{c}{d} + \frac{e}{f} + \frac{g}{h} - \frac{i}{j} =$$

$$= \frac{-a \cdot d \cdot f \cdot h \cdot j - c \cdot b \cdot f \cdot h \cdot j + e \cdot b \cdot d \cdot h \cdot j + g \cdot b \cdot d \cdot f \cdot j - i \cdot b \cdot d \cdot f \cdot h}{b. d. f \cdot h \cdot j}$$

MULTIPLICACIÓN DE NÚMEROS RACIONALES

La multiplicación de dos o más números racionales es otro número racional cuyo numerador es el producto de los numeradores y cuyo denominador es el producto de los denominadores.

En forma general, dados dos números racionales $\frac{a}{b}$ y $\frac{c}{d}$, con b y $d \neq 0$, se cumple que: $\quad \frac{a}{b} \cdot \frac{c}{d} = \frac{a \cdot c}{b \cdot d}$

La relación anterior puede ser ampliada a varios números racionales en donde todos los denominadores de las fracciones son diferentes de cero:

$$\frac{a}{b} \cdot \frac{c}{d} \cdot \frac{e}{f} \cdot \frac{g}{h} \cdot \frac{i}{j} \cdot \frac{k}{l} \cdots\cdots = \frac{a \cdot c \cdot e \cdot g \cdot i \cdot k \cdots}{b \cdot d \cdot f \cdot h \cdot j \cdot l \cdots} \qquad donde \ b, d, f, h, j, l, \ldots \neq 0$$

donde los puntos suspensivos indican la presencia de otras fracciones.

Recordemos que cuando multiplicamos fracciones estas pueden ser tanto positivas como negativas y este en caso al efectuar la multiplicación hay que usar la regla de los signos, tenemos como ejemplo:

$$\left(-\frac{a}{b}\right) \cdot \frac{c}{d} \cdot \left(-\frac{e}{f}\right) \cdot \left(-\frac{g}{h}\right) = -\frac{a \cdot c \cdot e \cdot g}{b \cdot d \cdot f \cdot h} \qquad donde \ b, d, f, h \neq 0$$

Propiedades de la multiplicación en Q.

i) Propiedad conmutativa: En la multiplicación de dos o más números racionales el orden en el cuál coloquemos los factores no altera el producto.

Dadas dos fracciones $\frac{a}{b}$ y $\frac{c}{d}$, con b y $d \neq 0$, se cumple que: $\frac{a}{b} \cdot \frac{c}{d} = \frac{c}{d} \cdot \frac{a}{b}$, por dicha razón tenemos que en la multiplicación de números racionales se cumple la propiedad conmutativa.

ii) Propiedad asociativa: Dadas las fracciones $\frac{a}{b}$, $\frac{c}{d}$ y $\frac{e}{f}$ con b, d y $f \neq 0$, se cumple que: $\left(\frac{a}{b} \cdot \frac{c}{d}\right) \cdot \frac{e}{f} = \frac{a}{b} \cdot \left(\frac{c}{d} \cdot \frac{e}{f}\right)$, entonces se puede concluir que en la multiplicación de números racionales se cumple la propiedad asociativa.

iii) Elemento neutro: Dada la fracción $\frac{a}{b}$ siendo $b \neq 0$ se cumple que al multiplicar $\frac{a}{b}$ por 1 nos da la misma fracción como resultado, siendo el 1 el elemento neutro de la multiplicación de número racionales. O sea:

$$\frac{a}{b} \cdot 1 = \frac{a}{b} \qquad siendo \qquad b \neq 0$$

iv) Elemento simétrico: Si el inverso multiplicativo de una fracción $\frac{a}{b}$ es igual $\left(\frac{a}{b}\right)^{-1}$ siendo a y $b \neq 0$, entonces se tiene que cuando se multiplica la fracción $\frac{a}{b}$ por su inverso multiplicativo nos da como resultado la unidad.

$$\frac{a}{b} \cdot \left(\frac{a}{b}\right)^{-1} = \frac{a}{b} \cdot \frac{b}{a} = \frac{a \cdot b}{b \cdot a} = 1 \qquad siendo \qquad a \ y \ b \neq 0$$

v) Propiedad distributiva con respecto a la adición: Dadas las fracciones $\frac{a}{b}, \frac{c}{d}$ y $\frac{e}{f}$ siendo b, d y $f \neq 0$, se tiene que al multiplicar un número racional por la suma de otros números racionales es igual a la suma de las multiplicaciones de cada uno de los sumandos por el número racional.

$$\frac{a}{b} \cdot \left(\frac{c}{d} + \frac{e}{f}\right) = \frac{a}{b} \cdot \frac{c}{d} + \frac{a}{b} \cdot \frac{e}{f} \qquad siendo \quad b, d \ y \ f \neq 0$$

vi) Propiedad distributiva con respecto a la sustracción: Dadas las fracciones $\frac{a}{b}, \frac{c}{d}$ y $\frac{e}{f}$ siendo b, d y $f \neq 0$, se tiene que al multiplicar un número racional por la diferencia de otros números racionales es igual a la diferencia de las multiplicaciones del minuendo y el sustraendo por el número racional.

$$\frac{a}{b} \cdot \left(\frac{c}{d} - \frac{e}{f}\right) = \frac{a}{b} \cdot \frac{c}{d} - \frac{a}{b} \cdot \frac{e}{f} \qquad siendo \quad b, d \ y \ f \neq 0$$

DIVISIÓN DE NÚMEROS RACIONALES

Dada la fracción $\frac{a}{b}$ siendo $b \neq 0$ y otra fracción no nula $\frac{c}{d}$ siendo $d \neq 0$, se tiene que para dividir dichas fracciones se multiplica la fracción dividendo por el inverso multiplicativo de la fracción divisor.

$$\frac{a}{b} \div \frac{c}{d} = \frac{a}{b} \div \left(\frac{c}{d}\right)^{-1} = \frac{a}{b} \cdot \frac{d}{c} = \frac{a \cdot d}{b \cdot c} \qquad siendo \quad b \ y \ d \neq 0$$

En la práctica, para dividir fracciones se multiplican en equis:

$$\frac{a}{b} \div \frac{c}{d} = \frac{a \cdot d}{b \cdot c} \qquad siendo \quad b \ y \ d \neq 0$$

También tenemos la regla de la doble C:

$$\frac{a}{b} \div \frac{c}{d} = \frac{\dfrac{a}{b}}{\dfrac{c}{d}} = \frac{a \cdot d}{b \cdot c} \qquad siendo \quad b \ y \ d \neq 0$$

En la división de fracciones se cumple también la ley de los signos.

ACTIVIDADES

1. En la figura mostrada a continuación hay una serie de casillas identificadas por una letra en la que debe colocarse los resultados de los ejercicios de suma de fracciones simplificado hasta su mínima expresión, y luego efectuar las operaciones indicadas en dicha figura primero horizontalmente y luego en forma vertical hasta concluir el resultado dado.

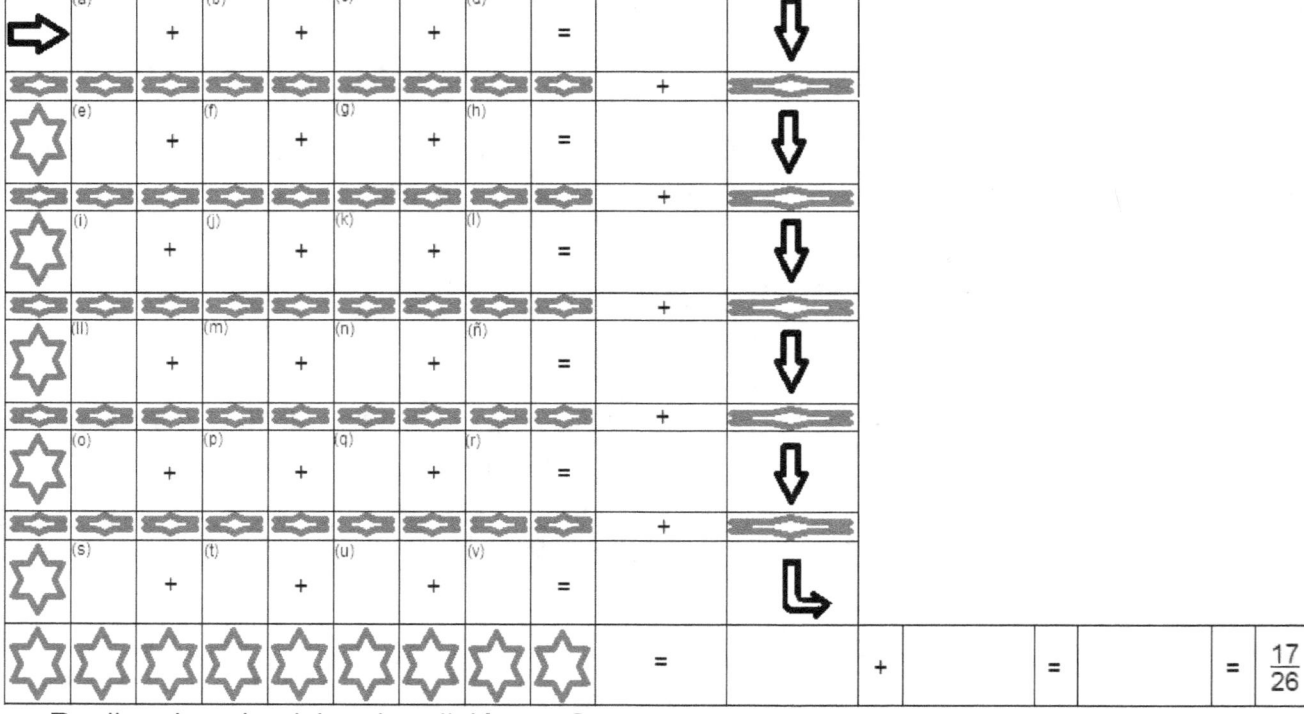

Realizar los ejercicios de adición en Q en hojas o un cuaderno.

(a) $\dfrac{1}{2} + \dfrac{3}{14} + \dfrac{5}{7}$

(b) $\left(\dfrac{-16}{15}\right) + \dfrac{19}{15} + \left(\dfrac{-7}{15}\right)$

(c) $\dfrac{32}{70} + \dfrac{40}{140} + \dfrac{2}{420} + \dfrac{5}{210}$

(d) $\dfrac{2}{14} + \dfrac{5}{21} + \dfrac{6}{18} + \dfrac{9}{24}$

(e) $\dfrac{8}{12} + \dfrac{10}{12} + \dfrac{40}{12} + \dfrac{4}{12}$

82

(f) $\dfrac{7}{800} + \dfrac{12}{400} + \dfrac{15}{100} + \dfrac{12}{200} + \dfrac{2}{1600}$

(g) $\dfrac{1}{4} + \dfrac{4}{3} + \dfrac{1}{3} + \dfrac{6}{18}$

(h) $\dfrac{5}{20} + \dfrac{4}{80} + \dfrac{8}{40} + \dfrac{5}{4} + \dfrac{3}{8}$

(i) $\dfrac{5}{25} + \dfrac{8}{50} + \dfrac{9}{15} + \dfrac{11}{100} + \dfrac{3}{20}$

(j) $\dfrac{7}{21} + 8 + \dfrac{2}{15} + \dfrac{10}{25} + 4$

(k) $\dfrac{3}{25} + \dfrac{14}{25} + \dfrac{12}{25} + \dfrac{9}{25} + \dfrac{7}{25}$

(l) $2 + \dfrac{6}{5} + \dfrac{4}{50} + 4 + \dfrac{3}{25}$

(ll) $\dfrac{1}{9} + \dfrac{5}{9} + \dfrac{8}{9} + \dfrac{13}{9} + \dfrac{15}{9}$

(m) $\dfrac{26}{4} + \dfrac{66}{44} + \dfrac{31}{68}$

(n) $\dfrac{23}{102} + \dfrac{6}{102} + \dfrac{31}{102} + \dfrac{37}{102} + \dfrac{5}{102} + \dfrac{2}{102}$

(ñ) $\dfrac{15}{24} + \dfrac{35}{8} + \dfrac{105}{16} + \dfrac{44}{32} + \dfrac{12}{64}$

(o) $\dfrac{5}{8} + \dfrac{3}{12} + \dfrac{8}{6}$

(p) $\dfrac{2}{27} + \dfrac{9}{27} + \dfrac{15}{27} + \dfrac{26}{27} + \dfrac{17}{27}$

(q) $\dfrac{4}{36} + \dfrac{1}{216} + \dfrac{3}{48} + \dfrac{1}{96} + \dfrac{1}{864}$

(r) $\dfrac{10}{32} + \dfrac{35}{18} + \dfrac{98}{15} + \dfrac{130}{45} + \dfrac{62}{90}$

(s) $\dfrac{24}{104} + \dfrac{32}{104} + \dfrac{36}{104} + \dfrac{6}{104}$

(t) $\dfrac{16}{52} + \dfrac{28}{52} + \dfrac{36}{52} + \dfrac{48}{52} + \dfrac{90}{52} + \dfrac{40}{52}$

(u) $\dfrac{5}{12} + \dfrac{9}{24} + \dfrac{6}{8} + \dfrac{1}{48}$

(v) $\dfrac{16}{5} + \dfrac{5}{12} + \dfrac{6}{20} + \dfrac{9}{10} + \dfrac{5}{6}$

2. En la figura mostrada a continuación hay una serie de casillas identificadas por una letra en la que debe colocarse los resultados de las adiciones de números racionales y luego efectuar las operaciones indicadas hasta concluir el resultado dado.

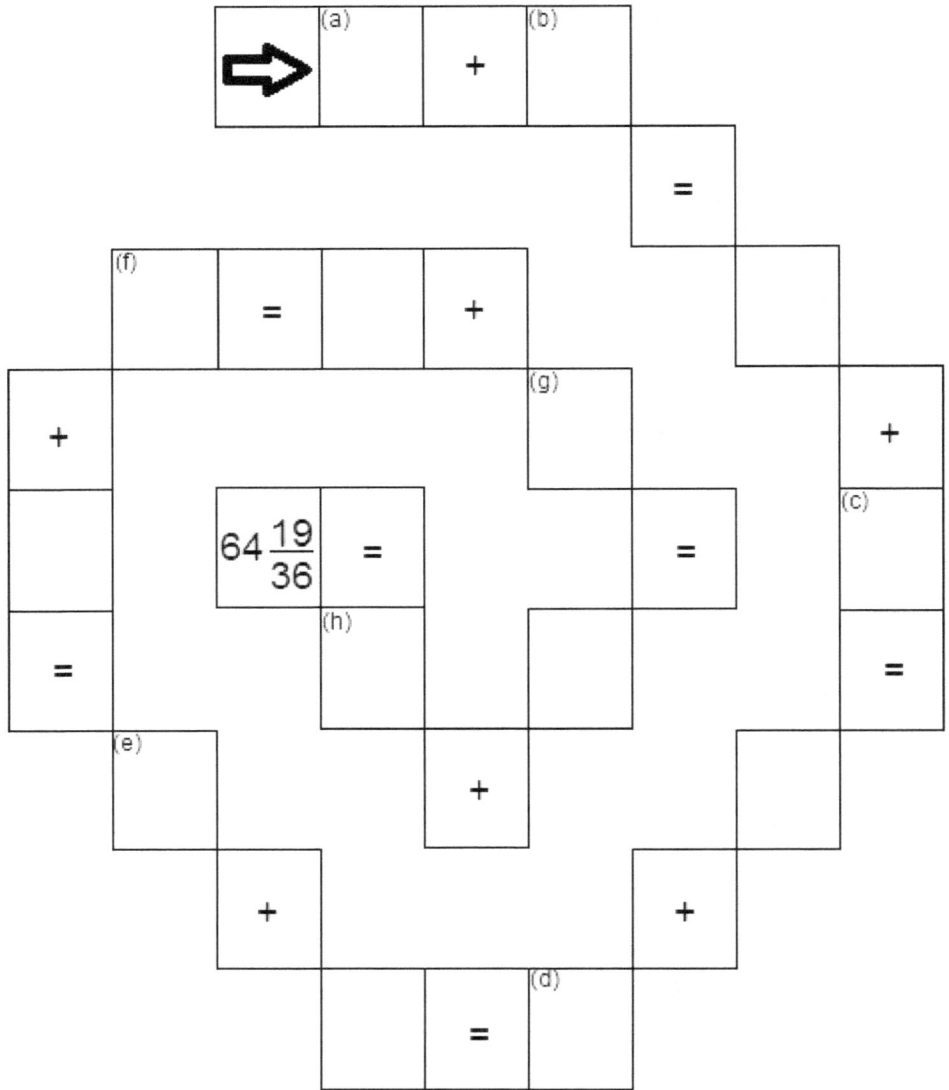

Realizar los ejercicios de adición en Q en hojas o un cuaderno.

(a) $2\frac{4}{5} + 1\frac{1}{5}$

(b) $4\frac{1}{6} + 10\frac{1}{6}$

(c) $2\frac{1}{9} + 4\frac{1}{3} + 1\frac{1}{18}$

(d) $3\frac{1}{6} + 5\frac{1}{6} + \frac{11}{6} + 4\frac{1}{6}$

84

(e) $1\frac{1}{3} + 1\frac{1}{4} + 2\frac{2}{6} + 3\frac{1}{3}$

(f) $3 + 2\frac{5}{24} + 1\frac{4}{6} + \frac{1}{8}$

(g) $1\frac{6}{72} + 2\frac{1}{36} + 3\frac{4}{72} + 1\frac{2}{18}$

(h) $2\frac{3}{24} + \frac{32}{48} + 3\frac{2}{16} + 3\frac{1}{12}$

3. En la figura mostrada a continuación hay una serie de casillas identificadas por una letra en la que debe colocarse los resultados de las diferencias de números racionales y luego efectuar las operaciones indicadas hasta concluir el resultado dado.

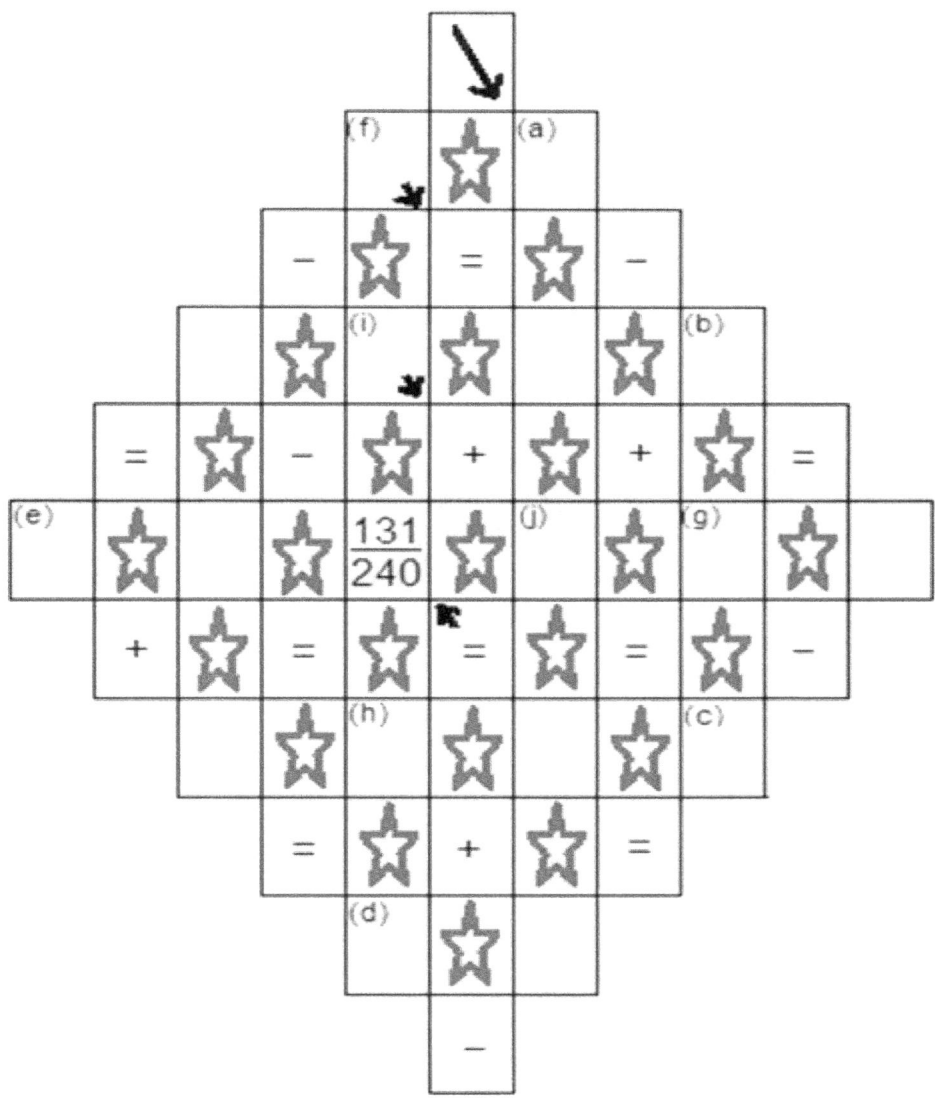

85

Realizar los ejercicios de sustracción en Q en hojas o un cuaderno.

(a) $\dfrac{15}{8} - \dfrac{3}{8}$

(b) $\dfrac{8}{12} - \dfrac{4}{24}$

(c) $\dfrac{96}{100} - \dfrac{6}{100}$

(d) $\dfrac{278}{180} - \dfrac{39}{90}$

(e) $\dfrac{19}{10} - \dfrac{12}{40}$

(f) $-\dfrac{95}{625} - \left(-\dfrac{295}{625}\right)$

(g) $\dfrac{3}{5} - \dfrac{29}{10}$

(h) $\dfrac{62}{24} - \dfrac{34}{24}$

(i) $\dfrac{20}{45} - \dfrac{10}{90}$

(j) $\dfrac{6}{12} - \dfrac{3}{16}$

4. En la interior del trapecio mostrado en la actividad hay una serie de casillas identificadas por una letra en la que debe colocarse los resultados de los ejercicios de suma algebraica en Q y luego efectuar las operaciones indicadas hasta concluir el resultado dado.

Realizar los ejercicios de suma algebraica en Q en hojas o un cuaderno.

(a) $\dfrac{3}{4} - \dfrac{2}{3} + 3 + \dfrac{1}{12} - \dfrac{5}{6}$

(b) $4 + \dfrac{16}{3} - \dfrac{15}{6} - \dfrac{3}{2}$

(c) $\dfrac{5}{2} - \dfrac{2}{16} - \dfrac{1}{8} + \dfrac{9}{4} - 1\dfrac{1}{2}$

(d) $\dfrac{9}{72} + \dfrac{10}{144} + \dfrac{5}{216} - \dfrac{3}{324}$

(e) $5\dfrac{1}{4} - 2\dfrac{1}{8} + \dfrac{2}{12} - 2\dfrac{1}{6}$

(f) $2 \cdot (-2)^2 - \dfrac{1}{3} + 2\dfrac{2}{5} - \dfrac{1}{15}$

(g) $10\dfrac{2}{3} - 1 - 5\dfrac{5}{9} - \dfrac{102}{27}$

(h) $8 - 3\frac{2}{5} - 2\frac{3}{10} - 1\frac{3}{5}$

(i) $2 - \frac{2}{15} + \frac{3}{10} - \frac{4}{30} - \frac{1}{5}$

(j) $\frac{5}{4} - \frac{3}{8} - \frac{1}{16} + 1 + \frac{3}{16}$

(k) $\frac{3}{5} - \frac{9}{75} - \frac{4}{15} - \frac{3}{20} + \frac{8}{150}$

(l) $\frac{3}{5} - 4 + \frac{3}{2} + 5 - \frac{3}{10}$

(ll) $3 - 5\frac{3}{10} + 4\frac{3}{5} - 2\frac{1}{10}$

(m) $9 + \frac{3}{8} - 5 - 2\frac{1}{4}$

(n) $\frac{15}{40} - \frac{25}{80} + \frac{25}{160} + \frac{15}{20} - \frac{5}{10}$

(ñ) $10 - 2\frac{2}{15} - 4\frac{4}{30} - \frac{4}{60}$

(o) $3 \cdot (-2)^2 - \frac{48}{20} - \frac{32}{40} - 1\frac{2}{5}$

(p) $\frac{3}{5} + \frac{6}{5} - 2$

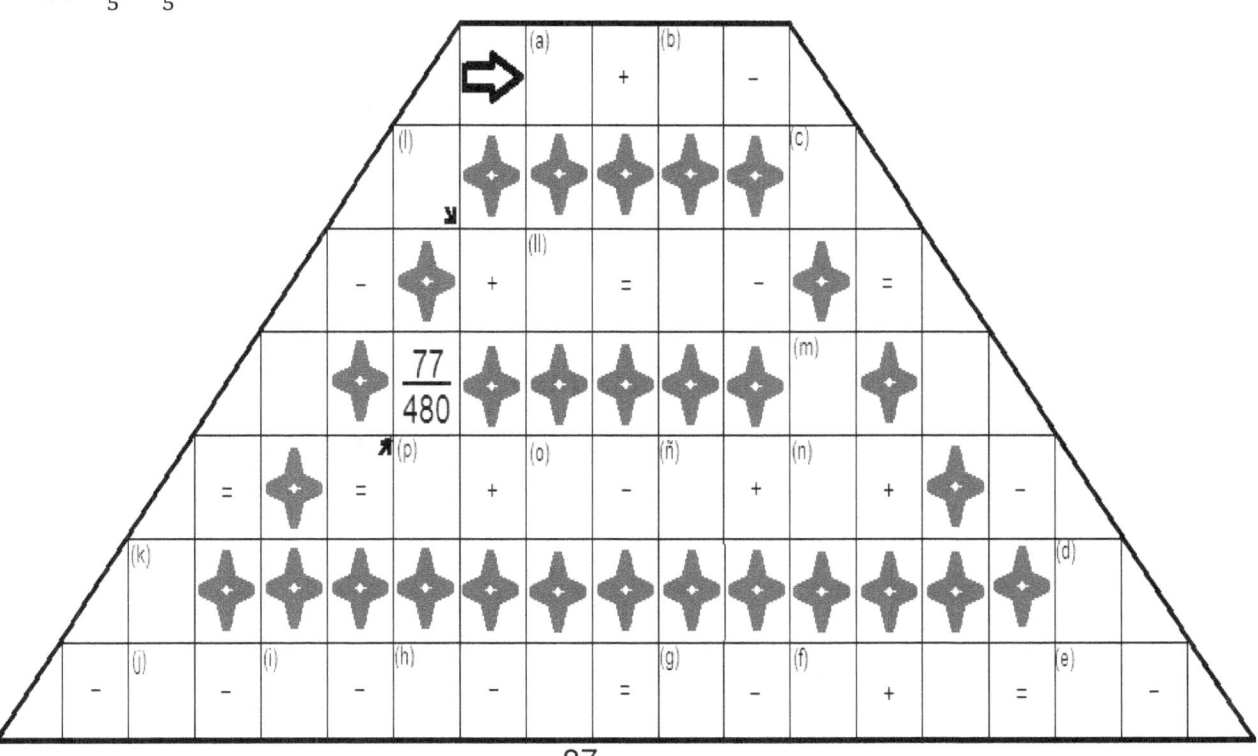

87

5. Completa los espacios vacios, colocando en cada cuadro los resultados de los ejercicios de eliminación de signos de agrupación en Q; luego efectuar las operaciones señaladas después en el esquema, según las filas y columnas indicadas, hasta llegar al resultado dado.

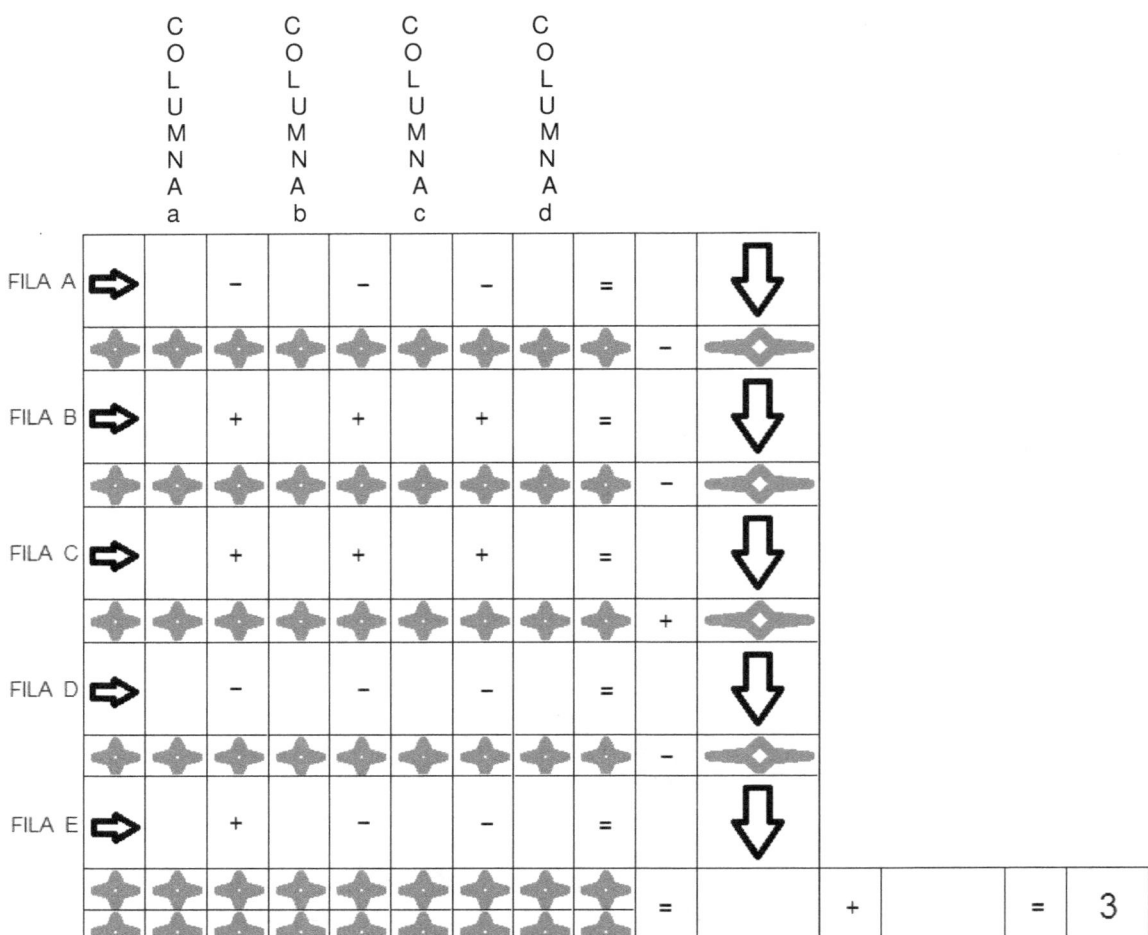

Realizar los ejercicios de eliminación de signos de agrupación en hojas o un cuaderno:

FILA A

Columna a: $\dfrac{7}{3} - \left(2 - \dfrac{1}{6}\right) + \dfrac{3}{2}$

Columna b: $\dfrac{5}{12} + \left[\dfrac{3}{4} - \left(\dfrac{1}{3} + \dfrac{1}{12}\right)\right]$

Columna c: $\dfrac{3}{24} - \left[-\dfrac{5}{6} - \left(\dfrac{1}{48} + \dfrac{5}{12}\right) + \left(2 - \dfrac{1}{24}\right)\right]$

Columna d: $-\dfrac{2}{9} - \left\{-\left[-\dfrac{2}{3} + \left(\dfrac{3}{12} + \dfrac{5}{9} + \dfrac{4}{27}\right)\right]\right\}$

88

FILA B

Columna a: $-\dfrac{5}{2} - \left[-4 - \left(\dfrac{1}{5} - \dfrac{3}{20} \right) + \dfrac{2}{30} \right] - 2$

Columna b: $3 - \left\{ - \left[\dfrac{3}{5} + \left(\dfrac{2}{10} - 1 \right) - \dfrac{3}{10} \right] - \dfrac{1}{5} \right\}$

Columna c: $\dfrac{1}{8} - \left\{ -\dfrac{1}{3} + \left[\dfrac{1}{6} + \left(\dfrac{1}{10} - \dfrac{1}{12} \right) - \left(\dfrac{3}{4} + \dfrac{1}{5} \right) \right] \right\} + \dfrac{1}{4}$

Columna d: $\dfrac{2}{5} - \left\{ \dfrac{1}{10} + \left[- \left(\dfrac{1}{5} - \dfrac{1}{2} \right) + \dfrac{3}{2} \right] - \left[-1 - \left(-\dfrac{1}{20} + \dfrac{4}{5} \right) \right] \right\}$

FILA C

Columna a: $\dfrac{3}{10} + \left[- \left(\dfrac{1}{10} - \dfrac{25}{100} \right) \right] - \left[\dfrac{1}{20} - \left(-\dfrac{2}{5} - \dfrac{4}{5} - \dfrac{1}{5} \right) \right]$

Columna b: $-\dfrac{1}{24} + \left\{ - \left[-\dfrac{1}{12} + \left(\dfrac{1}{6} + \dfrac{5}{3} \right) - \left(\dfrac{1}{48} - \dfrac{2}{3} \right) \right] - (-3) \right\}$

Columna c: $- \left\{ -\dfrac{59}{70} - \left[- \left(-\dfrac{3}{35} + \dfrac{2}{7} - \dfrac{1}{5} \right) - \left(\dfrac{2}{5} - \dfrac{3}{35} \right) \right] - \left[- \left(\dfrac{2}{35} - \dfrac{1}{35} \right) \right] \right\}$

Columna d:

$-\dfrac{1}{20} - \left\{ - \left[- \left(-\dfrac{3}{10} + \dfrac{5}{80} - \dfrac{2}{40} \right) - \left(-\dfrac{5}{20} \right) \right] \right\} - \left\{ -\dfrac{1}{10} + \left[- \left(\dfrac{2}{5} + \dfrac{3}{20} - \dfrac{1}{40} \right) \right] - \dfrac{1}{5} \right\}$

FILA D

Columna a: $2\dfrac{1}{5} + \left[-\dfrac{1}{10} - \left(3\dfrac{1}{5} + \dfrac{3}{10} \right) + \left(2\dfrac{1}{10} - \dfrac{1}{2} \right) \right]$

Columna b: $-\dfrac{2}{3} - \left\{ \dfrac{6}{9} - \left[\dfrac{3}{5} - \left(-2 - \dfrac{1}{3} \right) \right] + \dfrac{3}{5} \right\} - (-1)$

Columna c: $- \left\{ 1\dfrac{3}{5} - \left[- \left(2\dfrac{1}{10} + \dfrac{8}{5} - 1\dfrac{1}{15} \right) + \left(-2\dfrac{4}{6} \right) \right] - 2\dfrac{3}{5} \right\}$

Columna d: $\dfrac{1}{6} + \left\{ - \left[\dfrac{1}{12} + \left(\dfrac{1}{3} - \dfrac{4}{9} \right) \right] \right\} - \left\{ - \left[- \left(\dfrac{2}{3} + \dfrac{5}{12} - \dfrac{8}{6} \right) \right] \right\}$

FILA E

Columna a: $\dfrac{1}{6} + \left\{ -1 + \left[-\dfrac{1}{36} + \left(\dfrac{1}{3} - \dfrac{2}{9} + 2 \right) \right] - \left[-\dfrac{1}{4} + \left(\dfrac{5}{36} - \dfrac{1}{9} + \dfrac{5}{12} \right) \right] + 1 \right\}$

Columna b: $-\dfrac{4}{5} + \left\{ - \left[- \left(3 - \dfrac{1}{5} \right) + \left(\dfrac{18}{25} - \dfrac{9}{50} \right) \right] \right\} - \left\{ -\dfrac{1}{5} + \left[\dfrac{1}{25} - \left(\dfrac{2}{25} - \dfrac{8}{5} \right) \right] \right\}$

Columna c: $\dfrac{5}{18} - \left\{ - \left\{ - \left[\dfrac{1}{9} - \left(\dfrac{1}{27} + \dfrac{2}{15} \right) - \dfrac{8}{3} \right] - \dfrac{1}{21} \right\} - \left\{ - \left[- \left(\dfrac{1}{15} + \dfrac{2}{27} + \dfrac{4}{18} \right) \right] \right\} \right\}$

89

Columna d: $\quad 1\frac{1}{5} - \left\{ -\left[-\left(5+\frac{1}{2}\right) - \left(-4\frac{1}{5} - \frac{6}{25}\right)\right] - \left(2\frac{3}{10} + \frac{1}{20}\right)\right\} - \left(2\frac{3}{5} + \frac{9}{100}\right)$

6. En la figura mostrada a continuación hay una serie de casillas identificadas por una letra en la que debe colocarse los resultados de los problemas de números racionales y luego efectuar las operaciones indicadas hasta concluir el resultado dado.

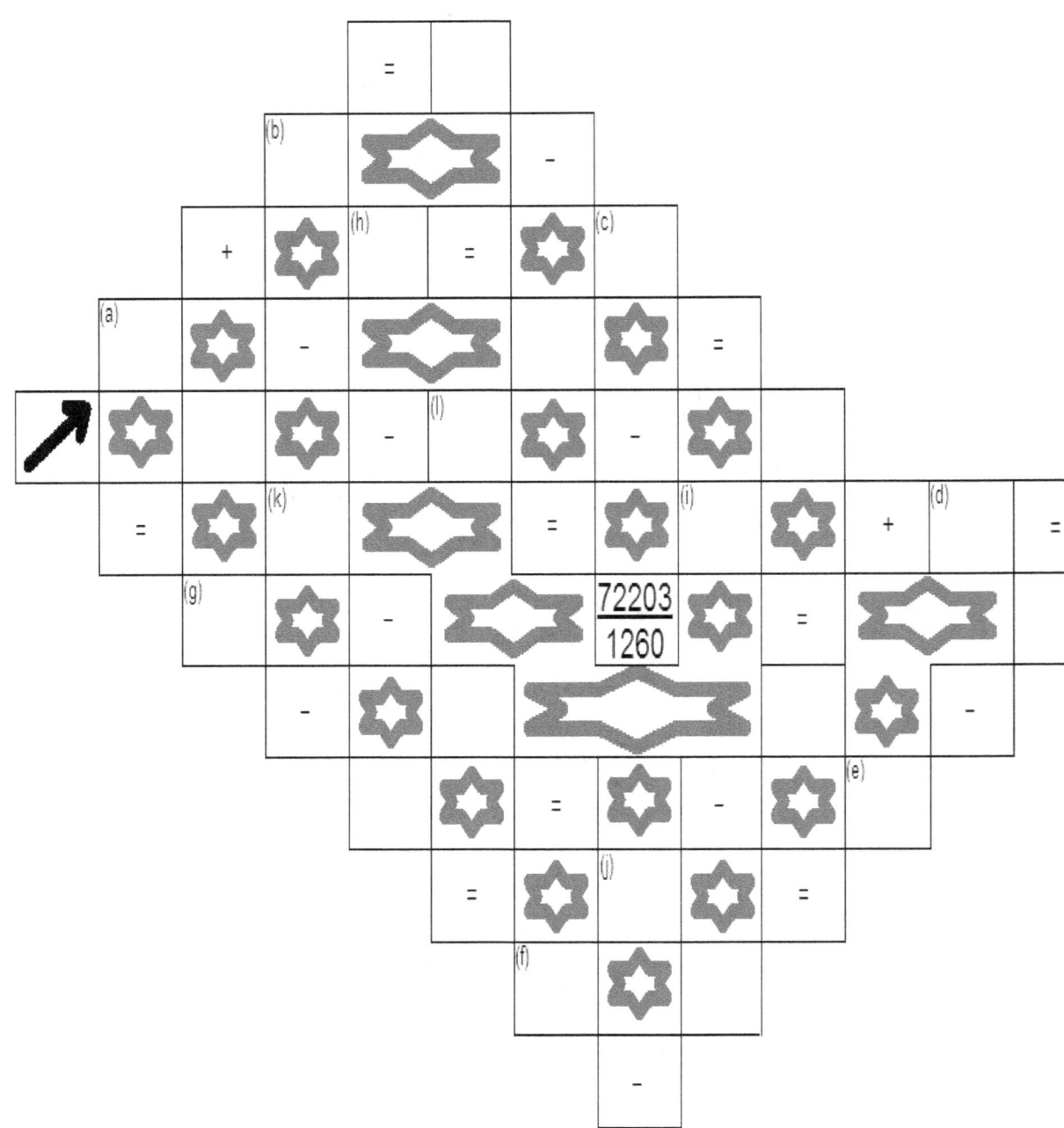

90

Realizar los problemas de números racionales en hojas o un cuaderno.

(a) En un terreno se ha sembrado: $\frac{16}{70}$ de yucas, $\frac{12}{35}$ de papas y $\frac{4}{7}$ de lechugas. ¿Qué fracción del terreno está sembrado?

(b) Francisca ha estudiado 4 horas, Antonia $3\frac{1}{5}$ horas, Juana $\frac{17}{5}$ horas y Ana $\frac{21}{15}$ horas. ¿Cuántas horas estudiaron las cuatro juntas?

(c) Una muchacha camina $4\frac{1}{2}$ Km el lunes, $\frac{22}{3}$ Km el martes, $\frac{5}{6}$ Km el miércoles, $\frac{10}{12}$ Km el jueves y 10 Km el viernes. ¿Cuántos kilómetros ha recorrido en los cinco días.

(d) Luisa tiene $\frac{234}{9}$ años, María $5\frac{1}{3}$ años más que Luisa y Mercedes tanto como Luisa y María juntas. ¿Cuánto suman las edades de las tres?

(e) ¿Qué número se le debe añadir a $\frac{23}{3}$ para igualar la suma de $\frac{12}{5}$; $3\frac{1}{5}$ y $\frac{1}{15}$?

(f) Si tengo $\frac{8}{9}$ de Bs.F., ¿cuánto me falta para tener 1 Bs.F?

(g) Juan debe 2.830 $Bs.F.$ y pagó $2798\frac{2}{5}$ $Bs.F.$ ¿Cuánto le falta por pagar

(h) Un muchacho emplea $\frac{5}{9}$ del día en estudiar, ¿qué parte del día descansa?

(i) Un día he leído $\frac{1}{6}$ de un libro y al día siguiente los $\frac{1}{3}$ del mismo libro. ¿Qué fracción del libro he leído?

(j) Marta, Antonia y Juana decidieron ir al mercado a comprar arroz. Marta compró medio Kilo, Antonia compró 2 Kilos y Juana compró cinco cuarto de Kilo. ¿Cuántos Kilos de arroz compraron entre las tres?

(k) ¿Qué número se debe añadir a $\frac{19}{5}$ para igualar la suma $\frac{20}{3}$ y $2\frac{2}{5}$?

(l) Antónela en la mañana tomo $\frac{1}{2}$ litro de leche, al mediodía $\frac{2}{3}$ de litro y en la noche $2\frac{1}{6}$ de litro. ¿Qué cantidad de leche tomo Antónela en todo el día?

7. En la figura mostrada en la actividad hay una serie de casillas identificadas por una letra en la que se debe colocar los resultados de las ecuaciones en

Q dada en la actividad y luego realizar las operaciones indicadas en dicha figura hasta llegar al resultado dado.

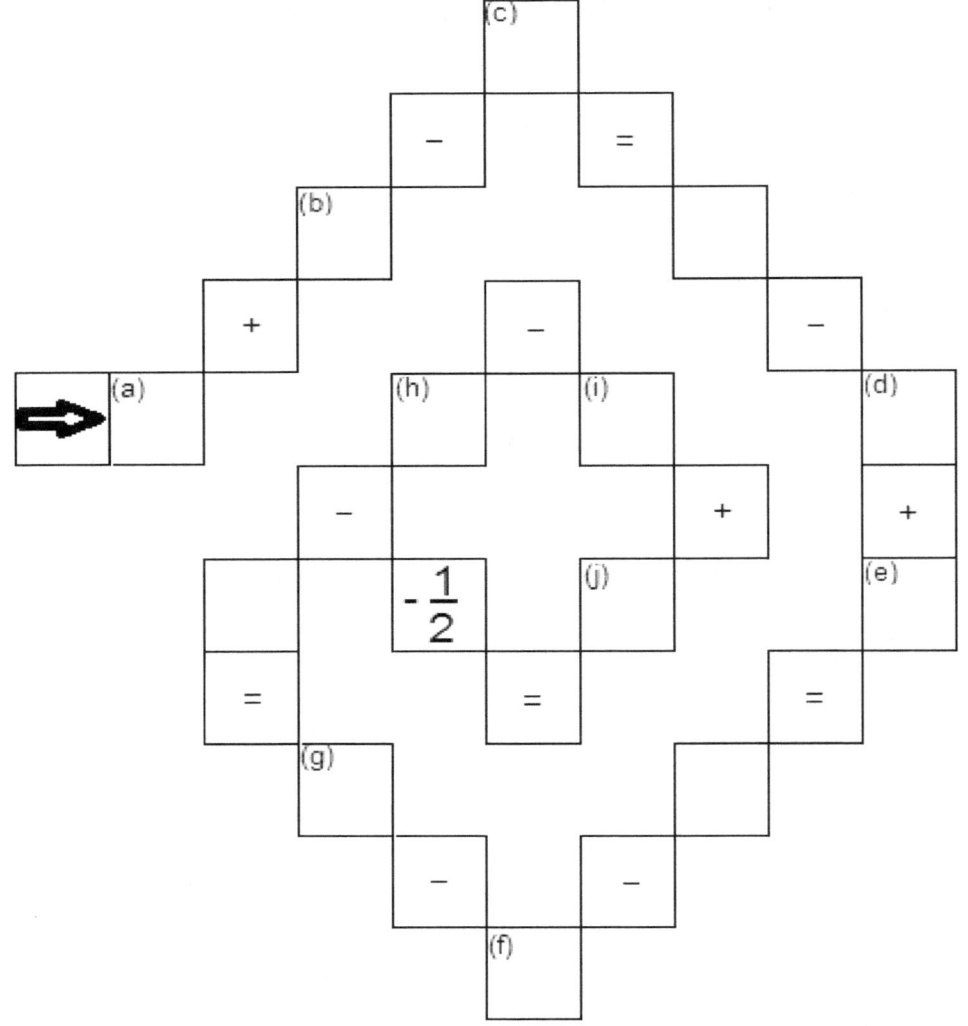

Realizar las ecuaciones en hojas o un cuaderno.

(a) $\dfrac{x}{2} + \dfrac{3}{5} = \dfrac{11}{10}$

(b) $-\dfrac{7}{9} + x = -\dfrac{48}{27} - \dfrac{x}{3} + 5$

(c) $4x - \dfrac{3}{5} = \dfrac{4x}{3} + \dfrac{71}{15}$

(d) $-\dfrac{12}{5} + \dfrac{x}{15} = -\dfrac{18}{30} - \dfrac{x}{3}$

(e) $\dfrac{1}{3} - x + \dfrac{1}{2} = \dfrac{5}{6} - 3x + \dfrac{16}{12}$

(f) $\quad x + \dfrac{4}{5} - 3x = -\dfrac{8}{20} - \dfrac{18}{10}$

(g) $\quad \dfrac{y}{3} + 3 - \dfrac{y}{24} = \dfrac{5}{2} - \dfrac{y}{12}$

(h) $\quad x - \dfrac{5x}{4} + \dfrac{2}{5} = -\dfrac{x}{20} + \dfrac{1}{2}$

(i) $\quad -6 + \dfrac{8x}{3} - \dfrac{77}{12} = 2x - \dfrac{15x}{4} + \dfrac{5}{6}$

(j) $\quad \dfrac{3x}{48} + 2x - \dfrac{5x}{12} + \dfrac{1}{24} = \dfrac{5}{3} + \dfrac{54x}{48} + \dfrac{11}{24}$

8. En la figura mostrada en la actividad hay una serie de casillas identificadas por una letra en la que debe colocarse los resultados de las multiplicaciones de números racionales dadas a continuación simplificando en cada caso si es posible hasta su mínima expresión y luego efectuar las operaciones indicadas en dicha figura hasta concluir el resultado dado.

(a) $\quad \dfrac{5}{7} \cdot \dfrac{3}{5} =$

(b) $\quad \dfrac{2}{5} \cdot \dfrac{15}{10} =$

(c) $\quad \dfrac{60}{84} \cdot \dfrac{42}{90} =$

(d) $\quad \left(-\dfrac{10}{12}\right) \cdot \dfrac{6}{8} =$

(e) $\quad \dfrac{8}{44} \cdot \dfrac{11}{4} =$

(f) $\quad \dfrac{5}{7} \cdot \left(-\dfrac{7}{2}\right) =$

(g) $\quad \left(-\dfrac{4}{18}\right) \cdot \left(-\dfrac{6}{40}\right) =$

(h) $\quad 3\dfrac{3}{5} \cdot \left(-\dfrac{2}{3}\right) =$

(i) $\quad \left(-\dfrac{1}{4}\right) \cdot \left(-\dfrac{8}{5}\right) =$

(j) $\quad \left(-\dfrac{3}{2}\right) \cdot (-1) =$

(k) $\quad 2\dfrac{2}{5} \cdot \left(-\dfrac{2}{3}\right) =$

(l) $\quad \left(-\dfrac{1}{6}\right) \cdot \left(-\dfrac{3}{2}\right) \cdot (-4) =$

(ll) $\dfrac{2}{5} \cdot \left(-\dfrac{5}{2}\right) \cdot \left(-\dfrac{1}{4}\right) \cdot (-3) =$

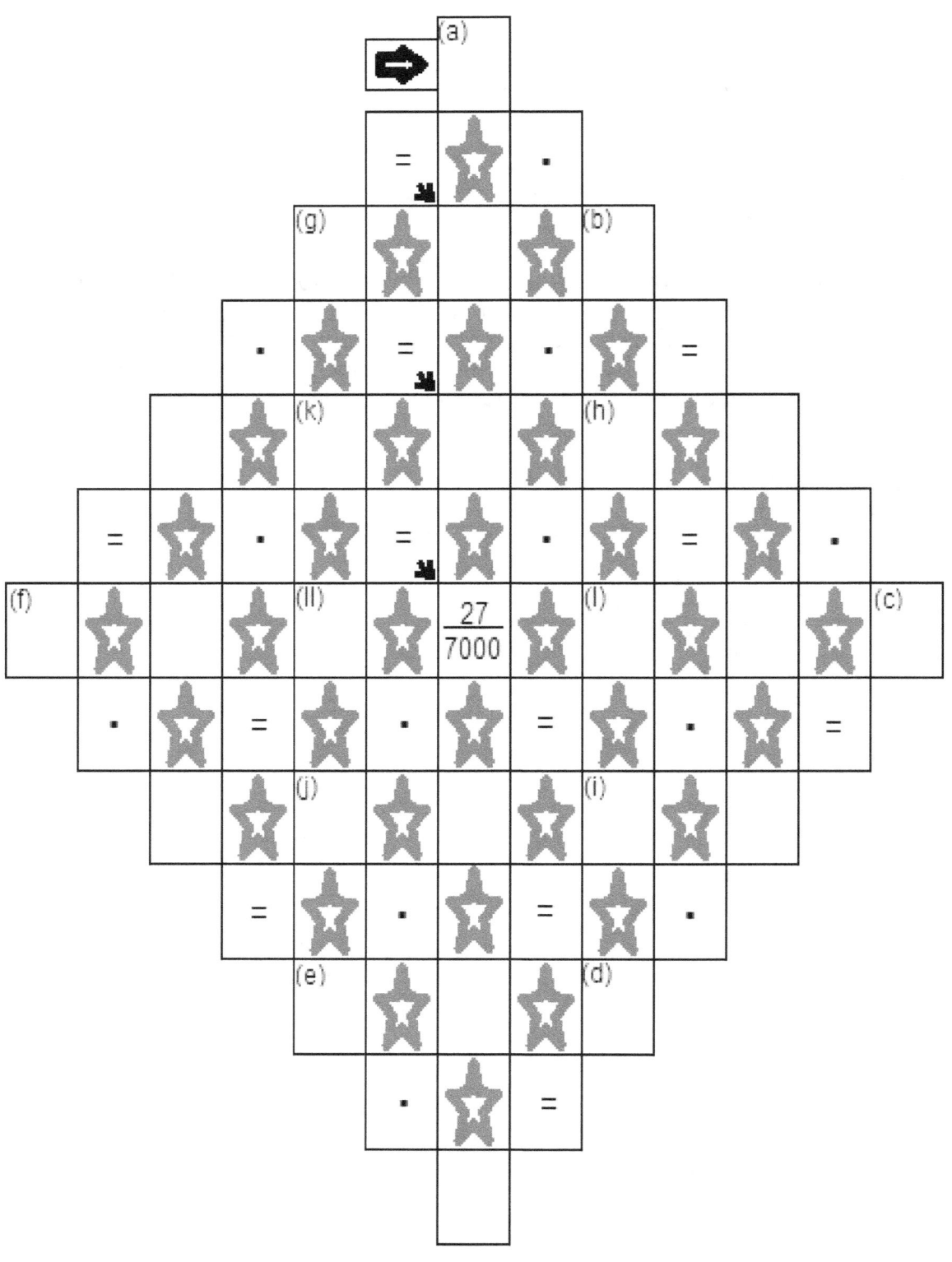

9. Completa las casillas vacíos ubicados dentro del trapecio, colocando los números racionales que satisfagan las multiplicaciones hasta concluir el resultado dado al final, simplifique donde sea posible.

➡ $\dfrac{1}{5}$ · $\dfrac{2}{5}$ = [ ] ·

(-5)

[ ] · $\dfrac{2}{3}$ = [ ] · [ ] =

$\dfrac{9}{2}$

= [ ] = $-\dfrac{5}{10}$ =

$\dfrac{5}{2}$

· [ ] = $\dfrac{5}{16}$ $-\dfrac{2}{3}$ = [ ] · $\dfrac{2}{3}$

=

= [ ] · [ ] = $-\dfrac{5}{2}$ · [ ] ·

$\dfrac{8}{5}$ $\dfrac{3}{2}$

· [ ] = $\dfrac{5}{8}$ · [ ] = $\dfrac{1}{2}$ · [ ] =

10. Comprueba la propiedad conmutativa de la multiplicación de números racionales indicadas en el interior de la figura dado a continuación.

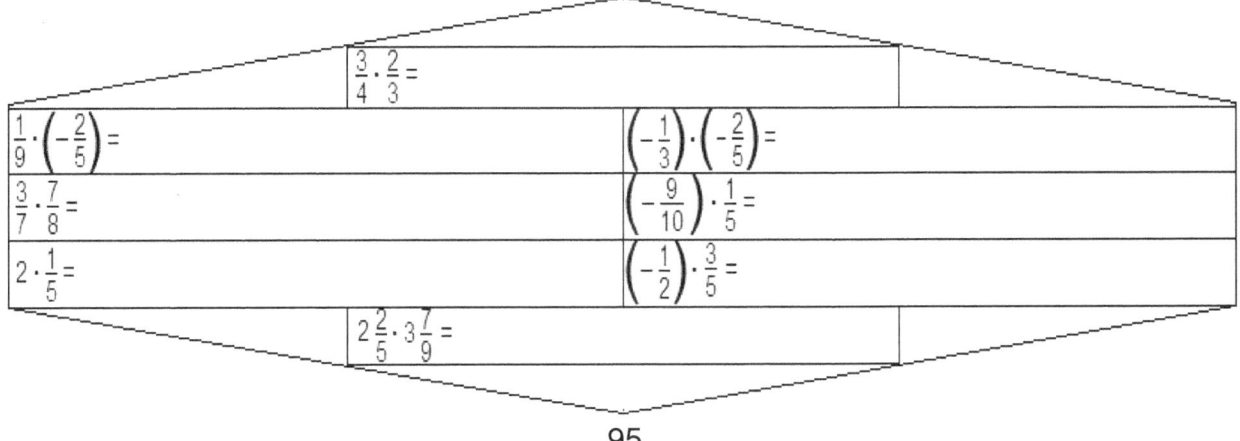

$\dfrac{3}{4} \cdot \dfrac{2}{3} =$

$\dfrac{1}{9} \cdot \left(-\dfrac{2}{5}\right) =$ $\left(-\dfrac{1}{3}\right) \cdot \left(-\dfrac{2}{5}\right) =$

$\dfrac{3}{7} \cdot \dfrac{7}{8} =$ $\left(-\dfrac{9}{10}\right) \cdot \dfrac{1}{5} =$

$2 \cdot \dfrac{1}{5} =$ $\left(-\dfrac{1}{2}\right) \cdot \dfrac{3}{5} =$

$2\dfrac{2}{5} \cdot 3\dfrac{7}{9} =$

95

11. Comprueba la propiedad asociativa de la multiplicación de números racionales indicadas en el interior de la figura dado a continuación.

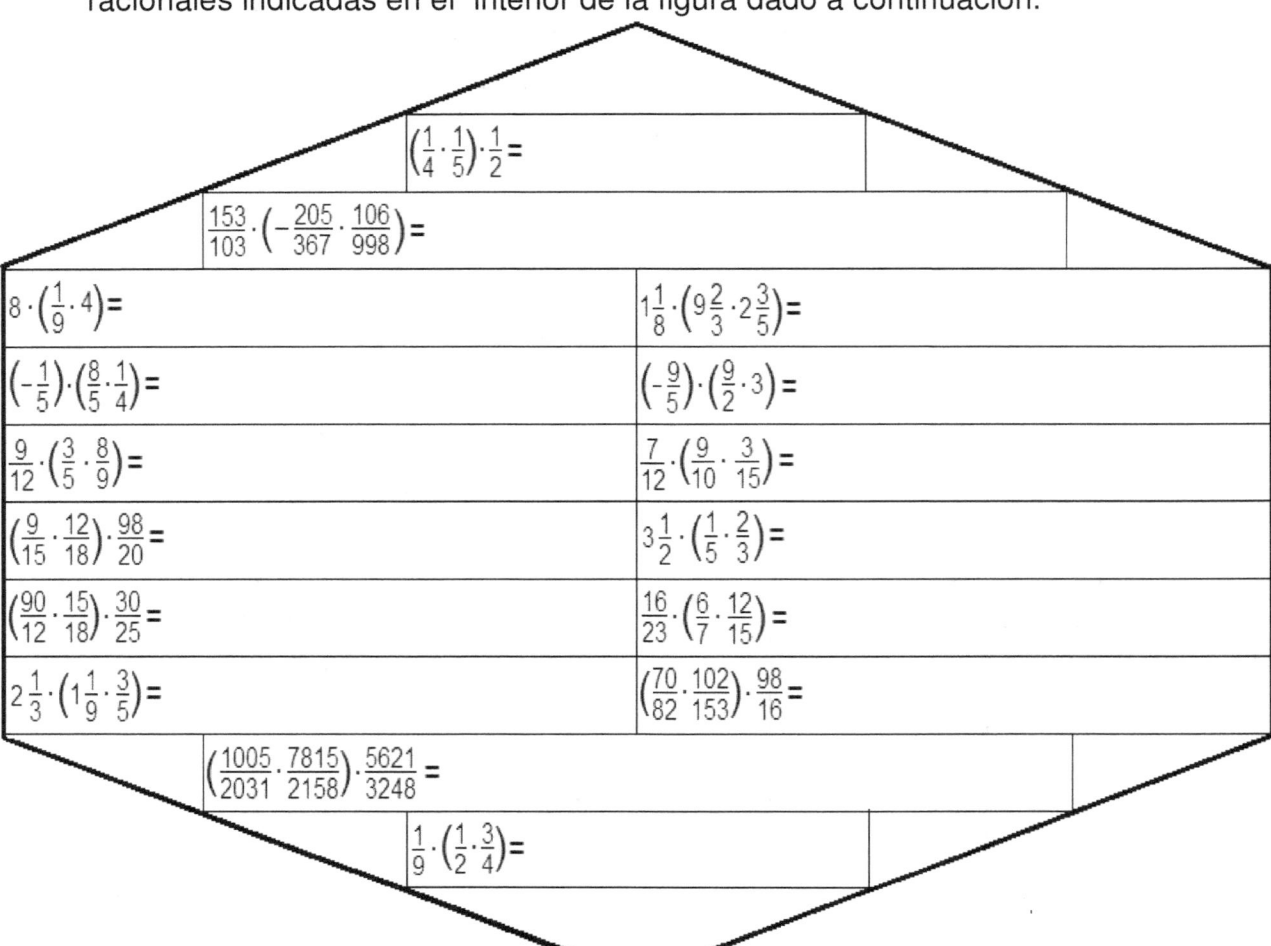

$$\left(\frac{1}{4}\cdot\frac{1}{5}\right)\cdot\frac{1}{2}=$$

$$\frac{153}{103}\cdot\left(-\frac{205}{367}\cdot\frac{106}{998}\right)=$$

$$8\cdot\left(\frac{1}{9}\cdot4\right)=$$

$$1\frac{1}{8}\cdot\left(9\frac{2}{3}\cdot2\frac{3}{5}\right)=$$

$$\left(-\frac{1}{5}\right)\cdot\left(\frac{8}{5}\cdot\frac{1}{4}\right)=$$

$$\left(-\frac{9}{5}\right)\cdot\left(\frac{9}{2}\cdot3\right)=$$

$$\frac{9}{12}\cdot\left(\frac{3}{5}\cdot\frac{8}{9}\right)=$$

$$\frac{7}{12}\cdot\left(\frac{9}{10}\cdot\frac{3}{15}\right)=$$

$$\left(\frac{9}{15}\cdot\frac{12}{18}\right)\cdot\frac{98}{20}=$$

$$3\frac{1}{2}\cdot\left(\frac{1}{5}\cdot\frac{2}{3}\right)=$$

$$\left(\frac{90}{12}\cdot\frac{15}{18}\right)\cdot\frac{30}{25}=$$

$$\frac{16}{23}\cdot\left(\frac{6}{7}\cdot\frac{12}{15}\right)=$$

$$2\frac{1}{3}\cdot\left(1\frac{1}{9}\cdot\frac{3}{5}\right)=$$

$$\left(\frac{70}{82}\cdot\frac{102}{153}\right)\cdot\frac{98}{16}=$$

$$\left(\frac{1005}{2031}\cdot\frac{7815}{2158}\right)\cdot\frac{5621}{3248}=$$

$$\frac{1}{9}\cdot\left(\frac{1}{2}\cdot\frac{3}{4}\right)=$$

12. En la figura mostrada en la actividad hay una serie de casillas identificadas por una letra en la que debe colocarse los resultados de la aplicación de la propiedad distributiva para la multiplicación de números racionales dadas a continuación simplificando en cada caso si es posible hasta su mínima expresión y luego efectuar las operaciones indicadas en dicha figura hasta concluir el resultado dado. Realizar los ejercicios en hojas o un cuaderno.

(a) $\dfrac{3}{5}\cdot\left(\dfrac{2}{3}+\dfrac{1}{4}\right)$

(b) $\dfrac{1}{4}\cdot\left(2+\dfrac{4}{5}\right)$

(c) $\left(\dfrac{6}{5}-\dfrac{3}{10}\right)\cdot\left(-\dfrac{1}{2}\right)$

(d) $\left(\dfrac{1}{20}-\dfrac{3}{5}\right)\cdot2$

96

(e) $\left(\dfrac{2}{3} - \dfrac{3}{5} - \dfrac{8}{30}\right) \cdot \dfrac{1}{3}$

(f) $\dfrac{2}{5} \cdot \left(\dfrac{3}{2} + \dfrac{1}{4} + \dfrac{1}{2}\right)$

(g) $\dfrac{3}{2} \cdot \left(\dfrac{1}{5} - \dfrac{3}{10} - \dfrac{4}{15} + 2\right)$

(h) $\left(-\dfrac{2}{5} - \dfrac{3}{10} - \dfrac{1}{20} + 2 - \dfrac{1}{3}\right) \cdot \dfrac{1}{2}$

(i) $\left(\dfrac{3}{5} + \dfrac{1}{2} + \dfrac{2}{5}\right) \cdot (-3)$

(j) $3\dfrac{1}{2} \cdot \left(-2\dfrac{1}{2} + 5\dfrac{1}{3} + \dfrac{1}{6}\right)$

(k) $2\dfrac{1}{4} \cdot \left(-\dfrac{1}{10} + 3 - \dfrac{2}{5} + 4 - \dfrac{1}{2}\right)$

(l) $5\dfrac{1}{3} \cdot \left(-2\dfrac{5}{6} + 1\dfrac{3}{2} - 3\dfrac{1}{12} + 3 + 1\dfrac{2}{24}\right)$

(ll) $(-2) \cdot \left(\dfrac{5}{6} + \dfrac{3}{8} + \dfrac{5}{24} - 6\right)$

(m) $(-1) \cdot \left(3\dfrac{1}{5} + 2\dfrac{1}{10} - 3\dfrac{1}{20} - 5\dfrac{1}{4} + 2\dfrac{1}{8} - 2 - \dfrac{3}{2}\right)$

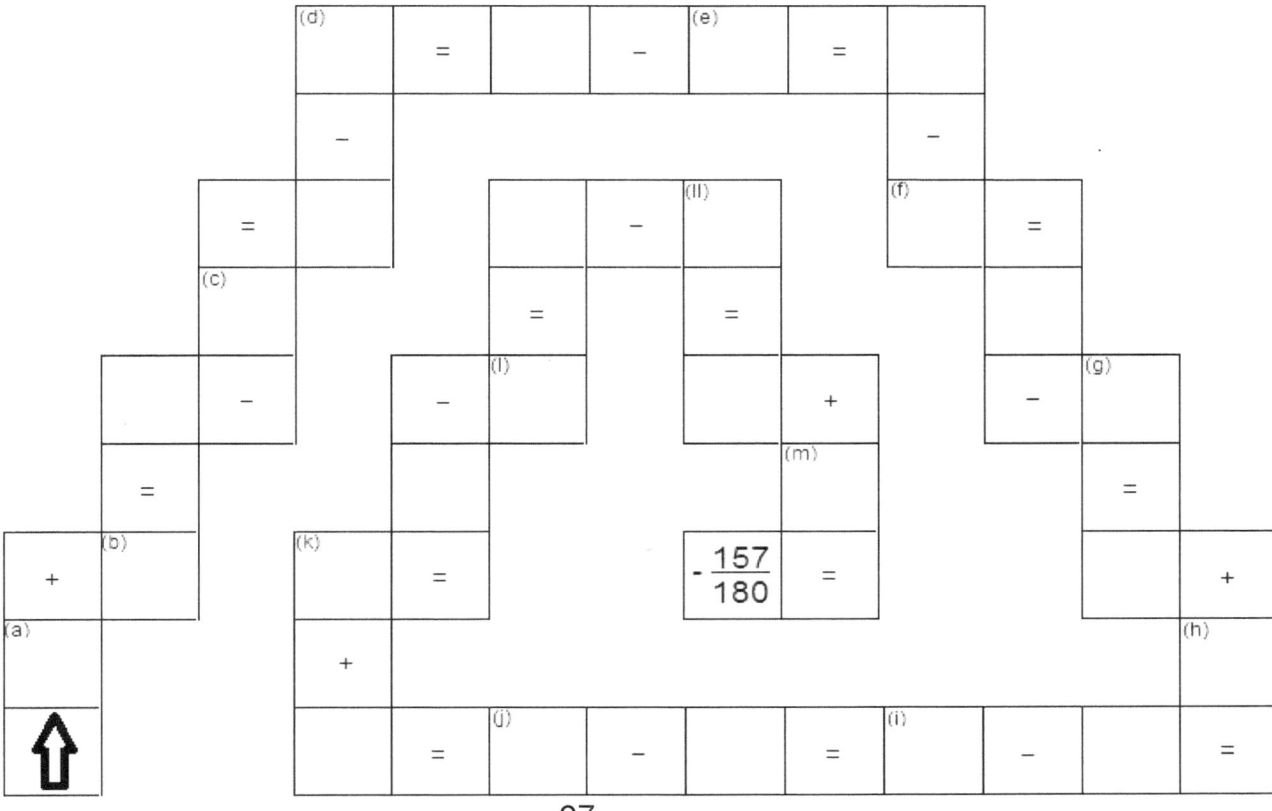

97

13. Efectúa los ejercicios de números racionales y completa el esquema observado, donde se cruzan los resultados dados escrito en letras provenientes de dichos ejercicios; simplificar hasta su mínima expresión.

RESULTADOS CRUZADOS

Realizar los ejercicios en hojas o un cuaderno.

a) $\left(\dfrac{3}{5} - \dfrac{4}{15}\right)^{-1}$

b) $\left(-\dfrac{3}{8} + 1 - \dfrac{1}{8}\right)^{-1}$

c) $\left(-2\dfrac{2}{3} + 3\dfrac{2}{3}\right)^{-1}$

98

d) $\left[\frac{5}{4} \cdot \left(-\frac{1}{20}\right) \cdot \left(-\frac{2}{5}\right)\right]^{-1}$

e) $\left[\frac{1}{7} \cdot \left(\frac{3}{25} + \frac{4}{50}\right)\right]^{-1}$

f) $\left[\frac{2}{9} \cdot \left(-\frac{1}{8}\right) \cdot \left(-\frac{4}{9}\right)\right]^{-1}$

g) $\left[\frac{1}{5} \cdot \left(\frac{6}{7} + \frac{5}{35}\right)\right]^{-1}$

h) $-\left[\left(-\frac{1}{20}\right) \cdot \left(-\frac{73}{8}\right) \cdot \left(-\frac{5}{73}\right)\right]^{-1}$

i) $\left(\frac{2}{3} \cdot \frac{3}{8} \cdot \frac{4}{15} \cdot \frac{3}{2} \cdot \frac{5}{27}\right)^{-1}$

j) $\left[\left(-\frac{3}{22}\right) \cdot \frac{2}{15} \cdot \frac{3}{8} \cdot \left(-\frac{15}{7}\right) \cdot \frac{7}{3} \cdot \frac{1}{3}\right]^{-1}$

k) $\left[\left(-\frac{2}{9}\right) \cdot \frac{3}{2} \cdot \left(-\frac{9}{15}\right) \cdot \left(-\frac{3}{5}\right) \cdot \left(-\frac{7}{3}\right) \cdot \frac{5}{49} \cdot \frac{5}{7}\right]^{-1}$

l) $\left[\left(-\frac{10}{25}\right) \cdot \frac{1}{5} + \frac{3}{10} \cdot \frac{2}{5}\right]^{-1}$

ll) $\left(2\frac{2}{20} \cdot 4\frac{4}{10} - \frac{914}{100}\right)^{-1}$

m) $\left[\frac{1}{2} \cdot \left(\frac{9}{5} + \frac{4}{25} + \frac{3}{50}\right) - \frac{24}{25}\right]^{-1}$

n) $7 \cdot \left[\frac{1}{3} \cdot \left(-\frac{4}{5}\right) \cdot \left(-\frac{5}{6}\right) + \left(-\frac{1}{5}\right) \cdot \left(-\frac{2}{3}\right) - \frac{1}{45}\right]^{-1}$

ñ) $\left[\left(-\frac{1}{6}\right) \cdot \frac{2}{3} + \left(-\frac{2}{3}\right) \cdot \frac{1}{2} + \frac{2}{5} \cdot \frac{8}{3} + \left(-\frac{5}{18}\right) \cdot 2\right]^{-1}$

14. Completa los espacios vacíos, colocando en cada cuadro los resultados de los ejercicios de eliminación de signos de agrupación en Q, simplificando hasta la mínima expresión donde sea posible; luego efectuar las operaciones señaladas después en el esquema de la actividad, según las partes A, B y C, hasta llegar al resultado dado.

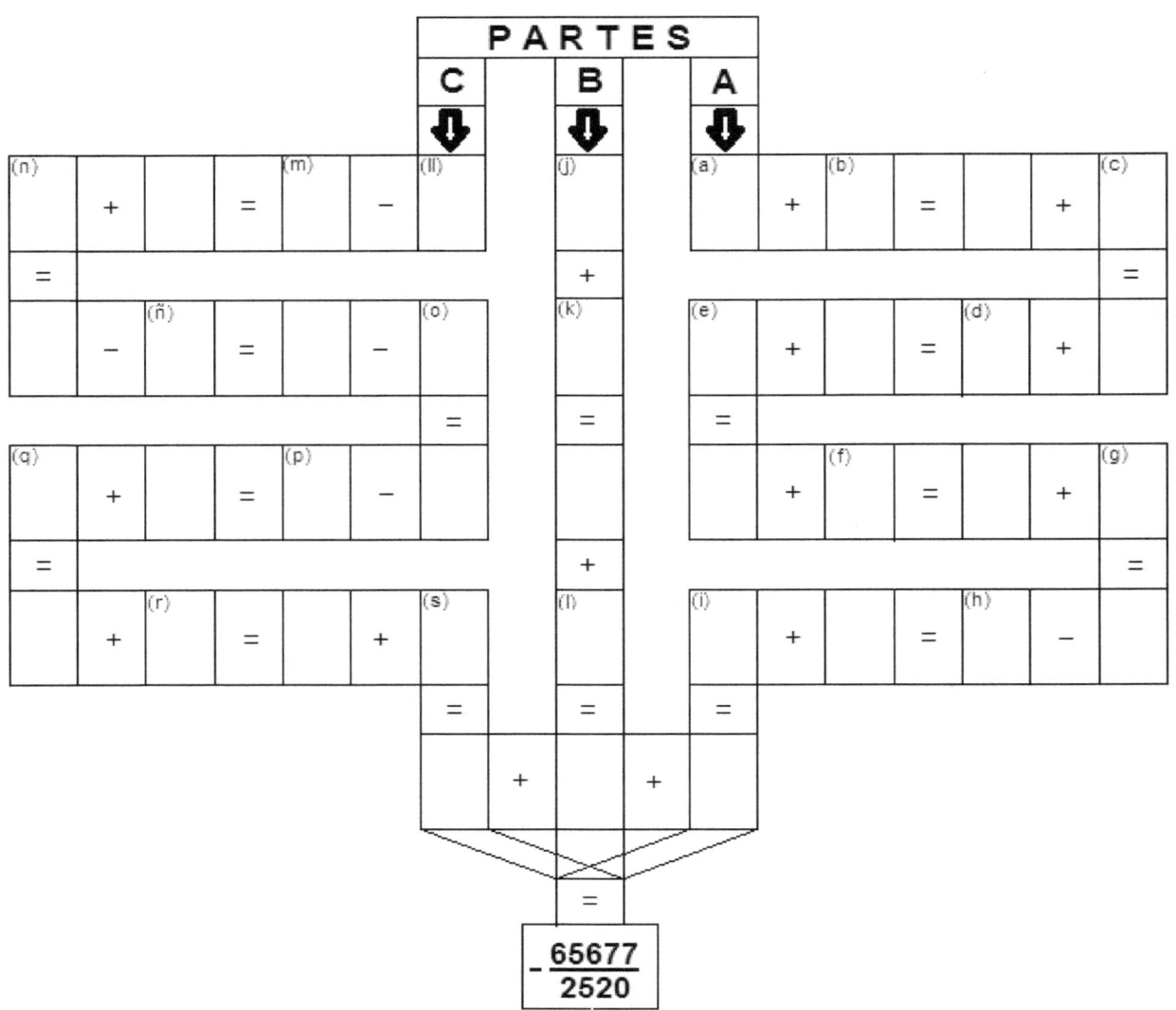

Realizar los ejercicios en hojas o un cuaderno.
PARTE A

(a) $\frac{1}{5} \cdot \left(\frac{1}{5}\right)^{-1} - \left\{-\frac{2}{5} \cdot \left(\frac{1}{5} - \frac{1}{4}\right) + 2 - \left[\frac{4}{25} - 2 \cdot \left(\frac{1}{5} + \frac{2}{5}\right)\right]\right\} - \left(\frac{5}{17}\right)^{-1} \cdot \frac{1}{10}$

(b) $\frac{2}{5} - \frac{1}{3} \cdot \left\{\frac{1}{3} - \left[-\left(\frac{1}{3} - 3\right) - \frac{2}{3} \cdot \left(\frac{3}{5} - 2\right) - \frac{2}{15} - \frac{1}{2}\right]\right\} + \left(\frac{18}{7}\right)^{-1}$

(c) $\frac{7}{5} - \left\{-2 \cdot \left[\frac{4}{5} - \frac{1}{8} \cdot \left(3 - \frac{1}{5}\right) + \frac{4}{3} - \frac{5}{12}\right] + \frac{5}{2}\right\} - \frac{2}{15}$

(d) $\frac{7}{4} - \left\{(-2)^{-1} \cdot \left[-\frac{3}{2} - \frac{1}{8} \cdot \left(1 - \frac{4}{3}\right) + \left(\frac{2}{3}\right)^{-1} - \left(\frac{6}{4}\right)^{-1}\right] + \frac{5}{3}\right\} + \frac{1}{4} \cdot \left(-\frac{13}{12}\right)$

(e) $\frac{5}{9} \cdot \left(\frac{2}{3}\right)^{-1} - \frac{4}{3} \cdot (-2) - \left(\frac{1}{2}\right)^{-1} + \left\{-3 \cdot \left[-\frac{1}{9} \cdot \left(-\frac{1}{9}\right)^{-1}\right]\right\}$

100

(f) $\frac{1}{5} \cdot \left\{ (-2) \cdot \left[-\left(-2 + \frac{3}{5}\right) \cdot 3 \right] - \left[4 - \left(\frac{1}{5} + \frac{2}{5}\right) \right] \right\} + \left(\frac{5}{22}\right)^{-1} \cdot \frac{2}{5}$

(g) $\left(\frac{5}{3} - \frac{1}{12}\right) \cdot \left(-\frac{1}{3}\right) - \frac{1}{4} - \left\{ \frac{1}{24} + 2 \cdot \left[-\left(-2 + \frac{1}{3}\right) + \frac{1}{2} \right] \right\} + \left(\frac{4}{3}\right)^{-1} - \left(-\frac{72}{17}\right)^{-1}$

(h) $-\left\{ -\left[\left(-\frac{1}{4}\right)^{-1} - 2^{-1} + 1 \right] \right\} + \frac{1}{2} \cdot \left\{ -2 \cdot \left[\frac{1}{2} \cdot \left(3 - \frac{1}{3}\right) \right] + \frac{1}{2} \right\} - \left(-\frac{1}{6}\right) \cdot \left(-\frac{5}{2}\right)$

(i) $-\left\{ -\left[\frac{1}{3} \cdot \left(3 - \frac{1}{3}\right) + \frac{1}{5} \cdot \left(2 - \frac{1}{3}\right) + 2 \right] + \frac{1}{3} \cdot \left(\frac{1}{5} - 2\right) - 5^{-1} \right\} - \left(\frac{15}{2}\right)^{-1}$

PARTE B

(j) $(-2)^{-1} - \left\{ -\left[\frac{1}{2} \cdot \left(-\frac{1}{4} + \frac{1}{8} - \frac{1}{20}\right) + \left(\frac{1}{4} - \frac{1}{2}\right) \cdot 2 \right] + 2^{-1} \cdot \left(\frac{1}{2}\right)^{-1} \cdot \frac{1}{2} + \left(-\frac{7}{80}\right) \right\}$

(k) $-\left\{ -\frac{1}{5} \cdot \left(\frac{2}{5} - \frac{1}{10}\right) - \left[-\frac{1}{10} \cdot \left(-\frac{2}{5} - \frac{1}{2} + \frac{1}{5}\right) \right] - 2^{-1} \right\} + \left\{ -\left[-5 \cdot \left(\frac{1}{2} - \frac{1}{5}\right) \right] - \frac{13}{100} \right\}$

(l) $\left\{ -\frac{1}{3} \cdot \left(-\frac{2}{9} + \frac{1}{9} + \frac{2}{3}\right) + \left[3^{-1} \cdot \frac{1}{9} \cdot \left(-\frac{2}{3}\right) \right] \cdot \left(-\frac{1}{3}\right) \right\}^{-1} + \left(-\frac{43}{28}\right)^{-1}$

PARTE C

(ll) $-\left(\frac{10}{50} + \frac{7}{500}\right) - \left\{ \frac{1}{10} - 2^{-1} + \left[-\left(-\frac{1}{5}\right) \cdot \left(-\frac{2}{5}\right)(-5)^{-1} + \frac{1}{10} \cdot \left(\frac{3}{2} - \frac{1}{5}\right) \right] - \left(10^{-1} \cdot \frac{3}{5} - \frac{1}{2}\right) \right\}$

(m) $3^{-1} \cdot \frac{1}{2} - \left\{ \frac{1}{2} \cdot \left[\frac{2}{3} \cdot \left(\frac{1}{2} + \frac{2}{3} \cdot 2^{-1}\right) \right] + \frac{1}{5} \cdot \left(-\frac{1}{3}\right) \cdot \frac{3}{5} \cdot \left(\frac{2}{3}\right)^{-1} \right\} + \left(-\frac{8}{45}\right) \cdot \left(\frac{20}{13}\right)^{-1}$

(n) $\frac{1}{2} \cdot \left(\frac{1}{2}\right)^{-1} - \left\{ -\frac{2}{3} \cdot \left(\frac{1}{4} - \frac{3}{2}\right) + \frac{3}{4} - \left[(-2)^{-1} \cdot \left(\frac{2}{3}\right)^{-1} \cdot \frac{3}{4} \cdot 2 \right] + 1 \right\}^{-1} + \frac{12}{89} \cdot \left(\frac{1}{2}\right)^{-1}$

(ñ) $\left[\left(\frac{1}{10}\right)^{-1} \cdot \frac{2}{5} \right]^{-1} \cdot \left\{ \frac{1}{5} + \left[\frac{2}{5} - \left(\frac{3}{10} + \frac{1}{5} - \frac{3}{20}\right) + \frac{1}{5} \cdot \frac{2}{5} \cdot \left(\frac{1}{5}\right)^{-1} \right] \right\} + \left(\frac{20}{3}\right)^{-1} \cdot \left(\frac{4}{9}\right)^{-1}$

(o) $-\left\{ -\left[\left(-\frac{1}{12}\right) \cdot \left(-\frac{2}{3}\right) \cdot 2^{-1} \cdot \left(\frac{3}{4}\right)^{-1} \right]^{-1} + \left[\left(\frac{5}{3}\right)^{-1} \cdot \frac{2}{5} \cdot \left(-\frac{5}{12}\right) \right]^{-1} \right\} + \left\{ -\left[\frac{3}{5} \cdot \left(\frac{2}{5} - \frac{3}{4}\right) \right] \right\} - \frac{21}{100}$

(p) $-\left\{ -\left[\frac{1}{7} \cdot \left(\frac{1}{2} + \frac{1}{3} - \frac{2}{7}\right) + \left(\frac{1}{6} - \frac{2}{3}\right) \cdot 2 \right] \right\} + \left\{ \left(-\frac{1}{7}\right) \cdot \left(\frac{1}{7}\right)^{-1} + \left[7^{-1} \cdot \left(\frac{5}{2} + \frac{2}{7}\right) \right] \right\}$

(q) $\frac{1}{20} + \left\{ \left(\frac{1}{2}\right)^{-1} \cdot \left[\frac{2}{5} \cdot \left(3 \cdot \frac{1}{2} \cdot \frac{2}{5} \cdot 2^{-1}\right) \right] \right\} - 5^{-1} + \left\{ \frac{1}{2} \cdot \left[2^{-1} \cdot \frac{3}{5} \cdot \frac{4}{5} \cdot \left(-\frac{1}{2}\right) \right] \right\} + \left(\frac{25}{13}\right)^{-1}$

(r) $\left(\frac{1}{5}\right)^{-1} \cdot \left\{ \frac{2}{5} + \left[\frac{1}{3} \cdot \left(\frac{5}{3} + \frac{1}{5} - \frac{4}{3}\right) \cdot \left(\frac{1}{5}\right)^{-1} \right] - 3^{-1} - \left[\frac{1}{5} \cdot \left(\frac{2}{3} - \frac{2}{5} \cdot 5^{-1}\right) \right] \right\} - \frac{43}{225}$

(s) $\left[\frac{1}{8} \cdot \left(\frac{6}{5}\right)^{-1} + \frac{5}{48} \cdot 2^{-1} \right] + 3^{-1} + \left\{ \frac{8}{3} - 4^{-1} \cdot \left[\frac{1}{4} \cdot \left(\frac{2}{24} + 2^{-1} \cdot \frac{5}{2}\right) + \frac{5}{8} \right] + \left[\frac{15}{16} + 3 - \frac{1}{2} \cdot \left(\frac{1}{8} + \frac{3}{2}\right) \right] \right\}$

15. Efectúa las ecuaciones en Q y completa el esquema observado en la actividad, donde se van a cruzar los resultados dados escrito en letras provenientes de dichas ecuaciones.

RESULTADOS CRUZADOS

Realizar las ecuaciones en hojas o un cuaderno.

a) $2x - \dfrac{5x+6}{2} + \dfrac{3x-10}{3} + \dfrac{11}{6} = -x$

b) $\dfrac{1}{5} \cdot (-8x-8) - 8 \cdot (-x-8) + \dfrac{2}{5} = \dfrac{1}{3} \cdot (-x-4) + 12x - \dfrac{26}{3} + \dfrac{12}{15}x$

c) $3 \cdot \left(\dfrac{6x+1}{2}\right) + \left(\dfrac{11x-2}{2}\right) \cdot (-3) - \dfrac{1}{3}(6x-10) + \dfrac{4}{3} = \dfrac{5}{3}(-5x+2)$

d) $\dfrac{5x-3}{6} - \dfrac{5x-1}{8} + \dfrac{14+3x}{6} - \dfrac{1}{8} = -\dfrac{x-10}{2} + \dfrac{75}{4}$

e) $z + \dfrac{3-2z}{5} - \dfrac{1}{10} \cdot \left(-\dfrac{3z}{2} + \dfrac{1}{5}\right) - \dfrac{19}{50} = 4 + \dfrac{10z+80}{25}$

$f)$ $-\dfrac{8}{3}\cdot\left(y-\dfrac{1}{2}\right)-3\cdot\left(\dfrac{y-4}{2}\right)+\dfrac{1}{3}=\dfrac{y-3}{4}-\dfrac{1}{12}\cdot(y+3)$

$g)$ $-\dfrac{1}{10}\cdot\left(\dfrac{x}{5}+\dfrac{1}{2}-\dfrac{1}{5}+2\right)+4=\dfrac{x+2}{5}-\left(\dfrac{47}{100}+\dfrac{x}{10}\right)$

$h)$ $10x+5\cdot\left(\dfrac{2-3x}{5}\right)-5x=\dfrac{4}{5}\cdot\left(\dfrac{x-3}{4}\right)+\left(\dfrac{8x-42}{4}\right)-\dfrac{11}{10}$

$i)$ $5x+\dfrac{2x-1}{2}-x=-\dfrac{1}{2}\cdot\left(x-\dfrac{1}{3}\right)+\dfrac{x}{6}+\dfrac{14}{3}$

$j)$ $-\dfrac{2}{5}\cdot\left(\dfrac{x}{10}-2\right)-\dfrac{2+4x}{5}=3\cdot\left(\dfrac{1+x}{20}\right)-(x-1)$

$k)$ $\dfrac{3}{7}\cdot(3z-4)+\dfrac{4}{21}\cdot(5z+3)+2\cdot(-z)=\dfrac{1}{14}\cdot(z+5)-\left(\dfrac{-z}{7}\right)$

$l)$ $-\dfrac{1}{4}\cdot\left(\dfrac{y}{5}+\dfrac{3}{10}-5\right)-5+\dfrac{19}{120}=\dfrac{8y-3}{5}-\dfrac{y}{12}-\dfrac{8y}{5}$

$ll)$ $-\dfrac{x}{6}-\dfrac{4}{3}\cdot\left(-\dfrac{3}{5}-2\right)-5\cdot\left(\dfrac{x-4}{10}\right)+\dfrac{78}{15}=\dfrac{x+5+2x}{15}-\dfrac{1}{3}\cdot(x-2)-\dfrac{x}{5}$

16. En la figura mostrada a continuación hay una serie de casillas identificadas por una letra en la que debe colocarse los resultados de las ecuaciones de números racionales dadas en la actividad simplificando en cada caso si es posible hasta su mínima expresión y luego efectuar las operaciones indicadas en dicha figura hasta concluir el resultado dado.

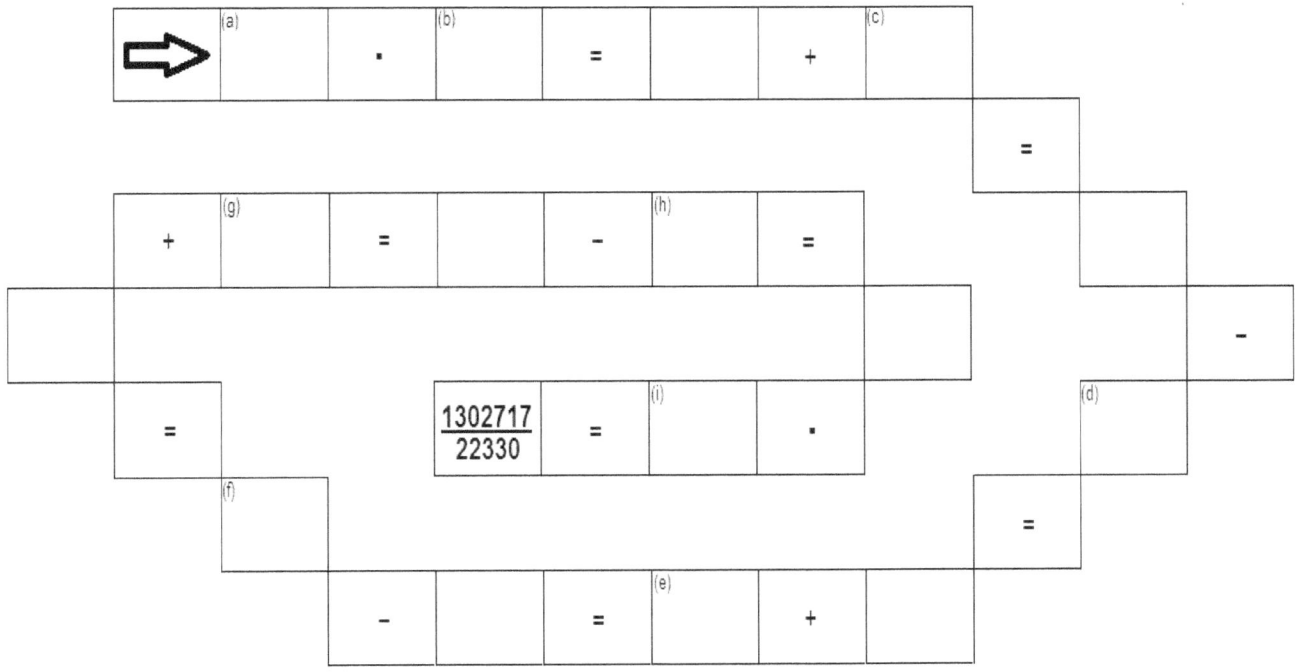

Realizar las ecuaciones en hojas o un cuaderno.

(a) $8x + 2 \cdot \left(\dfrac{5x - 6}{4}\right) = -\dfrac{3x + 12}{3} + 6x$

(b) $5 \cdot \left(\dfrac{2x + 3 + x}{2}\right) + \left(\dfrac{4x - 5}{3}\right) \cdot (-2) - \dfrac{8x + 3}{2} = 2 \cdot \left(\dfrac{x + 3}{5}\right) + \dfrac{1}{3} \cdot (10 + x)$

(c) $\dfrac{3}{4} \cdot (9x + 1) - \dfrac{5}{8} \cdot (7x - 2) + 2x = \dfrac{1}{2} \cdot (3x + 5) - 2 \cdot (4x + 5) - 1$

(d) $-(9y - 1) + \dfrac{y + 5}{5} + \dfrac{1}{10} \cdot (3y + 2) - \dfrac{1}{5} = -(y + 3) + 2 + \dfrac{y}{2}$

(e) $-(x + 8) - \left(\dfrac{x - 8 - 3x}{12}\right) + \dfrac{1}{6} \cdot (x + 5) = \dfrac{4x}{3} - \dfrac{2}{5}$

(f) $-\dfrac{1}{9} \cdot \left(\dfrac{z}{3} + \dfrac{2}{6} - 3\right) - \dfrac{3z}{2} = \dfrac{10z - 5}{18} - \dfrac{z - 2}{9} - \dfrac{50z}{27}$

(g) $\dfrac{3}{10} \cdot (2x - 4) + \dfrac{3}{5} \cdot (x - 2) - \dfrac{4}{10} = -\dfrac{2}{5} \cdot (x - 5) + (x - 1)$

(h) $\dfrac{10}{3}x - 5 \cdot \left(\dfrac{1 - 3x + 5 - x}{6}\right) - \dfrac{x}{2} + \dfrac{8}{3} = 2 \cdot \left(\dfrac{3 + 5x + 4x - 6}{3}\right)$

(i) $-\left(\dfrac{8 - x}{2}\right) + \dfrac{x}{8} - \dfrac{1}{4} \cdot \left(\dfrac{2x + 1}{2}\right) + 4x = \dfrac{5}{8} + 2(2x + 4) + \dfrac{3}{4}$

17. En la figura mostrada en la actividad hay una serie de casillas identificadas por una letra en la que debe colocarse los resultados de los ejercicios de división de números racionales dados a continuación, simplificando hasta la mínima expresión donde sea posible; luego efectuar las operaciones indicadas en dicha figura, según las partes A y B, hasta llegar al resultado dado.

PARTE A

(a) $\dfrac{2}{5} \div \dfrac{7}{10} =$

(b) $\dfrac{3}{4} \div \dfrac{1}{6} =$

(c) $\dfrac{5}{8} \div \dfrac{6}{4} =$

(d) $\dfrac{6}{15} \div \dfrac{28}{35} =$

(e) $\dfrac{38}{21} \div \dfrac{76}{7} =$

(f) $\quad \dfrac{35}{50} \div \dfrac{63}{18} =$

PARTE B

(g) $\quad \dfrac{135}{56} \div \dfrac{27}{28} =$

(h) $\quad \dfrac{150}{136} \div \dfrac{54}{72} =$

(i) $\quad \dfrac{1210}{3025} \div \dfrac{1820}{819} =$

(j) $\quad \dfrac{11}{10} \div 2\dfrac{1}{5} =$

(k) $\quad \dfrac{165}{330} \div \dfrac{315}{180} =$

(l) $\quad \left(-\dfrac{3}{5}\right) \div (-3) =$

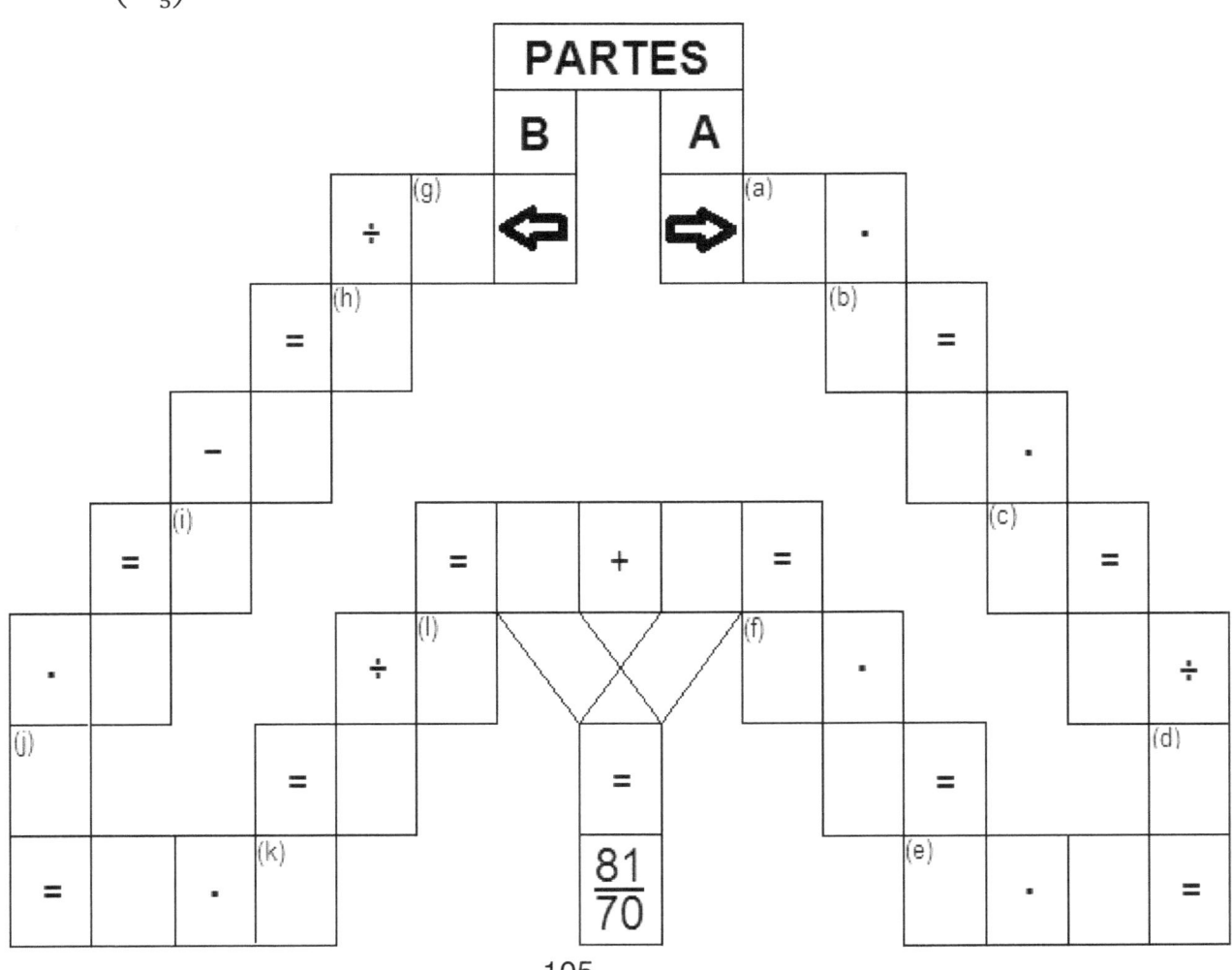

18. En la figura mostrada a continuación hay una serie de casillas identificadas por una letra en la que debe colocarse los resultados de las divisiones de números racionales dadas en la actividad simplificando en cada caso si es posible hasta su mínima expresión y luego efectuar las operaciones indicadas en dicha figura hasta concluir el resultado dado.

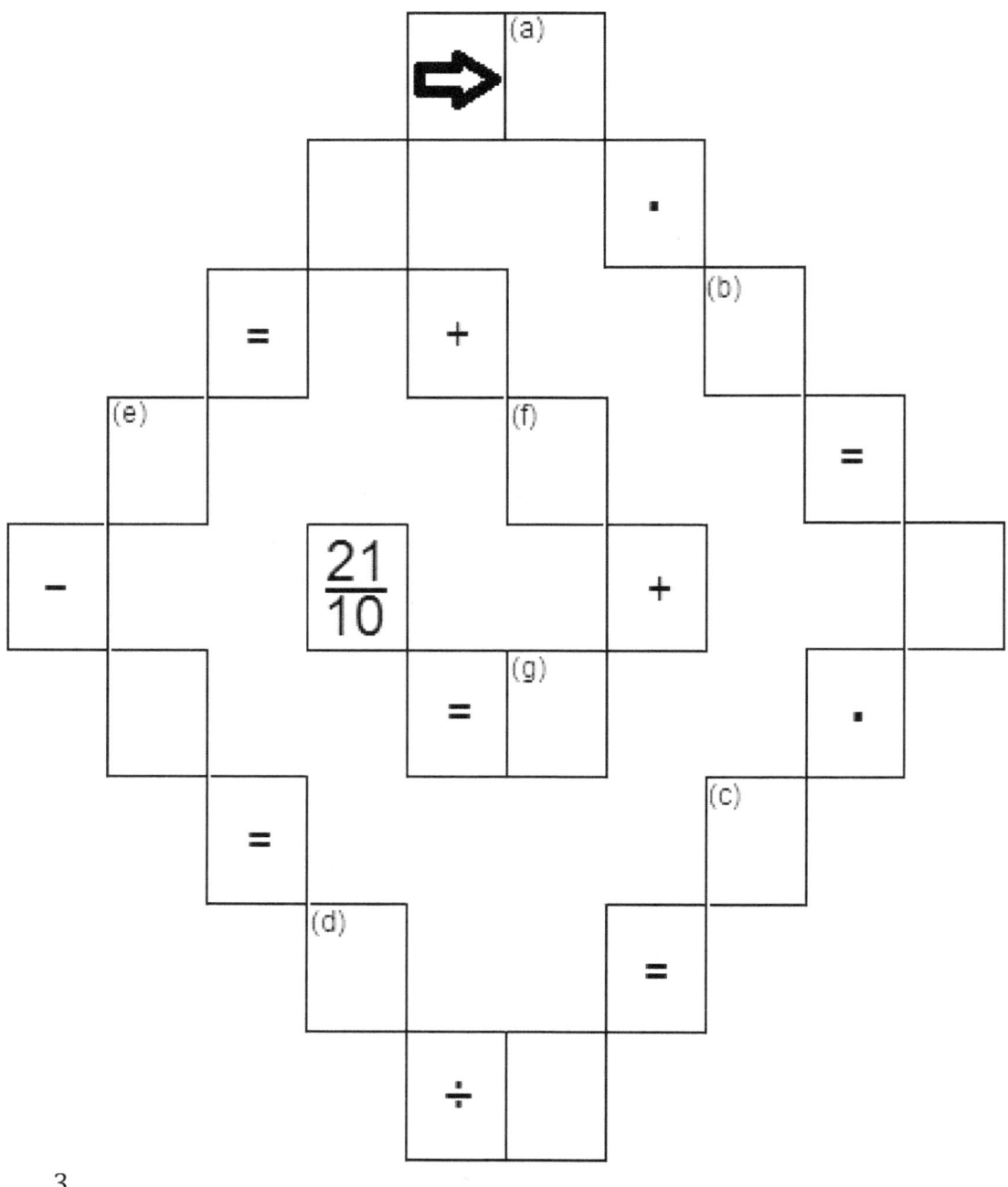

(a) $\quad \dfrac{\dfrac{3}{5}}{\dfrac{1}{10}} =$

(b) $\dfrac{-\dfrac{3}{4}}{-\dfrac{5}{6}} =$

(c) $\dfrac{-\dfrac{1}{2}}{-3} =$

(d) $\dfrac{2\dfrac{1}{3}}{3\dfrac{1}{2}} =$

(e) $\dfrac{\dfrac{\dfrac{1}{3}}{\dfrac{1}{5}}}{\dfrac{\dfrac{1}{2}}{\dfrac{1}{4}}} =$

(f) $\dfrac{\dfrac{\dfrac{2}{3}}{4}}{\dfrac{1}{\dfrac{3}{2}}} =$

(g) $\dfrac{-\dfrac{\dfrac{5}{3}}{\dfrac{5}{2}}}{-\dfrac{1}{2}} =$

19. Completa las casillas vacios de la figura, colocando los números racionales que satisfagan las operaciones de división en Q, hasta concluir el resultado dado al final, simplifique donde sea posible.

$$\Rightarrow \quad \frac{1}{2} \quad \div \quad \frac{1}{3} \quad =$$

$$= \quad \frac{5}{2} \quad \div \qquad \div$$

$$=$$

$$\div \quad = \quad \frac{3}{2} \qquad 2 \quad \div$$

$$\frac{5}{4} \qquad \div \qquad =$$

$$= \qquad = \qquad \frac{10}{3} \quad \div$$

$$\frac{9}{2} \qquad =$$

$$\div \qquad \div \quad = \quad 9 \qquad \frac{4}{3} \quad \div$$

$$\frac{15}{4} \qquad =$$

$$= \qquad \div \quad 10 \quad = \qquad \div \quad \frac{5}{2} \quad = \qquad \div \quad \frac{10}{3}$$

20 Completa los espacios vacios, colocando en cada cuadro los resultados de los ejercicios de número racionales, simplificando hasta la mínima expresión donde sea posible; luego efectuar las operaciones señaladas después en el esquema de la actividad, según las partes A, B y C, hasta llegar al resultado dado.

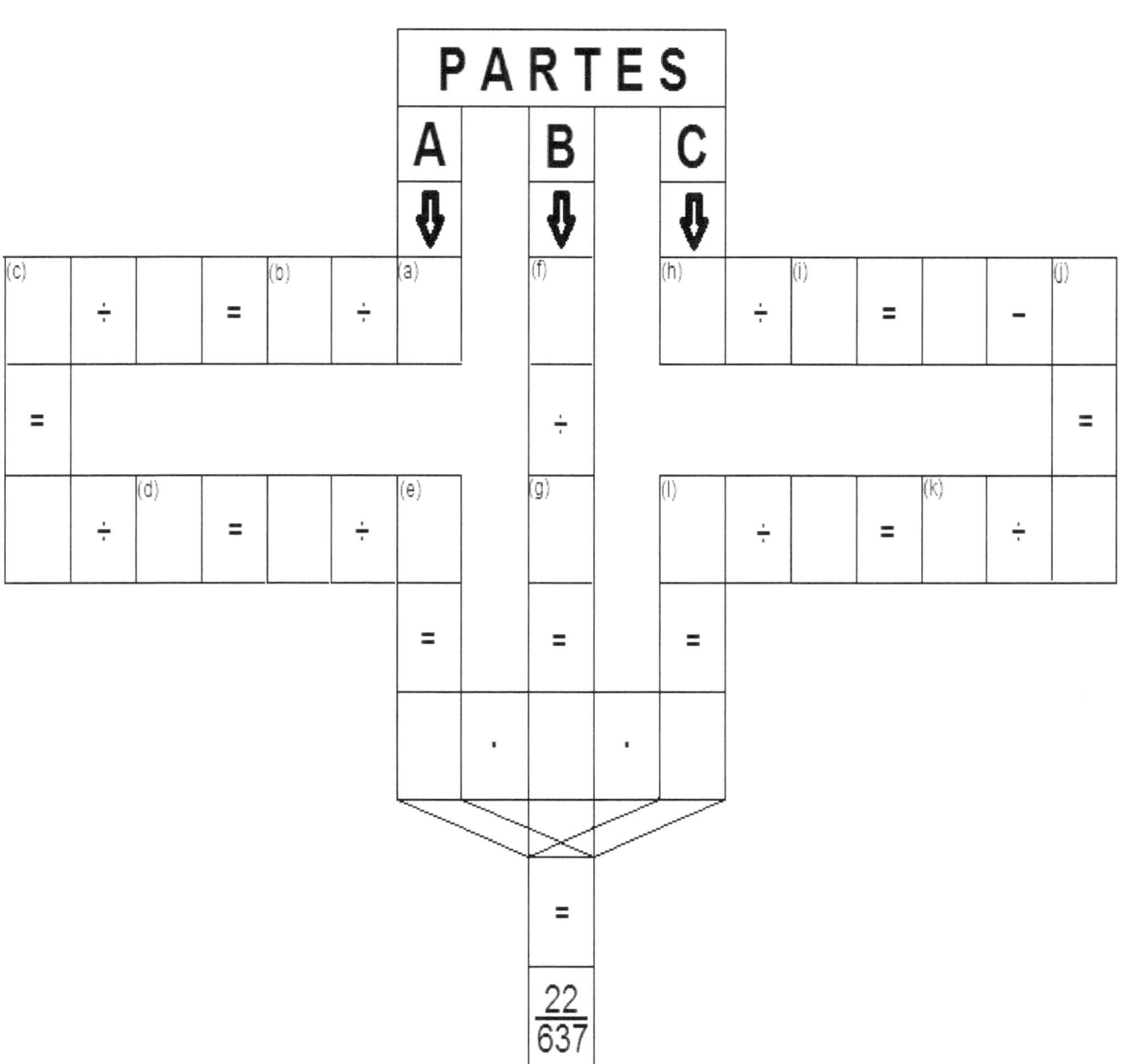

Realizar los ejercicios en hojas o un cuaderno.

PARTE A

(a) $\left(\dfrac{5}{12} - \dfrac{1}{12}\right) \div \dfrac{1}{20}$

(b) $\left(\dfrac{21}{5} - 5\right) \div \left(-\dfrac{2}{5}\right)$

(c) $\left[-\left(-\dfrac{1}{15}\right) - (-3) + \dfrac{8}{5}\right] \div \dfrac{3}{2}$

109

(d) $\left[\dfrac{5}{2} + \left(\dfrac{-\frac{1}{2}}{-\frac{1}{4}} - \dfrac{1}{8} \right) \right] \div \left(-\dfrac{1}{4} \right)$

(e) $\left[-\left(\dfrac{1}{4} + \dfrac{1}{8} \right) \div \dfrac{1}{2} \right] \div \dfrac{2}{5}$

PARTE B

(f) $\left[-\left(-\dfrac{1}{16} + \dfrac{1}{8} \right) \div \dfrac{1}{4} \right] \div (-2)$

(g) $\left(5 + \dfrac{25}{8} \right) \div \left(10 + \dfrac{25}{4} \right)$

PARTE C

(h) $\left(\dfrac{10}{4} - 2 \right) \div \left(\dfrac{3}{6} \cdot \dfrac{2}{5} \cdot \dfrac{1}{2} \right)$

(i) $\dfrac{\frac{1}{3} + \frac{2}{9} + \frac{5}{9}}{\frac{6}{9}}$

(j) $\dfrac{\left(\frac{40}{9} - \frac{2}{27} - \frac{10}{3} \right) \cdot 6}{3 - \frac{1}{9}}$

(k) $2 - \dfrac{1}{3 - \frac{3}{2}}$

(l) $\dfrac{\left(2 \div \frac{2}{3} \right) \cdot \left(-\frac{1}{2} \right) \cdot \left(-\frac{2}{5} \right)}{2 \div \frac{1}{2}}$

21 En la figura mostrada a continuación hay una serie de casillas identificadas por una letra en la que debe colocarse los resultados de los ejercicios de números racionales dados en la actividad simplificando en cada caso si es posible hasta su mínima expresión y luego efectuar las operaciones indicadas en dicha figura hasta concluir el resultado dado.

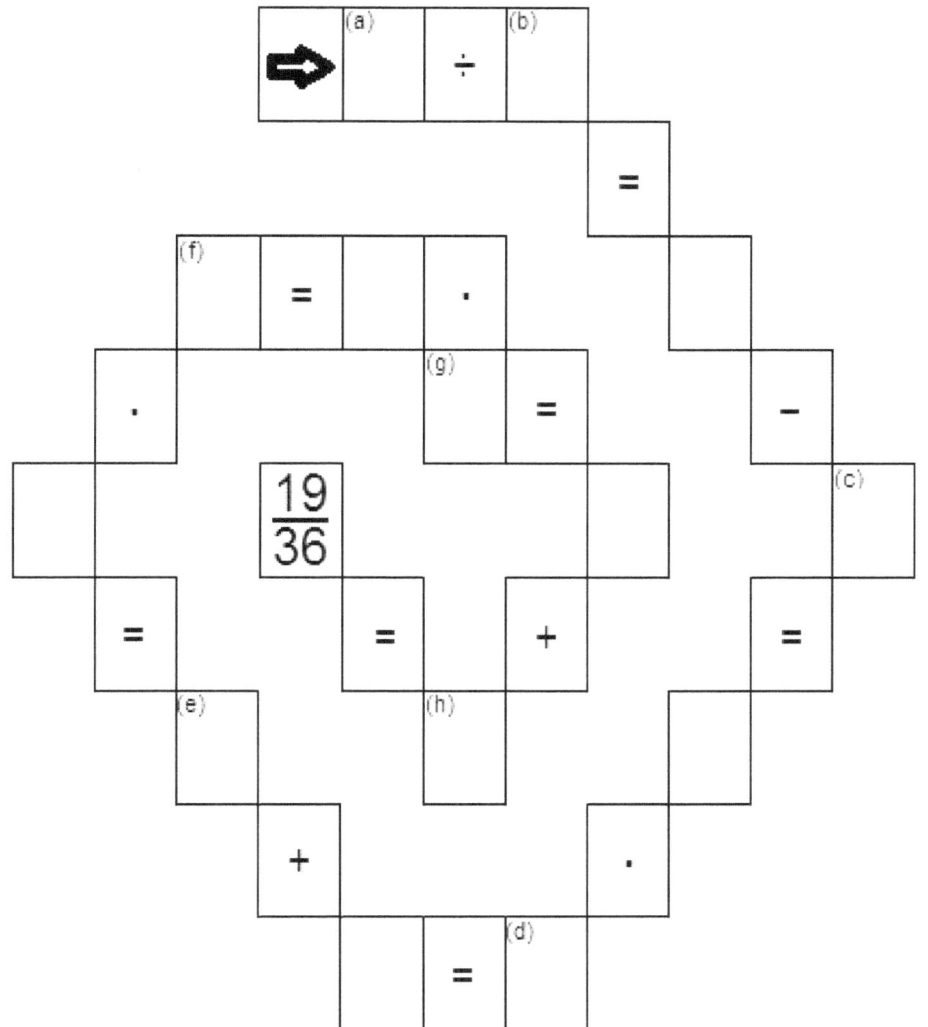

Realizar los ejercicios en hojas o un cuaderno.

(a) $\left(\dfrac{\dfrac{5}{8}+\dfrac{3}{4}}{2-\dfrac{1}{6}}\right)\div\left(1-\dfrac{3}{8}\right)$

(b) $\dfrac{\left(\dfrac{1}{2}-\dfrac{3}{4}\right)\div\left(\dfrac{1}{4}-\dfrac{3}{2}\right)}{-\left[(-2)\cdot\dfrac{1}{6}\right]\div\dfrac{2}{3}}$

(c) $\dfrac{2-\left[\left(\dfrac{5}{3}\div\dfrac{1}{6}\right)\cdot\dfrac{1}{2}\right]}{\left(\dfrac{1}{3}\div\dfrac{2}{5}\right)-1}$

(d) $\dfrac{\frac{1}{3}\cdot\left(2-\frac{2}{5}\right)}{1+\frac{1}{3}}\div\dfrac{\frac{2}{3}+\left(\frac{1}{5}-1\right)}{\left(\frac{1}{3}+\frac{1}{5}\right)\div\frac{1}{2}}$

(e) $\dfrac{\left(\frac{6}{5}-3\right)\div\frac{1}{2}}{\frac{5}{4}\div(-5)}\div\left(-\frac{1}{5}\right)\cdot 2$

(f) $\dfrac{\left[\left(-\frac{1}{3}\right)\cdot 5\right]\div\frac{2}{3}}{\frac{3}{4}\div\left(-\frac{1}{3}\right)}+\dfrac{\left(\frac{1}{6}-\frac{2}{3}\right)\cdot\frac{2}{5}}{\frac{2}{5}\div(-1)}$

(g) $\dfrac{\left(\frac{2}{5}\right)^{-1}\cdot\left(2-\frac{1}{3}\right)\cdot\left(-\frac{1}{5}\right)}{-\frac{4}{3}\div\frac{1}{3}}$

(h) $\dfrac{\frac{\frac{1}{2}}{1-\frac{1}{5}}-\frac{\frac{1}{2}}{1-\frac{1}{3}}}{\frac{\frac{1}{3}}{1-\frac{1}{3}}-\frac{\frac{1}{3}}{1-\frac{1}{2}}}\cdot\left[\left(\frac{2}{3}-\frac{1}{3}+3^{-1}\right)\div(-2)^{-1}\right]$

22 En la figura mostrada en la actividad hay una serie de casillas identificadas por una letra en la que debe colocarse los resultados de los ejercicios de eliminación de signos de agrupación en Q dadas a continuación, simplificando en cada caso si es posible hasta su mínima expresión y luego efectuar las operaciones indicadas en dicha figura hasta concluir el resultado dado. Realizar los ejercicios en hojas o un cuaderno.

(a) $\frac{1}{3}\cdot\left[2-\left(\frac{1}{2}+\frac{1}{4}\right)\cdot\frac{1}{3}\right]+\left[\left(\frac{2}{3}-2\right)\div\frac{1}{2}\right]-\left(\frac{12}{5}\right)^{-1}$

(b) $2\cdot\frac{1}{3}+\left\{-2+\left[\frac{1}{9}+\left(\frac{1}{2}\div\frac{1}{4}\right)\div\frac{1}{3}+\left(2+\frac{1}{2}\right)\cdot\frac{1}{4}\right]+\frac{1}{2}\div\left(-\frac{1}{4}\right)\right\}-\left[\left(\frac{9}{25}\right)^{-1}+\frac{1}{8}\right]$

(c) $\frac{1}{2}-\left\{-\left[\frac{3}{4}-\left(\frac{1}{3}+2\right)\cdot\frac{2}{3}\right]\cdot\left(-\frac{1}{2}\right)-\left[\frac{3}{4}\div\left(-\frac{3}{2}\right)\right]-\left(8^{-1}+\frac{17}{36}\right)\right\}$

(d) $\frac{1}{5}+\left\{-\left[-\frac{1}{5}+\left(2-\frac{3}{10}\right)\right]+\left[\left(\frac{2}{5}-\frac{1}{2}\right)\div\frac{1}{5}\right]\right\}-\left[\left(\frac{1}{2}\cdot\frac{2}{5}\right)\div 2-\left(\frac{5}{2}\right)^{-1}\right]$

(e) $-\left\{\frac{2}{3}\cdot\left[-\left(\frac{2}{5}\cdot\frac{5}{2}\cdot\frac{1}{2}\right)+\left(-\frac{2}{3}\div\frac{1}{3}\right)\right]-\left(\frac{2}{3}\div 2\right)-3+\frac{1}{5}\right\}$

(f) $-\frac{2}{5}+\left\{3\cdot\left(\frac{1}{5}\div\frac{2}{5}\right)+\left[2+\left(\frac{1}{2}\cdot\frac{3}{5}\right)\div(-1)\right]+\frac{1}{2}\div\frac{1}{4}\right\}+5^{-1}$

(g) $-\left\{-\left[-\left(\dfrac{1}{4}\right)^{-1}\cdot\left(2-\dfrac{1}{4}\right)+2^{-1}\cdot\left(3-\dfrac{1}{4}\right)-\dfrac{1}{4}\cdot\dfrac{1}{2}\right]-\dfrac{4}{3}\div\left(\dfrac{3}{2}\right)^{-1}+\left(\dfrac{8}{3}\right)^{-1}\right\}+8^{-1}$

(h) $-\left\{-\left[5^{-1}\cdot\left(3-\dfrac{1}{5}\right)+2^{-1}\cdot\left(2-\dfrac{2}{5}\right)+\left(\dfrac{1}{2}\cdot\dfrac{1}{5}\right)\div\dfrac{1}{2}\right]-\dfrac{3}{5}+\dfrac{1}{2}\right\}+\left(\dfrac{1}{2}-5^{-1}\right)-\left(\dfrac{25}{4}\right)^{-1}$

(i) $50^{-1}-\left\{6+\left[\dfrac{1}{3}-\dfrac{1}{5}\cdot\left(2+\dfrac{2}{5}\right)-\left(\dfrac{2}{3}+3^{-1}+6^{-1}\right)\div\dfrac{1}{3}\right]-\dfrac{1}{5}\cdot\left(\dfrac{1}{3}\div\dfrac{2}{4}\right)\right\}-\left(\dfrac{1}{5}\div3^{-1}\right)$

(j) $\left(\dfrac{3}{2}\right)^{-1}\cdot\left(\dfrac{3}{7}\right)^{-1}+\dfrac{1}{3}-\left\{2-\left[-\dfrac{1}{3}-\dfrac{1}{2}\cdot\left(\dfrac{2}{3}-\dfrac{1}{2}\right)+\left(\dfrac{4}{3}+2^{-1}+\dfrac{1}{3}\right)\cdot3^{-1}\right]-\dfrac{1}{4}\div(-8)^{-1}\right\}+\left(\dfrac{5}{9}\cdot4^{-1}\right)$

(k) $5^{-1}-\left\{\dfrac{2}{5}\div\dfrac{1}{5}+\left[\dfrac{1}{5}\cdot\left(\dfrac{3}{8}-\dfrac{3}{10}\right)+\left(\dfrac{2}{5}-\dfrac{1}{8}+\dfrac{4}{5}\right)\div\dfrac{1}{2}+\dfrac{1}{5}\cdot2^{-1}\right]-\left(\dfrac{1}{5}\cdot\dfrac{1}{2}\cdot\dfrac{1}{8}\right)\div\dfrac{1}{10}-\dfrac{19}{100}\right\}$

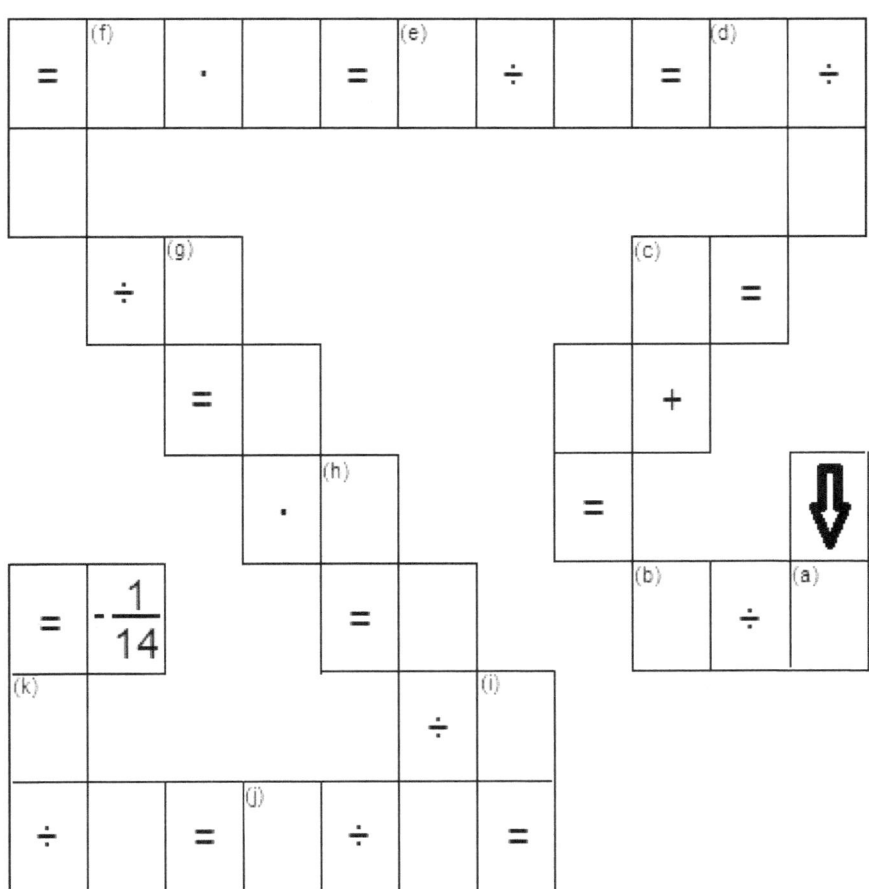

23 En interior del trapecio mostrado a continuación hay una serie de casillas identificadas por una letra en la que debe colocarse los resultados de los problemas de números racionales dados en la actividad simplificando en cada caso si es posible hasta su mínima expresión y luego efectuar las operaciones indicadas en dicho trapecio hasta concluir el resultado dado.

113

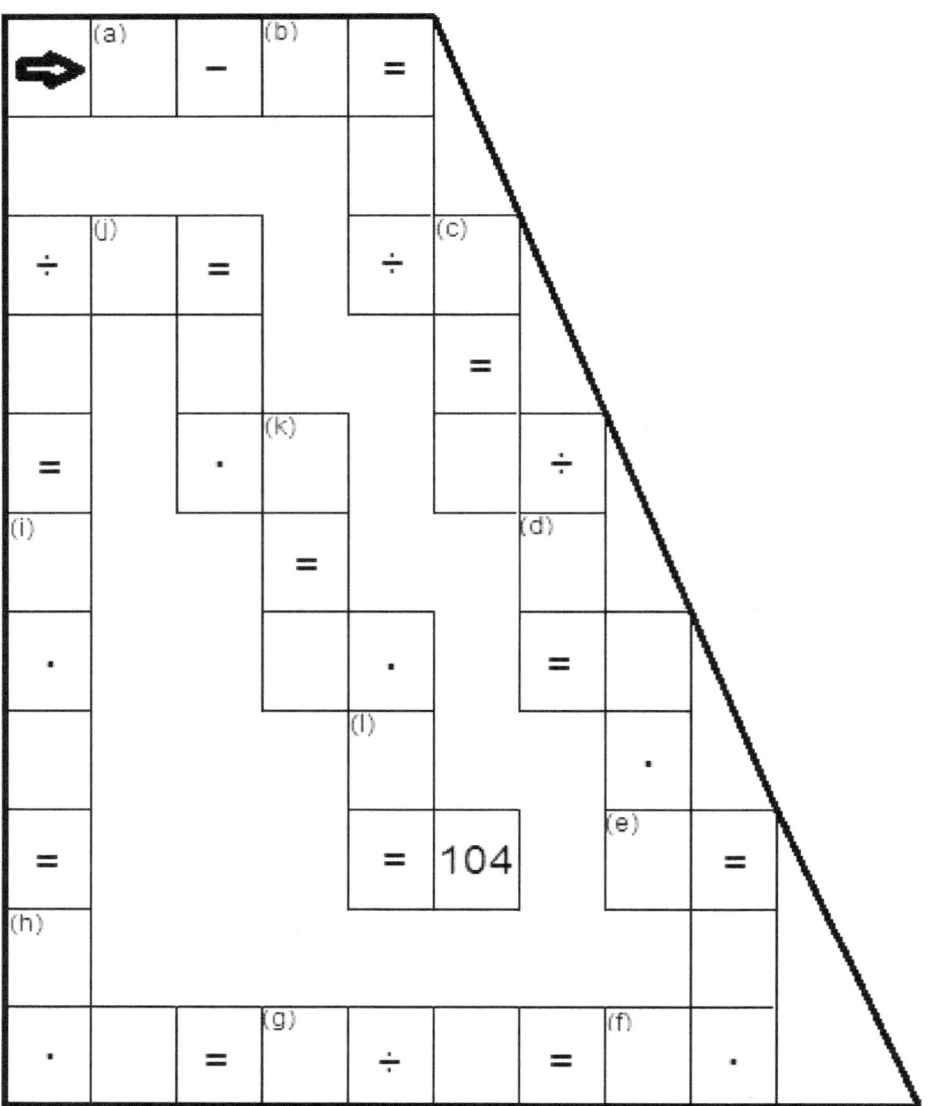

Realizar los problemas en hojas o un cuaderno.

(a) Unos caramelos valen $\dfrac{14}{5}$ Bs.F. el kilogramo. ¿Cuánto valen 15 kilogramos de caramelos?

(b) Una moto va a 60 $Km/_h$. ¿Cuánto recorrerá en $\dfrac{2}{3}$ hora?

(c) Si tengo 2.500 Bs.F. y gasto en útiles escolares $\dfrac{7}{5}$. ¿Cuánto queda debiendo?

(d) Un accionista es dueño de la $\dfrac{3}{5}$ de las acciones de una fábrica y vende $\dfrac{1}{2}$ de su parte. ¿Qué de las acciones le queda?

(e) Un saco de harina tenía 60 kilogramos, se sacó $\frac{1}{3}$, luego $\frac{1}{4}$ y por último $\frac{1}{5}$. ¿Cuántos kilogramos de harina quedo?

(f) Un pintor pinta una pared en $\frac{2}{6}$ hora. ¿Cuántas paredes puede pintar en 6 horas?

(g) Un reloj despertador se adelanta por día 20 minutos. ¿Determinar cuánto adelantará el reloj en $\frac{3}{5}$ de día?

(h) Un montacargas avanza 25 kilómetros cada hora, su rapidez es de $25 \frac{Km}{h}$. ¿Cuánto recorre en $\frac{2}{5}$ de hora?

(i) Determinar las $\frac{6}{7}$ parte de 56.

(j) Antonia tenía 1.600 Bs.F.; gastó $\frac{1}{4}$ de su dinero en comprar zapatos, $\frac{1}{2}$ en carteras, $\frac{1}{2}$ en ropa y $\frac{1}{5}$ de lo que sobró en un libro. ¿Cuánto dinero le quedo?

(k) ¿Cuántas veces 30 contiene $\frac{30}{4}$?

(l) En una granja hay entre cerdos y gallinas 250; el número de cerdos es $\frac{3}{5}$ del total. ¿Cuántas gallinas hay en la granja?

POTENCIACIÓN DE NÚMEROS RACIONALES

Potenciación en Q con exponente positivo:

El número racional que se repite se denomina **base** de la potenciación, el número que indica las veces que se multiplica la base se llama **exponente** y el producto de dichos números racionales se denomina **potencia.**

Para elevar una fracción a una potencia procedemos a elevar tanto el numerador como el denominador de la fracción a dicha potencia dada, cumpliéndose que:

$$\left(\frac{a}{b}\right)^n = \frac{a^n}{b^n} \qquad donde \qquad n \in N \quad y \quad b \neq 0$$

En forma general, tenemos que:

$$\left(\frac{a}{b}\right)^n = \frac{a}{b} \cdot \frac{a}{b} \cdot \frac{a}{b} \cdot \frac{a}{b} \cdots\cdots\cdots \frac{a}{b} = \frac{a \cdot a \cdot a \cdot a \cdots\cdots\cdots a}{b \cdot b \cdot b \cdot b \cdots\cdots\cdots b} = \frac{a^n}{b^n} \qquad donde \quad n \in N \ y \ b \neq 0$$

Ejemplo: Determinar $\left(\dfrac{3}{7}\right)^3$

$$\left(\dfrac{3}{7}\right)^3 = \dfrac{3^3}{7^3} = \dfrac{27}{343}$$

Potencia en Q con exponente negativo:

Si elevamos una fracción a un exponente entero negativo tenemos que invertir los términos de la fracción y se cambia el signo del exponente. Entonces tenemos que:

$$\left(\dfrac{a}{b}\right)^{-n} = \left(\dfrac{b}{a}\right)^n = \dfrac{b^n}{a^n} \qquad donde \quad n \in N \quad y \quad a,b \neq 0$$

Ejemplo: Determinar $\left(\dfrac{7}{11}\right)^{-2}$

$$\left(\dfrac{7}{11}\right)^{-2} = \left(\dfrac{11}{7}\right)^2 = \dfrac{11^2}{7^2} = \dfrac{121}{49}$$

Analizando algunos casos de potenciación en Q:

- Si la base es una fracción es positiva, la potencia siempre es positiva, aunque el exponente sea par o impar.
- Si la base es una fracción es negativa y el exponente es par, la potencia es positiva.
- Si la base es una fracción es negativa y el exponente es impar, la potencia es negativa.

Propiedades de la potencia en Q.

- **Producto de potencias de igual base:** Para multiplicar potencias de igual base, se copia la base y se suman los exponentes.

$$\left(\dfrac{a}{b}\right)^m \cdot \left(\dfrac{a}{b}\right)^n = \left(\dfrac{a}{b}\right)^{m+n} \qquad donde \quad a \ y \ b \neq 0 \quad y \quad m,n \in Z$$

- **División de potencias de igual base:** Para dividir potencias de igual base, se copia la base y se restan los exponentes.

$$\left(\dfrac{a}{b}\right)^m \div \left(\dfrac{a}{b}\right)^n = \left(\dfrac{a}{b}\right)^{m-n} \qquad donde \quad a \ y \ b \neq 0 \quad y \quad m.n \in Z$$

- **Potencia de un producto:** En todas las potencias de un producto se eleva a dicha potencia cada uno de los factores.

$$\left(\dfrac{a}{b} \cdot \dfrac{c}{d}\right)^n = \left(\dfrac{a}{b}\right)^n \cdot \left(\dfrac{c}{d}\right)^n \qquad donde \quad b \ y \ d \neq 0 \quad y \quad n \in Z$$

- **Potencia de una potencia:** Para calcular la potencia de una potencia se copia la base y se multiplican los exponentes.

$$\left[\left(\dfrac{a}{b}\right)^m\right]^n = \left(\dfrac{a}{b}\right)^{m \cdot n} \qquad donde \quad \dfrac{a}{b} \neq 0 \quad y \quad m,n \in Z$$

- **Potencia de exponente cero:** Toda fracción distinta de cero elevada al exponente cero es igual a 1.

$$\left(\frac{a}{b}\right)^0 = 1 \qquad siendo \qquad \frac{a}{b} \neq 0$$

- **Potencia de exponente uno:** Toda fracción diferente de cero elevada al exponente uno es igual a sí misma.

$$\left(\frac{a}{b}\right)^1 = \frac{a}{b} \qquad siendo \qquad \frac{a}{b} \neq 0$$

- **Potencias sucesivas:** Para calcular potencias sucesivas se copia la base y se multiplican todos los exponentes.

$$\left\{\left\{\left[\left(\frac{a}{b}\right)^n\right]^m\right\}^p\right\}^q = \left(\frac{a}{b}\right)^{n \cdot m \cdot p \cdot q} \qquad siendo \qquad \frac{a}{b} \neq 0 \quad y \quad n, m, p, q \in Z$$

ACTIVIDADES

1. Representa en forma de potencias los siguientes productos de fracciones correspondiente a cada una de las casillas de la figura.

❖ $\frac{1}{3} \cdot \frac{1}{3} \cdot \frac{1}{3} \cdot \frac{1}{3} \cdot \frac{1}{3} \cdot \frac{1}{3} \cdot \frac{1}{3} \cdot \frac{1}{3} \cdot \frac{1}{3} \cdot \frac{1}{3} \cdot \frac{1}{3} \cdot \frac{1}{3} \cdot \frac{1}{3} \cdot \frac{1}{3} \cdot \frac{1}{3} \cdot \frac{1}{3} \cdot \frac{1}{3} \cdot \frac{1}{3} \cdot \frac{1}{3} \cdot \frac{1}{3} =$

✛ $\left(-\frac{2}{7}\right) \cdot \left(-\frac{2}{7}\right) \cdot \left(-\frac{2}{7}\right) \cdot \left(-\frac{2}{7}\right) \cdot \left(-\frac{2}{7}\right) \cdot \left(-\frac{2}{7}\right) \cdot \left(-\frac{2}{7}\right) =$

❖ $\left(-\frac{25}{17}\right) \cdot \left(-\frac{25}{17}\right) \cdot \left(-\frac{25}{17}\right) \cdot \left(-\frac{25}{17}\right) \cdot \left(-\frac{25}{17}\right) =$

✛ $\frac{a}{b} \cdot \frac{a}{b} \cdot \frac{a}{b} \cdot \frac{a}{b} \cdot \frac{a}{b} \cdot \frac{a}{b} \cdot \frac{a}{b} \cdot \frac{a}{b} \cdot \frac{a}{b} \cdot \frac{a}{b} \cdot \frac{a}{b} =$

❖ $\left(-\frac{113}{43}\right) \cdot \left(-\frac{113}{43}\right) =$

✛ $\left(-\frac{x}{y}\right) \cdot \left(-\frac{x}{y}\right) \cdot \left(-\frac{x}{y}\right) \cdot \left(-\frac{x}{y}\right) =$

❖ $\frac{91}{23} \cdot \frac{91}{23} \cdot \frac{91}{23} \cdot \frac{91}{23} \cdot \frac{91}{23} \cdot \frac{91}{23} \cdot \frac{91}{23} \cdot \frac{91}{23} \cdot \frac{91}{23} \cdot \frac{91}{23} \cdot \frac{91}{23} =$

✛ $\frac{1171}{1017} \cdot \frac{1171}{1017} \cdot \frac{1171}{1017} \cdot \frac{1171}{1017} \cdot \frac{1171}{1017} \cdot \frac{1171}{1017} \cdot \frac{1171}{1017} \cdot \frac{1171}{1017} =$

❖ $\left(-\frac{5}{11}\right) \cdot \left(-\frac{5}{11}\right) \cdot \left(-\frac{5}{11}\right) \cdot \left(-\frac{5}{11}\right) \cdot \left(-\frac{5}{11}\right) \cdot \left(-\frac{5}{11}\right) =$

2. Efectúa las potencias en Q, correspondiente a cada una de las casillas de la figura mostrada a continuación.

$$\left(\frac{2}{5}\right)^4 =$$

$$\left(-\frac{5}{7}\right)^2 = \qquad \left(\frac{1}{2}\right)^6 =$$

$$\left(-\frac{1}{3}\right)^3 = \qquad \left(-\frac{1}{5}\right)^3 = \qquad \left(\frac{9}{10}\right)^2 =$$

$$\left(\frac{18}{5}\right)^3 = \qquad \left(-\frac{1}{5}\right)^9 = \qquad \left(-\frac{235}{235}\right)^0 =$$

$$-\left(-\frac{153}{112}\right)^2 = \qquad \left(-\frac{65}{100}\right)^3 = \qquad \left(-\frac{5}{2}\right)^8 =$$

$$\left(-\frac{10}{115}\right)^3 = \qquad -\left(\frac{41}{12}\right)^2 = \qquad \left(-\frac{4}{9}\right)^6 =$$

$$\left(\frac{3}{20}\right)^4 = \qquad \left(-\frac{3}{5}\right)^5 = \qquad \left(\frac{1672}{467}\right)^0 =$$

$$\left(\frac{13}{17}\right)^2 = \qquad \left(\frac{1}{2}\right)^6 =$$

$$\left(\frac{1}{2}\right)^3 =$$

$$\left(-\frac{1}{9}\right)^2 = \qquad \left(\frac{1}{5}\right)^6 =$$

$$\left(-\frac{8}{7}\right)^3 = \qquad \left(\frac{19}{23}\right)^2 = \qquad -\left(\frac{967}{768}\right)^0 =$$

$$-\left(-\frac{4}{9}\right)^5 = \qquad -\left(-\frac{30}{22}\right)^4 = \qquad \left(\frac{11}{10}\right)^3 =$$

$$\left(-\frac{1}{10}\right)^{12} = \qquad \left(\frac{24}{11}\right)^5 = \qquad -\left(-\frac{1}{8}\right)^8 =$$

$$-\left(-\frac{5}{6}\right)^4 = \qquad -\left(-\frac{113}{100}\right)^2 = \qquad \left(\frac{5}{3}\right)^3 =$$

$$\left(-\frac{2}{7}\right)^2 = \qquad \left(\frac{10}{13}\right)^3 = \qquad \left(-\frac{1}{2}\right)^{11} =$$

$$\left(\frac{1568}{25678}\right)^0 = \qquad \left(-\frac{7}{20}\right)^2 =$$

$$\left(\frac{2}{3}\right)^5 =$$

$$-\left(-\frac{135}{132}\right)^3 =$$

$$-\left(-\frac{2}{300}\right)^{12} =$$

3. En la figura mostrada a continuación hay una serie de casillas identificadas por una letra en la que debe colocarse los resultados de las potencias en Q y luego efectuar las operaciones indicadas en dicha figura hasta concluir el resultado dado.

⇒ (a) ·

(j) · = (b) =

(i) = ÷ ÷

÷ (k) = (c) =

(h) = 1.350 ÷

÷ (d)

= (g) · = (f) ÷ = (e) ÷ =

(a) $\left(\dfrac{3}{2}\right)^{-2} =$

(b) $\left(\dfrac{1}{3}\right)^{-3} =$

(c) $\left(-\dfrac{1}{2}\right)^{-2} =$

(d) $\left(\dfrac{2}{3}\right)^{-5} =$

(e) $-(-3)^{-4} =$

(f) $\left(-\dfrac{13}{26}\right)^{-1} =$

119

(g) $\left(\dfrac{5}{10}\right)^{-5} =$

(h) $\left(\dfrac{1}{2}\right)^{-6} =$

(i) $\left(\dfrac{4}{3}\right)^{-3} =$

(j) $-\left(\dfrac{3}{12}\right)^{-4} =$

(k) $-\left(-\dfrac{5}{4}\right)^{-2} =$

4. En la figura mostrada a continuación hay una serie de casillas identificadas por una letra en la que debe colocarse los resultados de los ejercicios de Potencia en Q y luego efectuar las operaciones indicadas en dicha figura hasta concluir el resultado dado.

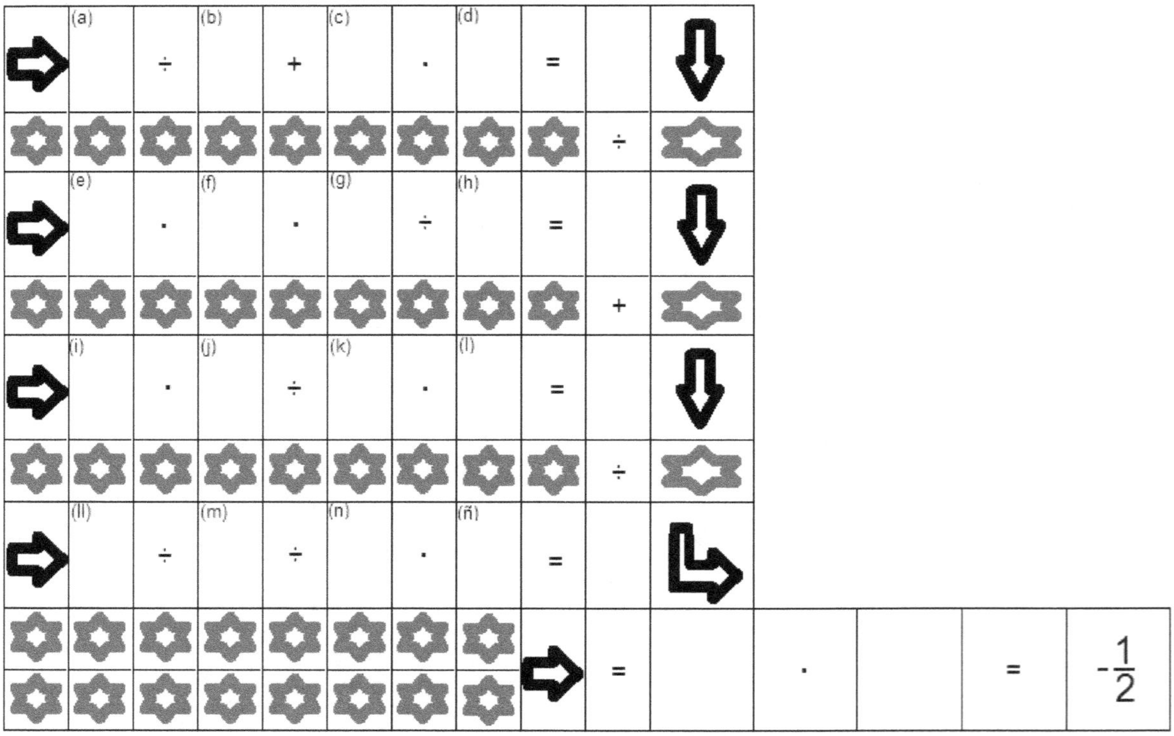

(a)	÷	(b)	+	(c)	·	(d)	=		⬇
								÷	
(e)	·	(f)	·	(g)	÷	(h)	=		⬇
								+	
(i)	·	(j)	÷	(k)	·	(l)	=		⬇
								÷	
(ll)	÷	(m)	÷	(n)	·	(ñ)	=		

$\;=\;$ ___ $\;\cdot\;$ ___ $\;=\; -\dfrac{1}{2}$

(a) $5^{-1} =$

(b) $-(-3)^{-2} =$

120

(c) $\dfrac{(-27)^{-1}}{(-3)^{-3}} =$

(d) $\dfrac{5}{2^{-2}} =$

(e) $\dfrac{15}{\left(\dfrac{1}{5}\right)^{-1}} =$

(f) $\dfrac{-2}{-(-2)^{-3}} =$

(g) $\dfrac{3^{-3}}{5^{-2}} =$

(h) $\dfrac{(-7)^{-1}}{(-5)^{-2}} =$

(i) $-\dfrac{2}{(-2)^{-4}} =$

(j) $\dfrac{1}{\left(-\dfrac{1}{3}\right)^{-3}} =$

(k) $\dfrac{5^{-2}}{-\left(\dfrac{1}{2}\right)^{3}} =$

(l) $-\dfrac{(11)^{-2}}{121^{-1}} =$

(ll) $\dfrac{3^{-2}}{2^{-1}} =$

(m) $-\dfrac{\left(-\dfrac{1}{5}\right)^{-1}}{-5} =$

(n) $\dfrac{(-8)^{-2}}{-\dfrac{1}{8}} =$

(ñ) $\dfrac{-(-7)^{-3}}{(-49)^{-1}} =$

5. En la figura mostrada a continuación hay una serie de casillas identificadas por una letra en la que debe colocarse los resultados de los ejercicios de Potencia en Q en el cual se aplique las propiedades y luego en cada línea horizontal resolver la potencia resultante y efectuar las operaciones indicadas en dicha figura hasta concluir el resultado dado.

(a) $\left(\dfrac{3}{4}\right)^{2} \cdot \left(\dfrac{3}{4}\right)^{5} =$

(b) $\left(-\dfrac{2}{3}\right)^{5} \cdot \left(-\dfrac{2}{3}\right) \cdot \left(-\dfrac{2}{3}\right)^{3} =$

(c) $\left(\dfrac{5}{8}\right)^{6} \cdot \left(\dfrac{5}{8}\right)^{-3} \cdot \left(\dfrac{5}{8}\right)^{-3} \cdot \left(\dfrac{5}{8}\right)^{2} \cdot \left(\dfrac{5}{8}\right)^{-4} =$

(d) $\left(-\dfrac{1}{5}\right)^{9} \cdot \left(-\dfrac{1}{5}\right)^{0} \cdot \left(-\dfrac{1}{5}\right) \cdot \left(-\dfrac{1}{5}\right)^{2} =$

(e) $\left(\dfrac{3}{7}\right)^{2} \cdot \left(\dfrac{3}{7}\right) \cdot \left(\dfrac{3}{7}\right)^{6} \cdot \left(\dfrac{3}{7}\right)^{4} \cdot \left(\dfrac{3}{7}\right)^{6} =$

(f) $\left(\dfrac{3}{4}\right)^{10} \div \left(\dfrac{3}{4}\right)^{8} =$

(g) $\left(-\dfrac{2}{3}\right)^{9} \div \left(-\dfrac{2}{3}\right)^{6} =$

(h) $\left(\dfrac{5}{8}\right)^{-5} \div \left(\dfrac{5}{8}\right)^{-7} =$

(i) $\left(-\dfrac{1}{5}\right)^{6} \div \left(-\dfrac{1}{5}\right)^{3} =$

(j) $\left(-\dfrac{3}{7}\right)^{5} \div \left(-\dfrac{3}{7}\right)^{-3} =$

(k) $\left[\left(\dfrac{3}{4}\right)^{2}\right]^{3} =$

(l) $\left[\left(-\dfrac{2}{3}\right)^{12}\right]^{0} =$

(ll) $\left[\left(\dfrac{5}{8}\right)^{3} \cdot \left(\dfrac{7}{10}\right)^{0}\right]^{2} =$

(m) $\left[\left(-\dfrac{1}{5}\right)^{2} \cdot \left(-\dfrac{1}{5}\right)^{3}\right]^{3} =$

(n) $\left[\left(-\dfrac{3}{7}\right)^{2} \cdot \left(-\dfrac{7}{3}\right)^{-3}\right]^{2} =$

(ñ) $\left\{\left[\left[\left(\dfrac{3}{4}\right)^{-2}\right]^{3}\right]^{2}\right\}^{-1} =$

(o) $\left[\left(-\dfrac{2}{3}\right)^{2} \cdot \left(-\dfrac{2}{3}\right)^{3} \cdot \left(-\dfrac{2}{3}\right)^{-5} \cdot \left(-\dfrac{2}{3}\right)^{2}\right]^{-3} =$

(p) $\left[\left(\dfrac{8}{5}\right)^{2} \cdot \left(\dfrac{8}{5}\right)\right]^{-1} =$

(q) $\left\{\left\{\left\{\left\{\left\{\left\{\left\{\left\{\left[\left(-\dfrac{1}{5}\right)^{2}\right]^{5}\right\}^{3}\right\}^{9}\right\}^{10}\right\}^{5}\right\}^{3}\right\}^{4}\right\}^{13}\right\}^{0}\right\}^{8} =$

(r) $\dfrac{\left(-\dfrac{3}{7}\right)^{10}}{\left(-\dfrac{3}{7}\right)^{8}} =$

6. En la figura mostrada a continuación hay una serie de casillas identificadas por una letra en la que debe colocarse los resultados de los ejercicios en los que se ha aplicado las propiedades de la potencia en Q, finalizando el ejercicio resolviendo la potencia y luego efectuar las operaciones indicadas en dicha figura hasta concluir el resultado dado.

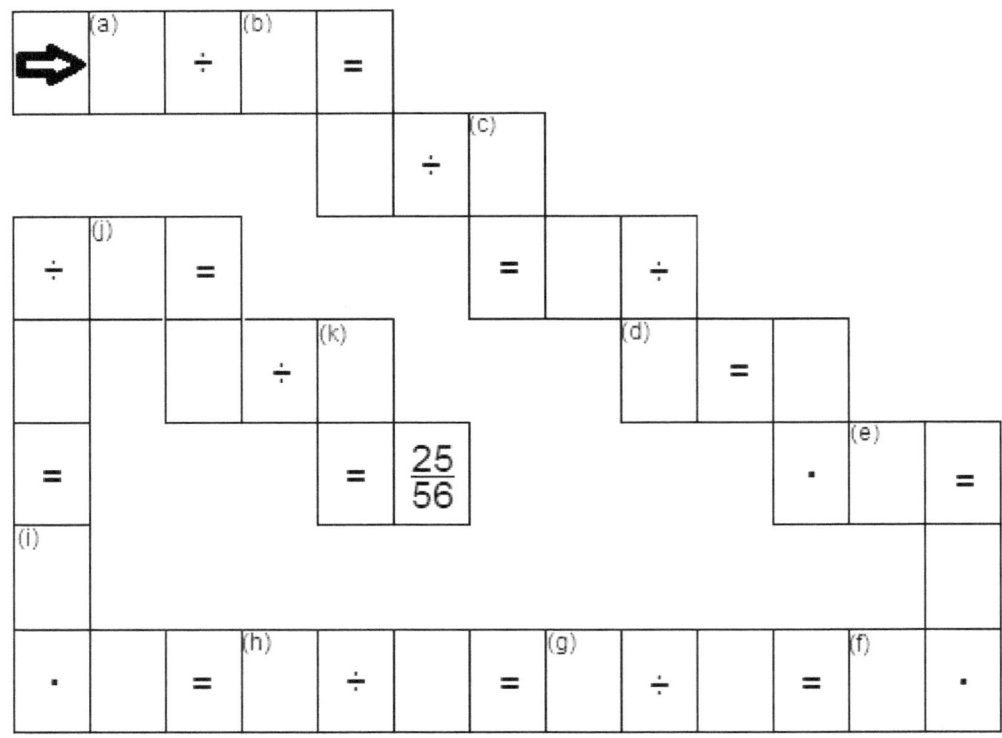

Realizar los ejercicios en hojas o un cuaderno.

(a) $\dfrac{\left(\frac{2}{3}\right)^4 \cdot \left(\frac{2}{3}\right)^5 \cdot \left(\frac{2}{3}\right)^6}{\left(\frac{2}{3}\right)^{13}}$

(b) $\dfrac{\left(-\frac{2}{5}\right)^{10} \cdot \left(-\frac{2}{5}\right)^9}{\left(-\frac{2}{5}\right)^{18}}$

(c) $\dfrac{\left(\frac{1}{3}\right)^{10} \cdot \left(\frac{1}{7}\right)^4 \cdot \left(\frac{1}{3}\right)^{20} \cdot \left(\frac{1}{7}\right)^{16}}{\left(\frac{1}{3}\right)^{28} \cdot \left(\frac{1}{7}\right)^{19}}$

(d) $\left[\dfrac{\left(\frac{2}{7}\right)^9 \cdot \left(\frac{2}{7}\right)^{18} \cdot \left(\frac{2}{7}\right)^{-5}}{\left(\frac{2}{7}\right)^{10} \cdot \left(\frac{2}{7}\right)^{13}}\right]^2$

(e) $\dfrac{(-2)^{-8} \cdot \left(-\frac{1}{3}\right)^{10} \cdot \left(-\frac{1}{3}\right) \cdot (-2)^{-10}}{\left(-\frac{1}{3}\right)^6 \cdot (-2)^{-16} \cdot \left(-\frac{1}{3}\right)^4}$

(f)
$$\frac{\left(-\frac{3}{4}\right)^{14}\cdot\left(\frac{3}{2}\right)^{20}\cdot\left(\frac{3}{2}\right)^{16}\cdot\left(-\frac{3}{4}\right)^{-11}\cdot\left(\frac{3}{2}\right)^{-15}\cdot\left(\frac{3}{2}\right)\cdot\left(-\frac{3}{4}\right)^{0}}{\left(-\frac{3}{4}\right)^{25}\cdot\left(\frac{3}{2}\right)^{16}\cdot\left(-\frac{3}{4}\right)^{-24}\cdot\left(\frac{3}{2}\right)^{6}}$$

(g)
$$\frac{\left(\frac{1}{5}\right)^{2}\left[\left(-\frac{3}{4}\right)^{2}\right]^{3}\cdot\left(\frac{1}{5}\right)^{2}\cdot\left[\left(-\frac{3}{4}\right)\cdot\left(\frac{1}{5}\right)\right]^{2}\cdot\left[\left(\frac{1}{5}\right)^{6}\cdot\left(-\frac{3}{4}\right)^{8}\right]^{0}}{\left\{\left[\left(\frac{1}{5}\right)^{5}\right]^{0}\cdot\left[\left(-\frac{3}{4}\right)^{2}\right]^{-1}\right\}^{-4}\cdot\left(\frac{1}{5}\right)^{7}}$$

(h)
$$\frac{\left\{\left[\left(\frac{5}{2}\right)^{2}\cdot\left(\frac{3}{10}\right)^{2}\right]^{3}\right\}^{4}\cdot\left\{\left(\frac{5}{2}\right)^{3}\cdot\left[\left(\frac{3}{10}\right)^{2}\right]^{3}\right\}^{5}}{\left[\left(\frac{3}{10}\right)^{-3}\right]^{-1}\cdot\left[\left(\frac{5}{2}\right)^{10}\right]^{4}\cdot\left\{\left[\left(\frac{3}{10}\right)^{5}\right]^{7}\right\}^{0}\cdot\left\{\left[\left(\frac{3}{10}\right)^{5}\right]^{2}\right\}^{5}}$$

(i)
$$\left\{\frac{\left\{\left(\frac{1}{2}\right)^{2}\cdot\left(\frac{2}{3}\right)^{3}\cdot\left[\left(\frac{1}{2}\right)^{2}\cdot\left(\frac{2}{3}\right)\right]^{3}\left(\frac{2}{3}\right)^{4}\cdot\left[\left(\frac{1}{2}\right)^{-2}\right]^{-5}\right\}^{2}}{\left\{\left[\left(\frac{2}{3}\right)^{6}\cdot\left(\frac{1}{2}\right)^{2}\cdot\left(\frac{1}{2}\right)^{7}\right]^{2}\cdot\left[\left(\frac{2}{3}\right)^{-1}\right]^{2}\right\}^{2}}\right\}^{3}$$

(j)
$$\left\{\frac{\left\{\left(-\frac{1}{2}\right)^{4}\cdot\left(-\frac{1}{4}\right)^{3}\cdot\left[\left(-\frac{1}{2}\right)^{3}\right]^{2}\cdot\left[\left(-\frac{1}{4}\right)^{2}\right]^{3}\right\}^{2}}{\left\{\left(-\frac{1}{4}\right)^{-4}\cdot\left[\left(-\frac{1}{2}\right)^{10}\cdot\left(-\frac{1}{4}\right)^{5}\right]^{2}\cdot\left(-\frac{1}{2}\right)^{-14}\right\}^{3}}\right\}^{2}$$

(k)
$$\left\{\frac{\left\{\left[\left(\frac{2}{3}\right)^{-1}\right]^{-2}\cdot\left(\frac{3}{5}\right)^{2}\cdot\left[\left(\frac{1}{3}\right)^{2}\right]^{2}\cdot\left[\left(\frac{2}{3}\right)^{2}\cdot\left(\frac{3}{5}\right)^{2}\cdot\left(\frac{1}{3}\right)^{3}\right]^{2}\cdot\left(\frac{3}{5}\right)^{4}\cdot\left[\left(\frac{2}{3}\right)^{2}\right]^{2}\cdot\left[\left(\frac{1}{3}\right)^{-4}\right]^{-1}\right\}^{2}}{\left\{\left[\left(\frac{2}{3}\right)^{2}\cdot\left(\frac{3}{5}\right)^{5}\cdot\left(\frac{1}{3}\right)^{5}\cdot\left(\frac{2}{3}\right)\right]^{3}\cdot\left[\left(\frac{3}{5}\right)^{-1}\right]^{5}\right\}^{2}}\right\}^{2}$$

7. En la figura mostrada a continuación hay una serie de casillas identificadas por una letra en la que debe colocarse los resultados de los ejercicios de eliminación de signos de agrupación en Q y luego efectuar las operaciones indicadas en dicha figura hasta concluir el resultado dado.

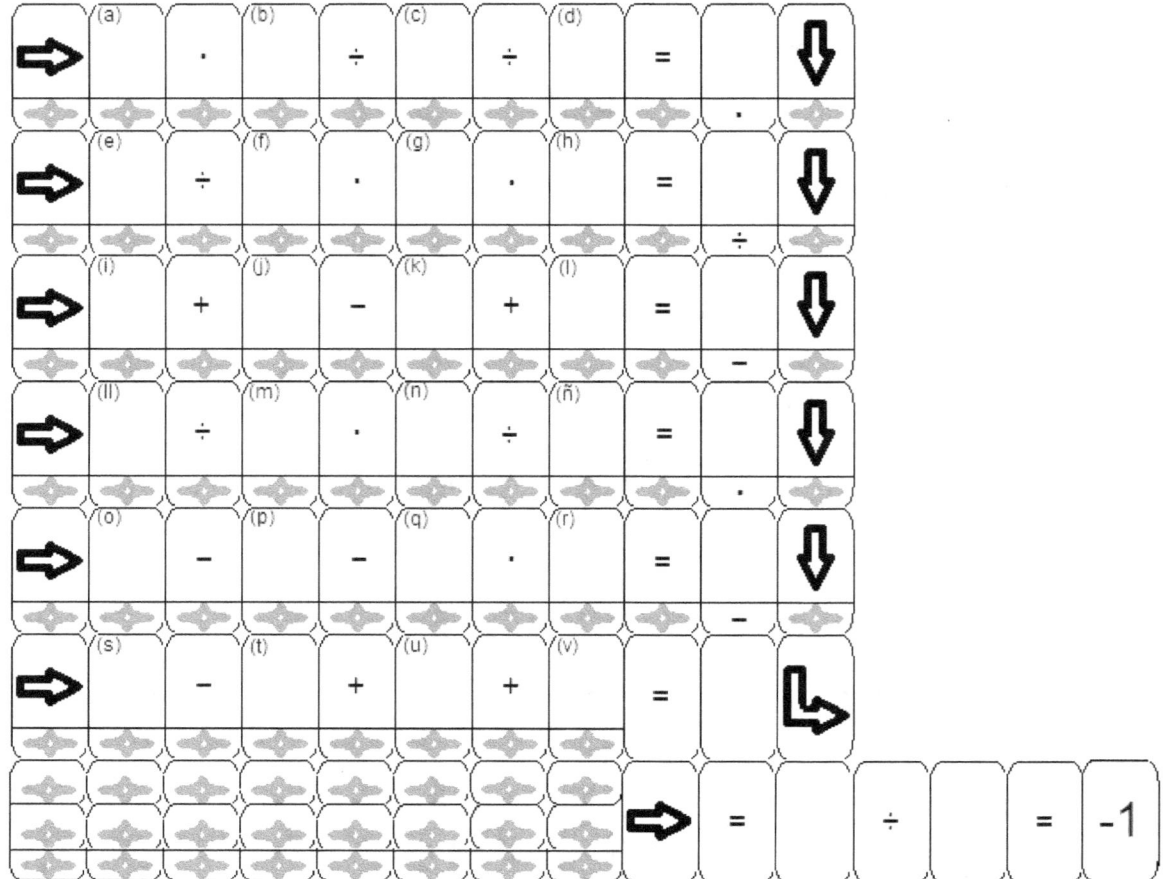

Realizar los ejercicios en hojas o un cuaderno.

(a) $\left(\dfrac{1}{2} - \dfrac{3}{4}\right)^2$

(b) $\left(\dfrac{6}{5} - 1\right)^{-2}$

(c) $\dfrac{1}{4^{-1}} \cdot \left(5 - \dfrac{5}{4}\right)$

(d) $\dfrac{3^{-1}}{2^{-1}} \cdot \left(\dfrac{5}{2} - \dfrac{1}{4} - 1\right)$

(e) $\dfrac{1}{2^{-1}} \cdot \left(2^2 \cdot 5 - \dfrac{3^2}{2^{-1}}\right)^{-2}$

(f) $\dfrac{1}{3^{-2}} \cdot \dfrac{(-3)^{-2}}{(-2)^{-1}} + \dfrac{(-3)^{-2} \cdot 3}{6} + (2 \cdot 3)^{-1}$

(g) $\left[\left(\frac{5}{3}\right)^3\right]^2 \div \dfrac{\left(\frac{1}{5}\right)^{-5}}{[(-2)^2 \cdot 5^8]^0 \cdot \left(\frac{1}{3}\right)^{-6}}$

(h) $\left\{\left[\left(\frac{1}{2}\right)^{-2}\right]^{-1}\right\}^{-3} - \dfrac{2^8}{2^3}$

(i) $\left(\dfrac{4^{-2}}{3} \cdot \dfrac{3}{4^{-1}}\right)^{-2} \cdot \left\{\dfrac{1}{4} \cdot [-(3^2 - 5^2)^{-1}]\right\}$

(j) $2 \div 2^2 - \{-[(-5) \cdot (-5)^{-1}]^{-2}\} + \left[-\left(\frac{1}{2}\right)^{-7} \div \left(\frac{1}{2}\right)^{-10}\right]^0$

(k) $-\left\{-\left(\frac{1}{2}\right)^{-2} - 2^{-3} \cdot [(-2)^{-2}]^{-1} + \left(\frac{1}{2}\right)^{-2}\right\}^{-1}$

(l) $\left(-\dfrac{3}{4}\right)^{-2} \cdot \left(1 - \dfrac{1}{3}\right) + \left[3 - \left(\frac{1}{2}\right)^{-1}\right]^2 - \left(\frac{1}{2}\right)^{-2} + \dfrac{3^{-2}}{\left(\frac{22}{3}\right)^{-1}}$

(ll) $-\left(-\dfrac{1}{2}\right)^{-1} - \left[2^{-2} - \left(-\dfrac{1}{2}\right)^2\right]^0 - \left\{-2^{-1} \cdot \left[-1 - \left(-\dfrac{1}{2}\right)^{-1}\right]^{-2}\right\}$

(m) $\dfrac{3^{-1}}{3^{-2}} - \left\{\dfrac{2^{-1}}{3} + \left[\left(-\dfrac{1}{3}\right)^{-1} \cdot \left(\dfrac{3}{2} - 3\right)^{-2}\right]^{-1.} + \left(\dfrac{3^2}{2^3}\right)^{-1}\right\}^{-1}$

(n) $\left(-\dfrac{1}{5}\right)^{-2} \cdot \left\{-(-5)^{-2} + \left[(-5)^{-1} \cdot \left(10 - \dfrac{1}{5^{-1}}\right)^2\right]^{-1}\right\}$

(ñ) $\left(1 - \dfrac{1}{2}\right)^{-2} \div \left(-\dfrac{1}{2}\right)^{-2} - \left\{-\left[\left(\dfrac{2}{5}\right)^{-5} \cdot \dfrac{2}{5^{-2}}\right]^0 - \left[2 - \left(2^{-2} \cdot \dfrac{1}{2^{-1}}\right)^{-2}\right]^{-1}\right\}^{-1}$

(o) $\left[\left(-2 - \dfrac{2}{3}\right) \div \left(\dfrac{1}{2}\right)^{-2}\right]^{-1} - 2 \cdot \left\{2^{-2} \cdot \left[1 - \left(\dfrac{1}{3} - 1\right)^{-2}\right]^{-1}\right\}^{-1}$

(p) $\left\{\dfrac{4^{-2}}{3^{-1} \cdot 2^{-2}} - \left\{-\left[-\left(2 - \dfrac{1}{3}\right)^{-1}\right]^{-2} + \left[\left(\dfrac{5^{-3}}{7^{-2}} \cdot 3^{-2} \cdot 2^{-5}\right)^{-8}\right]^0 + \left(\dfrac{2^{-1}}{2^2} \div 4^{-1}\right)^{-1}\right\}\right\} \cdot \left[\dfrac{\left(\frac{1}{2}\right)^{-3} \cdot \left(\frac{1}{3}\right)^{-2}}{\left(\frac{1}{19}\right)^{-1}}\right]$

(q) $-\left\{-\left(\dfrac{\frac{1}{2^6}}{\frac{1}{2^2}} \div \dfrac{1}{2^5}\right)^{-2} - \left(\dfrac{1}{2^2}\right)^{-2} + 4 \cdot \left[-\left(-\dfrac{1}{\frac{1}{2}}\right) - \dfrac{2}{3} \cdot \dfrac{3}{2}\right]^{-1}\right\} \cdot \left(-\dfrac{2}{7}\right)^2$

(r) $\left\{\left(\dfrac{7^{-2}}{2^{-2}}\cdot\dfrac{2^{-2}}{7^{-1}}\right)^{-1}\cdot\left\{-\left[-\left(-\dfrac{1}{2^2}\right)^{-2}\cdot(2^2-2^{-2})\right]^{-1}\right\}\right\}\div(2^2\cdot3)^{-1}$

(s) $-\left\{2^{-1}\cdot(3^{-1}\cdot5)^2-2^{-1}\cdot(2^{-2}\div2^{-1})^2-\left[3^{-2}\div\left(\dfrac{1}{3}\right)^2\right]^2\right\}^{-1}\div\left[-\left(-\dfrac{19}{2^4\cdot3^2}\right)\right]^{-1}$

(t) $-\left\{-\left(\dfrac{2}{5}+2\right)^{-1}-\dfrac{1}{2}\cdot\left(\dfrac{2}{3}\right)^{-1}+\left[\dfrac{2}{5}\cdot\left(\dfrac{1}{2}+1\right)^{-1}\right]^{-1}\right\}^{-1}\cdot\left(\dfrac{2}{31}\right)^{-1}\cdot3^{-1}$

(u) $\left\{\left(\dfrac{4^{-2}}{2^{-1}\cdot4^{-1}}\right)^2\cdot\left\{-2-\left[2-\left(\dfrac{1}{2}+2\right)^{-1}\right]^{-1}\right\}^2\right\}\div\left[\left(\dfrac{2^5}{7^2}\right)^{-1}\cdot\left(\dfrac{2^3}{3^2}\right)^{-1}\right]$

(v) $\left\{\left[\left(-\dfrac{1}{3}\right)^{-1}\cdot\left(\dfrac{1}{2}\right)^{-1}\right]\cdot\left\{-\left[3+\left(\dfrac{1}{6}-1\right)^{-1}\cdot\left(\dfrac{1}{2}\right)^{-1}\right]^{-1}-2^{-2}\cdot3^{-2}\right\}\right\}\div\left[\dfrac{1}{2^2\cdot3}\cdot\dfrac{2^2}{61}\cdot\left(\dfrac{1}{3^2}\right)^{-1}\right]^{-1}$

RELACIÓN DE ORDEN EN EL CONJUNTO Q DE LOS NÙMEROS RACIONALES

RELACIÒN "MAYOR QUE" ($>$) EN Q

"Un número racional representado por la fracción $\dfrac{a}{b}$ es mayor que otro número racional representado por $\dfrac{c}{d}$ si la diferencia $\dfrac{a}{b}-\dfrac{c}{d}$ es un número mayor que cero. Es decir: $\dfrac{a}{b}>\dfrac{c}{d}$ si y sólo si $\dfrac{a}{b}-\dfrac{c}{d}>0$".

Ejemplo: Indique cuál fracción es mayor que la otra: $\dfrac{7}{3}\ y\ -\dfrac{4}{5}$

Al efectuar el ejercicio obtenemos que:

$$\dfrac{7}{3}-\left(-\dfrac{4}{5}\right)=\dfrac{35+12}{15}=\dfrac{47}{15}>0.\qquad Luego\qquad \dfrac{7}{3}>-\dfrac{4}{9}$$

Tenemos que decir que: $\dfrac{a}{b}$ es "mayor que" $\dfrac{c}{d}$, es lo mismo que decir: $\dfrac{c}{d}$ es "menor que" $\dfrac{a}{b}$. Simbólicamente: $\dfrac{c}{d}<\dfrac{a}{b}\quad\left(si\ \dfrac{a}{b}>\dfrac{c}{d}\right)$.

Criterios para determinar si un número racional es mayor o menor que otro.

↓ Si tenemos dos números racionales que están simbolizados por fracciones que tienen igual denominador, entonces es mayor el que tiene mayor numerador.

Ejemplo: $\dfrac{9}{5}>\dfrac{7}{5}$ ya que $9>7$

✦ Si tenemos dos números racionales que están simbolizados por fracciones que tienen diferentes denominadores, se transforman en fracciones equivalentes con denominador igual al mínimo común múltiplo de los denominadores de las fracciones y se aplica el criterio anterior.

Ejemplo: ¿Cuál fracción es mayor entre $\frac{2}{7}$ y $\frac{5}{9}$?

Calculamos el m.c.m. (de 7 y 9) = $7.3^2 = 7.9 = 63$

Luego: $\frac{2}{7} = \frac{2 \cdot 9}{7 \cdot 9} = \frac{18}{63}$ y $\frac{5}{9} = \frac{5 \cdot 7}{9 \cdot 7} = \frac{35}{63}$

como: $35 > 18$

entonces: $\frac{35}{63} > \frac{18}{63}$ de aquí que: $\frac{5}{9} > \frac{2}{7}$

RELACIÓN "MAYOR O IGUAL QUE" ($\geq$) EN Q

Un número racional que se representa la fracción $\frac{a}{b}$ es "mayor o igual" a otro representado por la fracción $\frac{c}{d}$ si ocurre que: $\frac{a}{b}$ es mayor que $\frac{c}{d}$ ó $\frac{a}{b}$ es igual a $\frac{c}{d}$. En forma simbólica:

$$\frac{a}{b} \geq \frac{c}{d} \quad si\ y\ sólo\ si \quad \frac{a}{b} > \frac{c}{d} \quad ó \quad \frac{a}{b} = \frac{c}{d}$$

Ahora bien tenemos que $\frac{a}{b}$ es menor o igual que $\frac{c}{d}$ es mayor o igual que $\frac{a}{b}$; o sea:

$$\frac{a}{b} \leq \frac{c}{d} \quad si \quad \frac{c}{d} \geq \frac{a}{b}$$

ACTIVIDADES

1. En la esquema mostrada a continuación ordenar en forma decreciente las fracciones dadas en la casilla más claro inferior:

FRACCIONES	ORDENAR EN FORMA DECRECIENTE
a) $\frac{1}{3}, \frac{1}{6}, \frac{5}{6}, -\frac{1}{4}, -\frac{9}{5}, \frac{1}{9}, -\frac{11}{7}$	
b) $\frac{1}{21}, \frac{2}{13}, -\frac{15}{6}, \frac{19}{21}, -\frac{2}{11}, \frac{1}{7}, \frac{6}{17}, \frac{3}{19}$	
c) $-\frac{12}{15}, -\frac{14}{15}, \frac{13}{27}, \frac{17}{4}, -\frac{18}{15}, \frac{13}{8}, \frac{17}{16}, -\frac{2}{7}$	

129

FRACCIONES	ORDENAR EN FORMA DECRECIENTE
d) $\dfrac{1}{9}, \dfrac{18}{13}, -\dfrac{1}{5}, \dfrac{2}{15}, \dfrac{9}{23}, -\dfrac{17}{31}, \dfrac{13}{19}, -\dfrac{6}{17}$	
e) $-\dfrac{7}{4}, \dfrac{9}{5}, -\dfrac{11}{37}, \dfrac{1}{13}, -\dfrac{5}{23}, \dfrac{23}{27}, \dfrac{5}{21}, \dfrac{1}{9}, -\dfrac{1}{17}$	
f) $\dfrac{1}{12}, -\dfrac{4}{5}, 0, -\dfrac{3}{8}, -\dfrac{8}{5}, \dfrac{5}{6}, -\dfrac{11}{13}, -\dfrac{35}{33}$	

2. En la esquema mostrada a continuación ordenar en forma creciente las fracciones dadas en la casilla más oscuro superior:

FRACCIONES	ORDENAR EN FORMA CRECIENTE
a) $\dfrac{1}{5}, \dfrac{9}{7}, -\dfrac{1}{5}, \dfrac{4}{7}, \dfrac{3}{2}, -\dfrac{1}{4}, \dfrac{2}{11}, \dfrac{13}{19}$	
b) $-\dfrac{1}{4}, -\dfrac{1}{6}, \dfrac{9}{8}, \dfrac{10}{23}, \dfrac{8}{27}, -\dfrac{9}{16}, \dfrac{19}{31}, -\dfrac{2}{7}, 0$	
c) $\dfrac{9}{5}, \dfrac{15}{17}, -\dfrac{6}{19}, -\dfrac{15}{32}, \dfrac{1}{11}, -\dfrac{1}{10}, -\dfrac{19}{37}, -\dfrac{8}{13}$	
d) $\dfrac{8}{7}, -\dfrac{9}{16}, 0, -\dfrac{2}{5}, \dfrac{9}{7}, \dfrac{29}{23}, -\dfrac{21}{17}, -\dfrac{1}{7}, \dfrac{97}{87}$	
e) $-\dfrac{11}{39}, \dfrac{47}{45}, -\dfrac{97}{89}, -\dfrac{37}{27}, -\dfrac{25}{23}, \dfrac{32}{29}, \dfrac{87}{95}$	
f) $\dfrac{6}{10}, \dfrac{12}{19}, \dfrac{25}{32}, -\dfrac{56}{65}, \dfrac{87}{91}, -\dfrac{53}{28}, \dfrac{31}{37}, \dfrac{11}{23}, \dfrac{1}{7}$	

130

3. En la figura mostrada a continuación hay una serie de casillas con fracciones separadas por un circulo en la cual colocaremos la relación de orden correcta en cada caso mayor que (>) ó menor que (<).

$\frac{1}{8}\bigcirc\frac{9}{7}$

$-\frac{7}{5}\bigcirc\frac{1}{2}$ | $-\frac{3}{9}\bigcirc-\frac{8}{9}$ | $\frac{4}{5}\bigcirc\frac{5}{16}$

$\frac{49}{62}\bigcirc\frac{89}{92}$ | $-\frac{965}{327}\bigcirc-\frac{96}{52}$ | $\frac{96}{34}\bigcirc-\frac{72}{66}$

$-\frac{8}{13}\bigcirc-\frac{36}{18}$ | $\frac{178}{463}\bigcirc\frac{525}{632}$ | $-\frac{1562}{3456}\bigcirc-\frac{985}{676}$ | $\frac{39}{66}\bigcirc\frac{8}{12}$

$\frac{32}{65}\bigcirc\frac{96}{65}$ | $-\frac{792}{563}\bigcirc\frac{625}{832}$ | $\frac{1526}{985}\bigcirc\frac{3657}{975}$ | $\frac{398}{666}\bigcirc\frac{298}{112}$ | $-\frac{1}{5}\bigcirc-\frac{3}{4}$ | $0\bigcirc-\frac{985}{346}$

$\frac{4}{9}\bigcirc\frac{9}{5}$ | $-\frac{72}{86}\bigcirc-\frac{59}{60}$ | $\frac{756}{325}\bigcirc0$ | $\frac{125}{256}\bigcirc-\frac{19}{39}$ | $\frac{1572}{1320}\bigcirc-\frac{136}{152}$ | $\frac{3}{10000}\bigcirc\frac{9}{10000}$ | $\frac{42}{5}\bigcirc\frac{63}{8}$

$\frac{22}{66}\bigcirc\frac{44}{88}$ | $\frac{723}{69}\bigcirc\frac{985}{867}$ | $-\frac{96}{99}\bigcirc-\frac{102}{108}$ | $-\frac{345}{658}\bigcirc-\frac{12}{56}$ | $\frac{69}{13}\bigcirc\frac{48}{14}$ | $-\frac{1}{3}\bigcirc-\frac{1}{9}$

$\frac{98}{102}\bigcirc\frac{108}{915}$ | $-\frac{1234}{567}\bigcirc-\frac{989}{1000}$ | $\frac{985674}{4928370}\bigcirc\frac{98567}{197134}$ | $\frac{368}{1000}\bigcirc0$

$-\frac{18}{36}\bigcirc\frac{5}{3}$ | $-\frac{9826}{4913}\bigcirc-\frac{2688}{672}$ | $-\frac{98567}{3256}\bigcirc\frac{7876}{645}$

$-\frac{6}{5}\bigcirc-\frac{2}{5}$ | $\frac{3695}{25665}\bigcirc\frac{395}{3160}$

$\frac{55}{11}\bigcirc\frac{74}{37}$

1. En el esquema mostrado a continuación hay una serie de casillas con fracciones separadas por un espacio en la cual colocaremos la relación de orden correcta en cada caso mayor o igual que (≥) ó menor o igual que (≤).

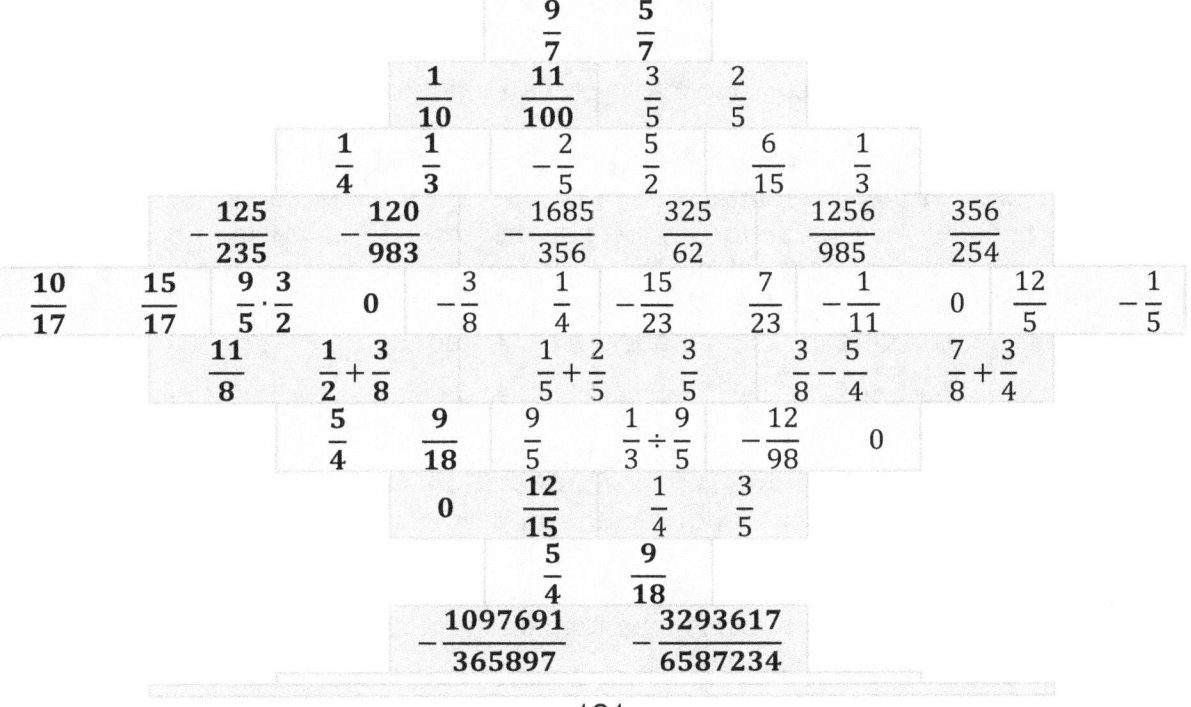

EXPRESIONES DECIMALES

Fracciones decimales.

Se denomina fracciones decimales aquellas cuyo denominador es una potencia de base 10.

Las fracciones decimales se pueden transformar en números decimales efectuando la división entre el numerador y el denominador. El resultado de denomina **expresión decimal.**

Ejemplo:

$$\frac{9}{100} = 0,09 \quad \leftarrow \quad Expresión\ decimal$$

$$\uparrow$$

$$Fracción\ decimal$$

El número decimal es una fracción y tiene una **parte entera** al lado izquierdo de la coma y una **parte decimal** al lado derecho de la coma.

Para dividir un número entero entre la unidad seguida de ceros corremos la coma hacia la izquierda tantos lugares como ceros hay en el denominador.

Ejemplos:

$$\frac{7}{10} = 0,7 \quad \leftarrow \quad Siete\ décimas$$

$$\frac{3}{100} = 0,03 \quad \leftarrow \quad Tres\ centésimas$$

$$\frac{45}{1000} = 0,045 \quad \leftarrow \quad Cuarenticino\ melésimas$$

$$\frac{534}{1000000} = 0,000534 \quad \leftarrow \quad Quinientos\ treinticuatro\ millonésimas$$

Las fracciones que no son decimales se denominan comunes.

CLASIFICACIÓN DE LAS EXPRESIONES DECIMALES

➢ **Expresiones decimales limitadas:** Para determinar una fracción decimal es necesario dividir el numerador de la fracción dada por el denominador de la misma. Si al realizar la división su expresión es finita, entonces la "expresión decimal es limitada".

Ejemplos de expresiones decimales limitadas:

$$a)\ \frac{33}{8} = 4,125 \qquad\qquad b)\ -\frac{9}{8} = -1,125$$

➢ **Expresiones decimales ilimitadas:** Son todas aquellas expresiones infinitas, es decir, que tienen un número indeterminado de cifras decimales.

Los números decimales ilimitados se dividen en dos clases

- Decimales periódicos, que contienen un grupo de cifras que se repiten indefinidamente.

132

- Decimales no periódicos, que contienen cifras que se repiten sin ningún patrón.
  Ejemplos:

$a)\ \dfrac{1}{3} = 1 \div 3 = 0,333333\ldots\ldots\ldots\ldots\ldots$ *Número decimal periódico.*

$b)\ \dfrac{60}{11} = 60 \div 11 = 5,45454545\ldots\ldots\ldots$ *Número decimal periódico.*

$c)\ \dfrac{8}{19} = 8 \div 19 = 0,4210526316$ *Número decimal no periódico.*

Período es la cifra o grupo de cifras decimales que se repite indefinidamente y se indica mediante un pequeño arco encima del mismo. Ejemplo: $\dfrac{1}{3} = 0,333\hat{3}$

NOTACIÓN CIENTÍFICA

La notación científica es un procedimiento que se utiliza para facilitar la lectura, escritura y los cálculos con números de cifras muy grandes o muy pequeñas.

Un número está escrito en notación científica cuando se expresa como un producto de la forma $b \cdot 10^n$ y cumple las siguientes condiciones:

- El número b debe estar comprendido entre 1 y 10: $1 < b < 10$
- El exponente n puede ser negativo o positivo: $n \in Z$

$$b \cdot 10^n \quad siendo \quad 1 < b < 10 \quad y \quad n \in Z$$

En el siguiente cuadro indicaremos varias cantidades en las cuales indicaremos el procedimiento para escribir la notación científica:

Cantidad	Notación Científica	Explicación
0,0000000000000000028	$2,8 \cdot 10^{-18}$	El exponente es negativo, pues recorrimos la coma hacia la derecha.
590.000.000.000.000.000.000	$5,9 \cdot 10^{20}$	El exponente es positivo, pues recorrimos la coma hacia la izquierda.
0,000325	$3,25 \cdot 10^{-4}$	El exponente es negativo, pues recorrimos la coma hacia la derecha.
999.000.000	$9,99 \cdot 10^{8}$	El exponente es positivo, pues recorrimos la coma hacia la izquierda.

La notación científica es muy útil cuando efectuamos operaciones con expresiones enteras o decimales compuestas por demasiadas cifras:

- ❖ En la suma y en la resta transformamos en notación científica las cantidades y aplicamos la propiedad distributiva sumando algebraicamente las bases de las potencias:

$$x \cdot 10^n + y \cdot 10^n + z \cdot 10^n = (x + y + z) \cdot 10^n$$

$$p \cdot 10^{-n} + q \cdot 10^{-n} + r \cdot 10^{-n} = (p + q + r) \cdot 10^{-n}$$

❖ En la multiplicación y la división, luego de transformar las cantidades en notación científica se aplican las propiedades de la potenciación para resolver las operaciones:

$$x \cdot 10^m \cdot y \cdot 10^n = (x \cdot y) \cdot 10^{m+n}$$

$$\frac{x \cdot 10^m}{y \cdot 10^n} = (x \div y) \cdot 10^{m-n}$$

ACTIVIDADES

1. En la figura mostrada a continuación hay una serie de casillas identificadas por una letra en la que debe colocarse los resultados de transformar en fracciones decimales las expresiones decimales dadas en la actividad y luego efectuar las operaciones indicadas en dicha figura hasta concluir el resultado dado.

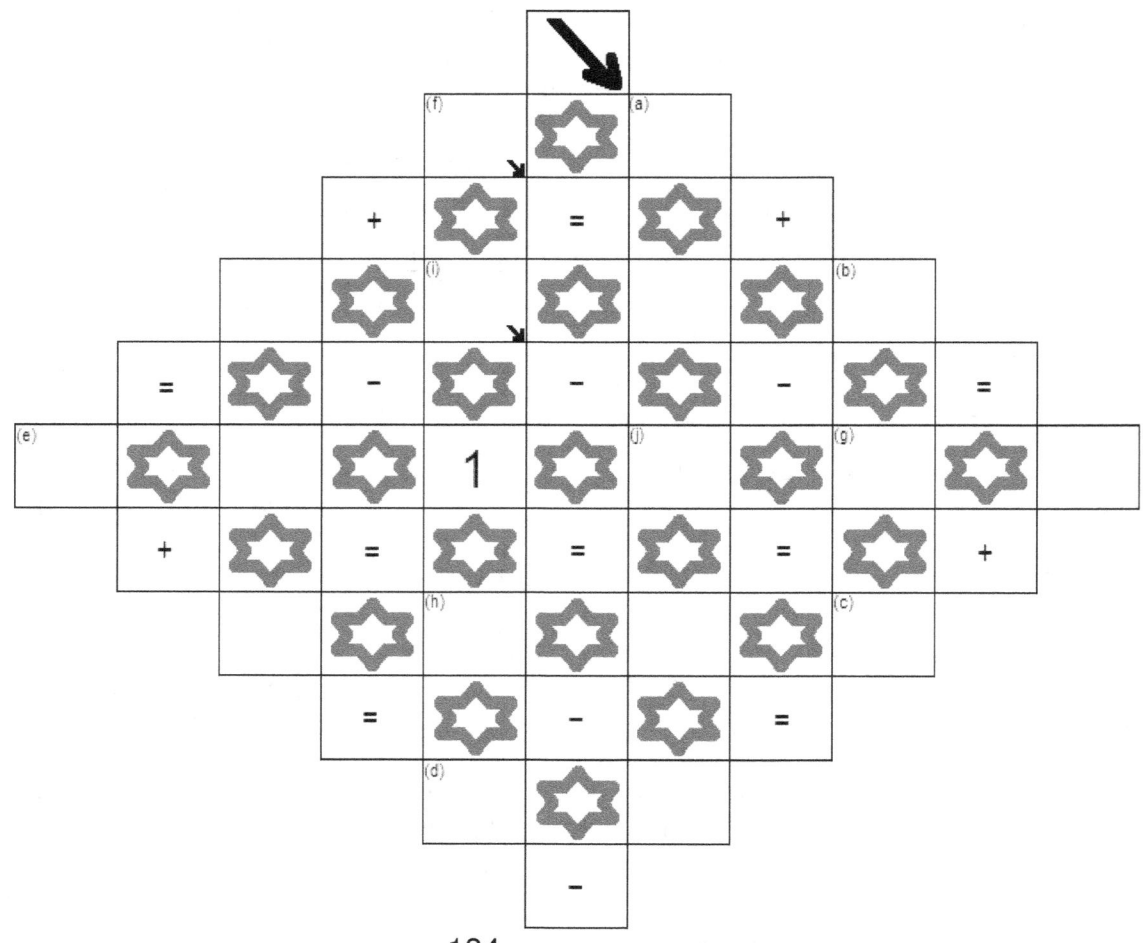

(a) 0,6 =

(b) 0,15 =

(c) 1,4 =

(d) 1,05 =

(e) 0,005 =

(f) 9,99 =

(g) 2,25 =

(h) 0,2405 =

(i) 7,6043 =

(j) 0,0002 =

2. En la figura mostrada a continuación hay una serie de casillas identificadas por una letra en la que debe colocarse los resultados de transformar en expresiones decimales (hasta la milésima) las fracciones dadas en la actividad y luego efectuar las operaciones indicadas en dicha figura hasta concluir el resultado dado.

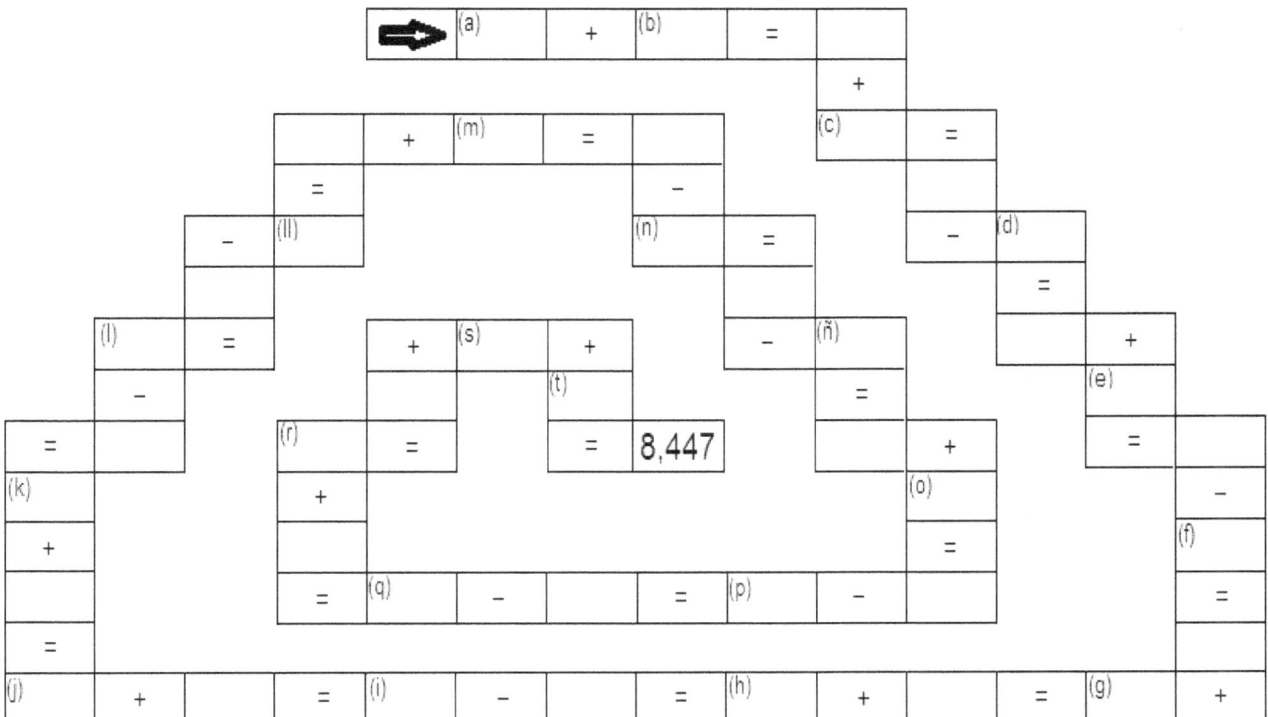

(a) $\dfrac{5}{6} =$

(b) $\dfrac{80}{196} =$

(c) $\dfrac{6968}{1300} =$

(d) $\dfrac{58}{100} =$

(e) $-\dfrac{1235}{3965} =$

(f) $\dfrac{5}{86} =$

(g) $\dfrac{1678}{1000} =$

(h) $\dfrac{368}{59} =$

(i) $\dfrac{518}{85} =$

(j) $\dfrac{56743}{1000} =$

(k) $\dfrac{35}{10} =$

(l) $\dfrac{2678}{195} =$

(ll) $\dfrac{44567}{5489} =$

(m) $\dfrac{3}{1000} =$

(n) $\dfrac{189589}{57468} =$

(ñ) $\dfrac{53473}{84567} =$

(o) $\dfrac{1520}{456} =$

(p) $-\dfrac{478}{35967} =$

$(q)\ \dfrac{25676}{3537} =$

$(r)\ -\dfrac{28956}{1000} =$

$(s)\ \dfrac{567}{67895} =$

$(t)\ -\dfrac{35674}{56789} =$

3. En la figura mostrada a continuación hay una serie de casillas identificadas por una letra en la que debe colocarse los resultados de las operaciones dadas en la actividad y luego efectuar las operaciones indicadas en dicha figura hasta concluir el resultado dado.

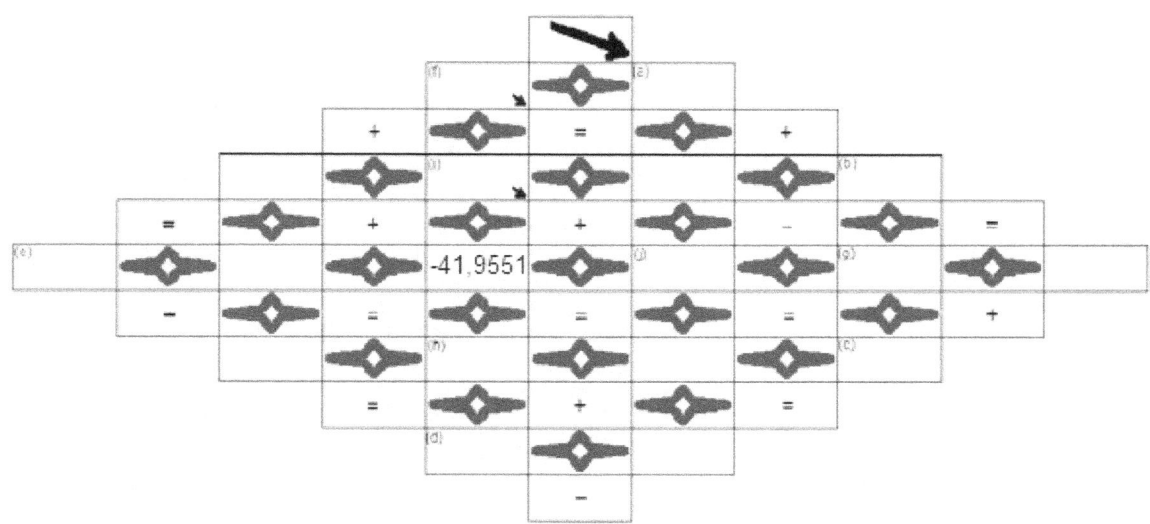

(a) $(-1,23)^2 + 3,4531 - 3,856 =$

(b) $10,6196 - (-3,14)^2 =$

(c) $(3,0256 + 2,038 - 3,0436)^2 =$

(d) $(-2,021)^2 - (-0,012)^2 + (-5,32)^2 - 30,486697 =$

(e) $(-43)^2 \cdot (-0,02)^2 =$

(f) $0,0193032 \div (0,06)^2 =$

(g) $(12,5)^2 \div 2,5 =$

(h) $(-8,24) \cdot (-2,3) - (0,04)^2 \cdot (-12,5)^2 - (-4,2)^2 =$

(i) $(-0,008)^2 \div (-0,000002) + 2^3 \cdot (-3) - (15,56 - 8,756 + 4,768 - 9,372)^2 =$

(j) $(7,095 - 5,085)^2 - (3,5 \cdot 2,2)^2 + (5^2 \cdot 2^2) \div (-10)^2 + [19,9 + 24 \cdot 2 - (3 \cdot 4) \div 2] =$

4. Completar el siguiente esquema expresando en Notación Científica las cantidades dadas en la actividad:

CANTIDADES	NOTACIÓN CIENTÍFICA
Masa de la Tierra: 5.980.000.000.000.000.000.000.000.000 g	
0,0000000000000000000000000125	
Distancia entre el Sol y la Tierra: 15.000.000.000.000 cm	
Quinientos cuarenticinco millonésimas	
Radio de la Tierra: 6.371.000.000.000 mm	
Nueve centésimas	
Carga del electrón: 0,0000000000000000001602 C	
Cuatrocientos cuarentidos millonésimas	
Longitud del río Orinoco: 2.900.000.000 m	
Quinientos cinco diezmilésimas	
0,0000000000000000000000000000000000099	
Ochocientos millones de Bolívares Fuertes	
Longitud del río Amazona: 6.437.000.000 mm	
Longitud del río Nilo: 6.671 Km	
Doscientos cuatro diezmilésimas	
Cinco millonésimas.	
Volumen de la Tierra: 1.083.000.000 Km²	
Distancia del río Colorado: 111.400 Dm	
Distancia de la Tierra a la Luna: 384.000.000.000 mm	
0,000000000000000000000000000000000000000000000111	
7.250.000.000.000.000.000.000.000.000.000.000.000	
Longitud del río Iguazú: 13.200.000 dm	
Mil quinientos veinte millonésimas	
0,0000000259	
Longitud del río Teuco: 830.000.000 mm	
0,00000000000000000000000000000000000000001	
362.000.000.000.000.000.000.000.000.000.000	
Trescientos cuarenta mil millones de Bolívares Fuertes	
0,0000000000000000000000000000000000000055	
Longitud del río Lena: 4.260.000.000 mm	
92 cienmilésimas	
100.000.000.000.000.000.000.000.000.000.000.000.000	
Longitud del río Chico de Santa Cruz: 600.000.000 mm	

138

5. En la figura mostrada a continuación hay una serie de casillas identificadas por una letra en la que debe colocarse los resultados de los ejercicios de fracciones y expresiones decimales; luego efectuar las operaciones indicadas en dicha figura hasta concluir el resultado dado.

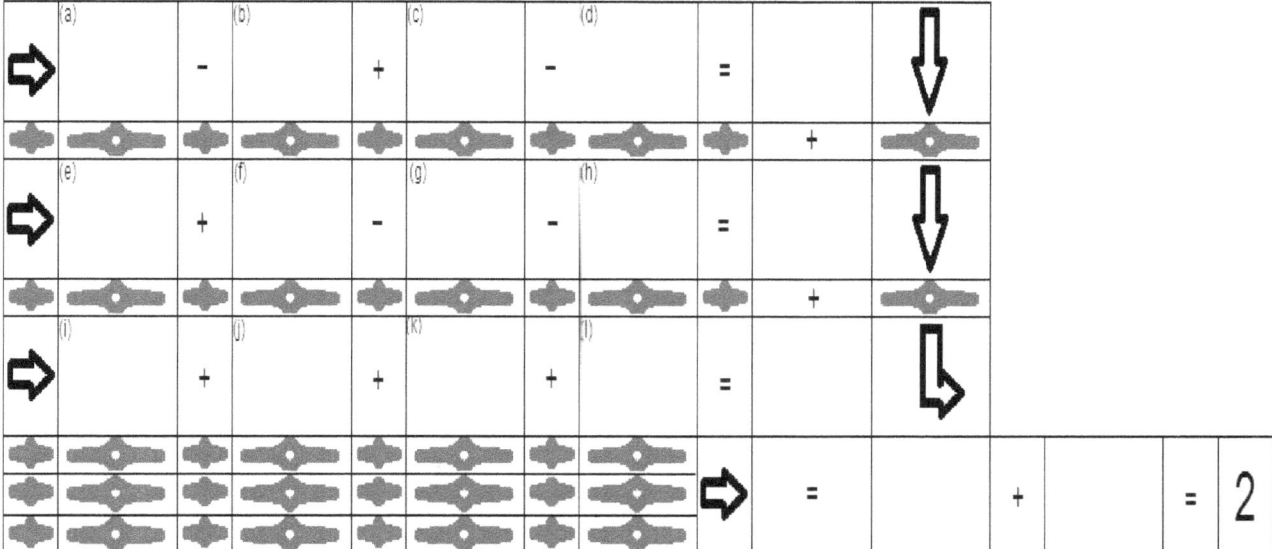

Realizar los ejercicios en hojas o un cuaderno.

(a) $0,05 + 0,002 + \dfrac{1}{20}$

(b) $0,026 + \dfrac{4}{5} - 0,08 - 0,0002$

(c) $3,5 - \dfrac{8}{5} - 0,04 - 0,05$

(d) $0,002 + 0,003 + \dfrac{2}{500} + \dfrac{1}{100} + \dfrac{1}{200}$

(e) $0,005 - \dfrac{5}{200} + 0,006 - 0,8 + \dfrac{1}{10000}$

(f) $\dfrac{4}{5} + \dfrac{7}{2} - 0,5 + 0,04 - \dfrac{3}{10}$

(g) $0,012 - 0,046 + \dfrac{35}{10000} - \dfrac{2}{100} + \dfrac{8}{10} - 0,32$

(h) $\dfrac{9}{25} - \dfrac{5}{200} + \dfrac{2}{10^3} - 0,0004 - \dfrac{5}{20}$

(i) $\dfrac{4}{625} - 0,0006 + \dfrac{3}{4} - \dfrac{1}{16}$

(j) $\dfrac{9}{200} + 0,008 + (-0,9)^2 - \dfrac{169}{25} + 0,025$

(k) $-\dfrac{49}{400} + \dfrac{1}{16} + \dfrac{3}{20} - 0,0004 - \dfrac{16}{625}$

139

$(l) \quad -\dfrac{9}{625} + \dfrac{121}{2500} - \dfrac{9}{2500} - \dfrac{12}{2500} + \dfrac{25}{10000}$

6. En la figura mostrada a continuación hay una serie de casillas identificadas por una letra en la que debe colocarse los resultados de los ejercicios, dados en la actividad, aplicar en todo el procedimiento hasta el final los conocimientos de Notación Científica y luego efectuar las operaciones indicadas en dicha figura hasta concluir el resultado dado.

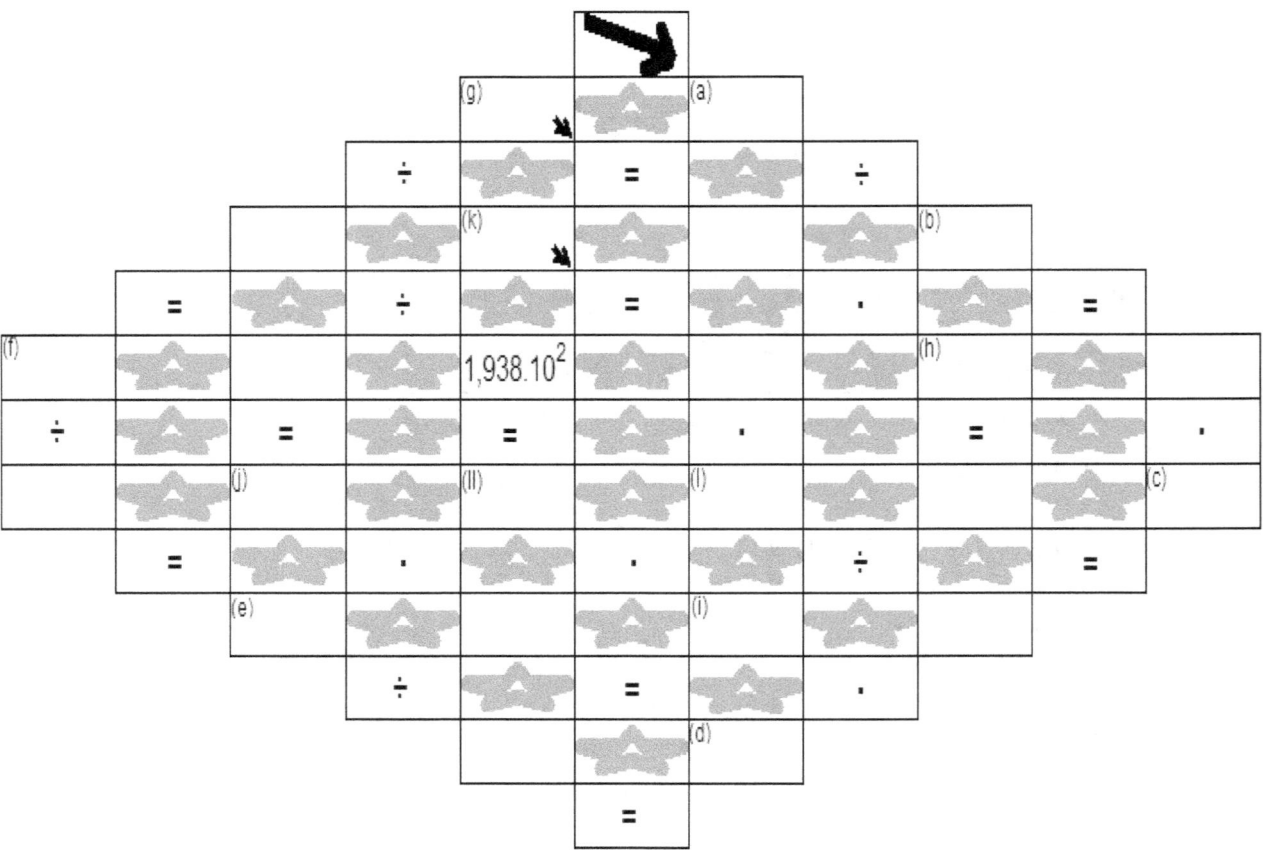

Realizar los ejercicios en hojas o un cuaderno.

$(a) \quad \dfrac{4.500.000 \cdot 6.000.000}{5.000.000 \cdot 0{,}000003}$

$(b) \quad \dfrac{22.500.000 \cdot 80.000.000 \cdot 0{,}00000005}{6.000.000 \cdot 0{,}00004}$

$(c) \quad \dfrac{0{,}00000024 \cdot 400.000}{4.000.000 \cdot 80.000} \div \dfrac{400.000 \cdot 0{,}000004}{0{,}00000002}$

$(d) \quad \dfrac{0{,}00024 \cdot 80.000 \cdot 0{,}000248}{0{,}000012 \cdot 800.000}$

(e) $\dfrac{32.000 \cdot 8.000 \cdot 0,0003}{6.000.000 \cdot 0,00002}$

(f) $(65.000 + 40.000 - 35.000) \cdot (0,000000008 - 0,0000000065)$

(g) $\dfrac{0,0527 + 0,0003 + 0,007}{8.000.000 - 3.000.000}$

(h) $\dfrac{0.0018 \cdot 0,00000015}{0,0003 \cdot 9.000.000} \div \dfrac{0,00004 \cdot 0,000005 \cdot 1.000.000}{2.000.000 \cdot 5.000.000}$

(i) $\dfrac{(0,000006 + 0,000000012) \cdot 2.000}{(400.000 + 8.000.000) \cdot 0,00004} \cdot \dfrac{0,0002 \cdot 40.000.000}{4.000.000}$

(j) $\dfrac{\dfrac{0.015 \cdot 800.000}{12.000}}{\dfrac{0,0018 \cdot 0,00000015}{0,003 \cdot 9.000}}$

(k) $\dfrac{\dfrac{8.000 + 20.000}{0,0001}}{\dfrac{0,0004 - 0,02 \cdot 0,01}{400.000}}$

(l) $\dfrac{\dfrac{25.000.000 \cdot 8.000.000.000}{5.000.000 \cdot 20.000.000.000} \div \dfrac{4.000.000 \cdot 900.000}{300.000 \cdot 2.000.000}}{\dfrac{0,0000000012 \cdot 0,00000004}{10.000.000 \cdot 0,0000003} \div \dfrac{60.000 \cdot 3.000 \cdot 0,00000000009}{12.000.000 \cdot 0,0000001}}$

(ll) $\dfrac{\dfrac{0,00025 \cdot 10.000}{0.025} \cdot \dfrac{800 \cdot 0,05 \cdot 0,0005}{0,000002 \cdot 10.000}}{20 \cdot [1 + 0,00008 \cdot (80 - 60)]} \div \dfrac{1.200}{0,00000012}$

UNIDAD IV

GEOMETRÍA

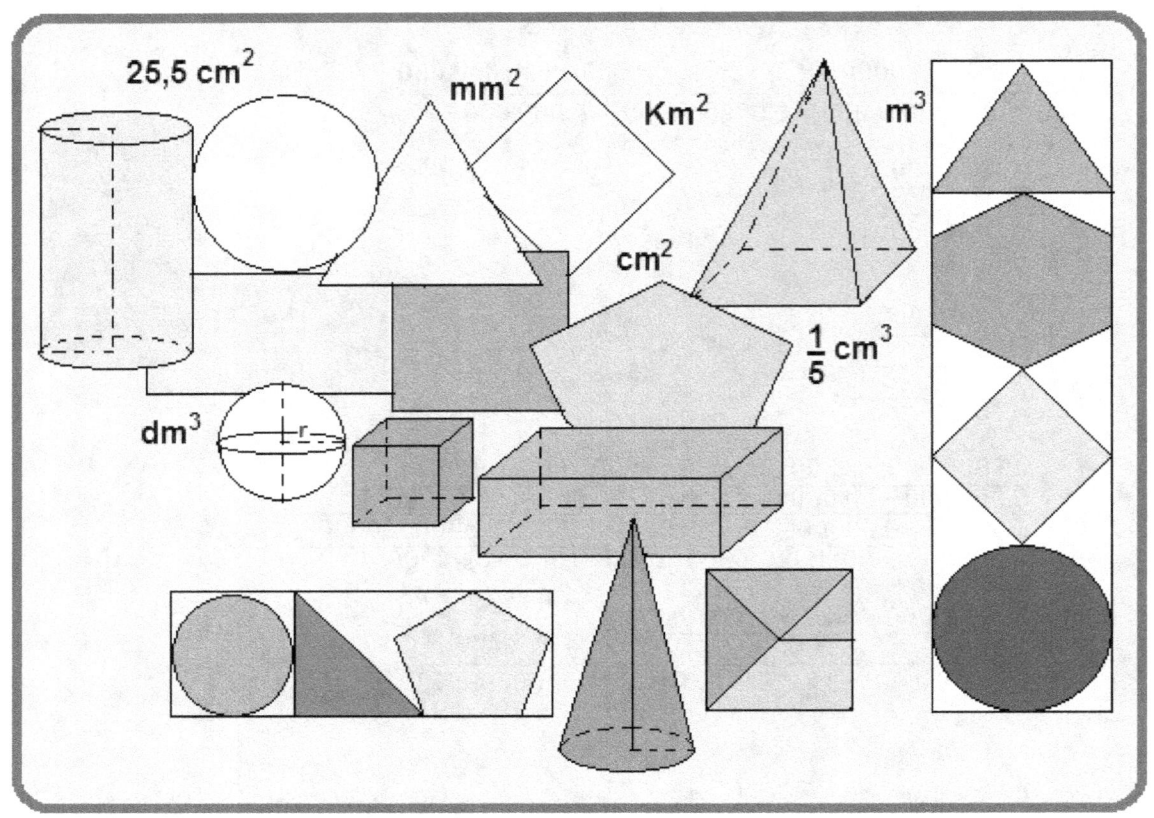

CONTENIDO:
- ➤ CIRCUNFERENCIAS
- ➤ TRIÁNGULOS
- ➤ CUADRILÁTEROS
- ➤ POLÍGONOS
- ➤ ÁREA DE POLÍGONOS
- ➤ ÁREA EXTERIOR DE SÓLIDOS
- ➤ VOLÚMENES DE CUERPOS GEOMÉTRICOS
- ➤ CAPACIDAD
- ➤ ACTIVIDADES CON MATEMÁTICA RECREATIVA

CIRCUNFERENCIA

Circunferencia: Es una línea curva plana y cerrada en la cual todos los puntos equidistan de un punto interior denominado centro.

Círculo: Es la porción del plano limitada por la circunferencia.

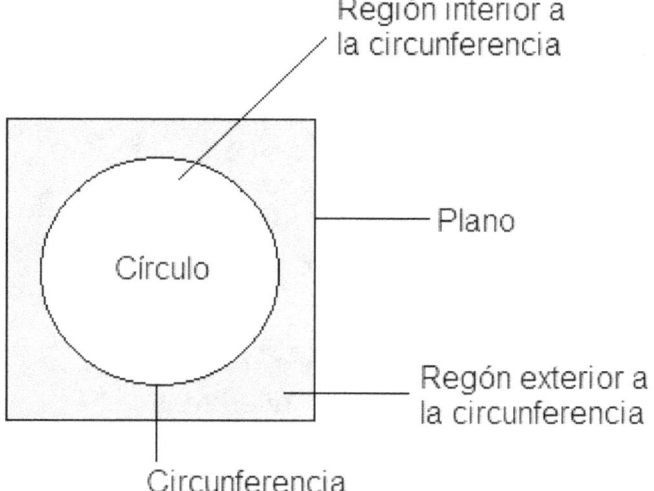

Región interior a la circunferencia

Plano

Círculo

Regón exterior a la circunferencia

Circunferencia

Elementos de la circunferencia: Lo explicaremos por medio del siguiente cuadro:

ELEMENTO	DEFINICIÓN	GRÀFICA
Radio	Segmento de recta que une el centro de la circunferencia y cualquier punto sobre la misma y se representa con la letra r	
Arco	Porción de la circunferencia comprendida entre dos puntos.	
Cuerda	Segmento que une dos puntos de la circunferencia.	
Diámetro	Segmento de la recta que une dos puntos de la circunferencia pasando por el centro. El diámetro divide a la circunferencia en dos arcos iguales llamados semicircunferencias. La longitud del diámetro es igual a dos veces el radio de la circunferencia o el radio es la mitad del diámetro.	$O \rightarrow Centro$ $\overline{OQ} \rightarrow Radio$ $\overline{AB} \rightarrow Cuerda$ $\overline{PQ} \rightarrow Diámetro$ $\overset{\frown}{MN} \rightarrow Arco$

143

En el siguiente cuadro podemos establecer otros elementos de la circunferencia:

ELEMENTO	DEFINICIÓN	GRÀFICA
Ángulo central	Ángulo que tiene como vértice el centro de la circunferencia y está formado por dos radios.	Ángulo central: $\sphericalangle AOB$ Sector circular: $\overset{\frown}{AB}$ y $\sphericalangle AOB$ Segmento circular: $\overline{PQ}$ y $\overset{\frown}{PQ}$
Segmento circular	Región del círculo restringida por una cuerda y el arco formado entre los puntos de corte de la cuerda con el círculo.	
Sector circular	Región del círculo restringida por dos segmentos de radio, formando un ángulo central y su arco correspondiente.	
Circunferencias concéntricas	Circunferencias que tienen el mismo centro y diferentes radios.	Circunferencias concéntrica Corona circular
Corona circular o anillos circular	Región del plano que se encuentra restringida por dos circunferencias concéntricas.	
Trapecio circular	Región de la corona circular o anillo circular restringida por dos segmentos de radio	Trapecio circular

Rectas con respecto a la circunferencia:
- ❖ Recta exterior: Es la recta que no tiene ningún punto común con la circunferencia.
- ❖ Recta tangente: Es la recta que tiene un solo punto común con la circunferencia.
- ❖ Radio de tangente: Es aquel segmento de radio que une el centro de la circunferencia con el punto de la tangente; el radio de tangente denominado r_1 es perpendicular a la recta tangente en el punto de tangencia A.

144

❖ Recta secante: Es la recta que intercepta a la circunferencia en dos puntos determinados.

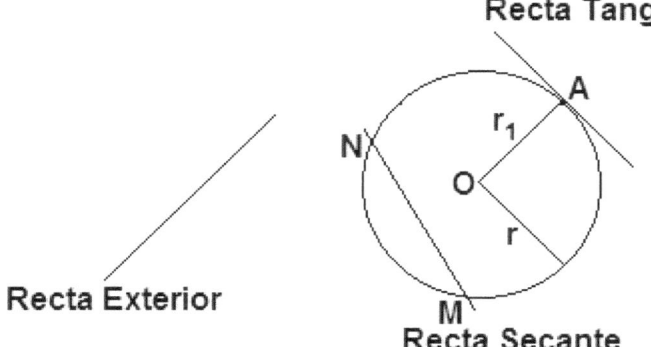

Longitud de la circunferencia.

El valor que se obtiene al dividir la longitud de cualquier circunferencia y su diámetro como una constante llamada pi, que se designa con la letra griega π y cuyo valor es 3,1415922653..........; a fin de simplificar las operaciones con π, escribimos dicho valor en forma aproximada a 3,14.

$$\frac{Longitud\ de\ la\ circunferencia}{Diámetro} = \frac{L}{D} = \pi \quad \Rightarrow \quad \pi = 3,1415922653\ ...$$

Si despejamos L, obtenemos la ecuación para calcular la longitud de la circunferencia:

$$L = \pi \cdot D$$

Como $D = 2 \cdot r$, sustituimos y nos queda lo siguiente:

$$L = \pi \cdot 2 \cdot r$$

Concluimos que la **longitud de una circunferencia** es igual al producto de su diámetro por el número constante pi (π).

$$L = 2 \cdot \pi \cdot r$$

Ejemplo: Determinar la longitud de una circunferencia cuyo radio mide 5 cm.
Aplicando la ecuación de longitud de la circunferencia:
$L = 2 \cdot \pi \cdot r = 2 \cdot 3,14 \cdot 5\ cm = 31,4\ cm.$
Entonces la longitud de la circunferencia es de 31,5 cm.

TRIÁNGULOS

Un **triángulo** es un polígono que está formado por tres lados y tres ángulos internos.
En todo triángulo existen los siguientes elementos:
➢ Tres vértices: A, B y C.
➢ Tres lados: $\overline{AB}$, $\overline{BC}$ y $\overline{CD}$.
➢ Tres ángulos internos $\sphericalangle\alpha$, $\sphericalangle\beta$ y $\sphericalangle\gamma$.

145

El vértice opuesto al lado $\overline{AB}$ es C, el vértice opuesto al lado $\overline{BC}$ es A y el vértice opuesto al lado $\overline{AC}$ es B.

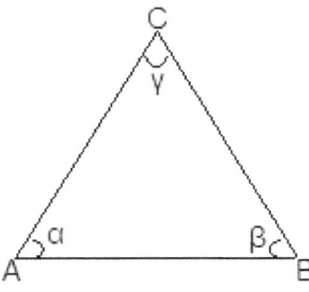

En todo triángulo tenemos las siguientes propiedades:
Observando la figura siguiente:

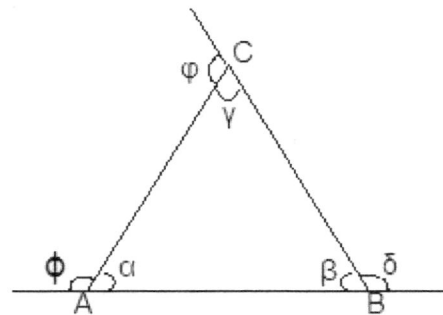

⊹ La suma de las medidas de los ángulos internos de un triángulo es igual a 180°.

$$\alpha + \beta + \gamma = 180^{\circ}$$

⊹ La suma de los ángulos externos de cualquier triángulo es igual a 360°.

$$\phi + \varphi + \delta = 360^{\circ}$$

Tenemos que un ángulo exterior de un triángulo es el formado por un lado y la prolongación de otro, entre dichos lados se forma un vértice.

⊹ Todos los ángulos externos de un triángulo es igual a la suma de los ángulos internos no adyacentes a él.
Observando la figura anterior:
Como: $\alpha + \beta + \gamma = 180^{\circ}$ *y* $\beta + \delta = 180^{\circ}$ *despejando* $\beta = 180^{\circ} - \delta$
sustituyendo en la primera ecuacion obtenemos:

$$\alpha + (180^o - \delta) + \gamma = 180^o$$
$$\alpha - \delta + \gamma = 180^o - 180^o$$
$$\alpha - \delta + \gamma = 0$$
$$\alpha + \gamma = \delta$$

Procediendo de igual forma utilizando los ángulos correspondientes concluimos que: $\alpha + \gamma = \delta$; $\gamma + \beta = \phi$; $\alpha + \beta = \varphi$

Recordemos que el Perímetro de un triángulo es igual a la suma de las longitudes de sus lados. Observando la figura del triángulo:

Perímetro del triángulo ABC $= \overline{AB} + \overline{BC} + \overline{CA}$

Clasificación de los triángulos:

Según sus lados	➢ Equilátero	Triángulo que tiene sus lados y ángulos iguales.
	➢ Isósceles	Triángulo que tiene dos lados iguales y dos ángulos iguales opuestos a los lados iguales.
	➢ Escaleno	Triángulo que tiene los tres lados desiguales.
Según sus ángulos	➢ Obtusángulo	Triángulo con un ángulo obtuso (ángulo mayor de $90°$).
	➢ Acutángulo	Triángulo cuyos ángulos son agudos (ángulos menores de $90°$).
	➢ Rectángulo	Triángulo con un ángulo recto (ángulo igual a $90°$)

Rectas notables de un triángulo:

Altura de un triángulo	Perpendicular que se traza desde un vértice del triángulo hasta un punto del lado opuesto o prolongación de dicho lado. Las tres alturas trazadas en un triángulo se interceptan en un punto que se le da el nombre de *ortocentro del triángulo* y se representa con la letra O	Ortocentro
Bisectriz de un triángulo	Recta que divide al ángulo interior de un triángulo en dos partes iguales. El punto donde se interceptan las tres bisectrices de un triángulo se le da el nombre de *incentro* el cual está representando el centro de una circunferencia inscrita en un triángulo. El incentro se representa por la letra I.	Incentro (I)

Mediatriz de un triángulo	Recta perpendicular a cada lado del triángulo, que pasa por los puntos medios de dichos lados. Tenemos tres mediatrices en un triángulo que se interceptan en un punto que se le da el nombre de *circuncentro,* que es el centro de la circunferencia circunscrita al triángulo. El circuncentro se representa por la letra C.	**Circuncentro**
Medianas de un triángulo	Segmentos de rectas que van desde los vértices a los puntos medios de los lados. Las medianas de un triángulo se interceptan en un punto que se le da el nombre de *baricentro o centro de gravedad* y se representa generalmente con la letra G.	**Baricentro**

CUADRILÁTEROS

Un **cuadrilátero** es todo polígono que tiene cuatro lados y cuyos ángulos internos suman 360°.

Elementos de un cuadrilátero: Observando la representación gráfica tenemos:
+ Vértices: Puntos A, B, C y D del cuadrilátero y son cuatro.
+ Vértices opuestos: Los que se encuentran en los extremos de una diagonal A y C ; B y D
+ Lados consecutivos: Son aquellos que tienen un vértice común $\overline{AB}$, $\overline{BC}$, $\overline{CD}$ y $\overline{DA}$
+ Lados opuestos: Son aquellos que no son consecutivos ni tienen vértice común $\overline{AB}$ y $\overline{DC}$; $\overline{AD}$ y $\overline{BC}$
+ Ángulos consecutivos: Corresponden a vértices consecutivos α , β , γ , δ
+ Ángulos opuestos: Son los que corresponden a vértices opuestos α y γ ; β y δ

Estos elementos se pueden observar en la figura siguiente:

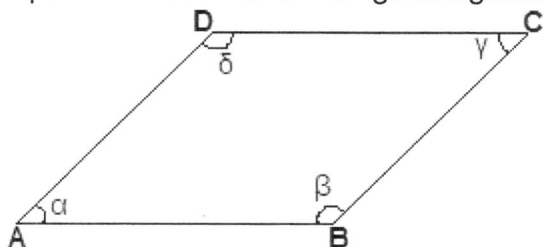

Clasificación de los cuadriláteros:

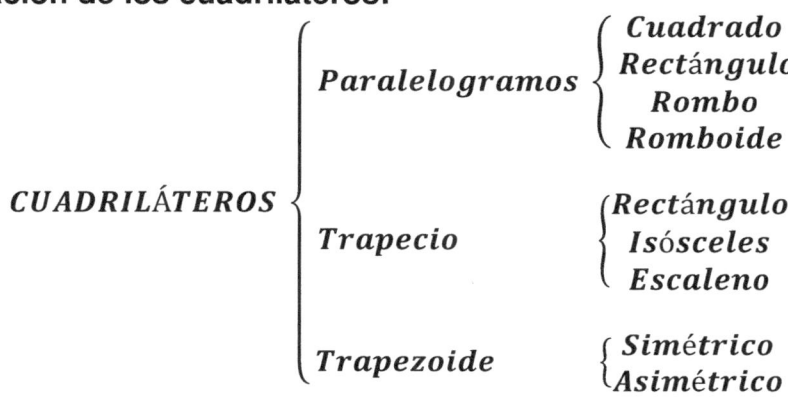

Paralelogramos: Cuadriláteros cuyos lados opuestos son paralelos.

> Cuadrado: Todos los lados son iguales y los ángulos iguales a $90°$. Gráfica:

> Rectángulo: Formado por ángulos rectos y lados consecutivos desiguales. Gráfica:

> Rombo: Formado por lados iguales y ángulos opuestos iguales. Gráfica:

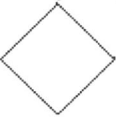

> Romboide: Formado por lados opuestos y los ángulos opuestos son iguales. Gráfica:

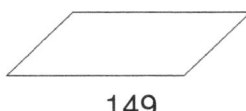

149

Trapecio: Cuadriláteros que tienen dos de sus lados opuestos paralelos.

> Rectángulo: Los dos ángulos son rectos. Gráfica:

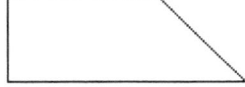

> Isósceles: Formado por un par de lados opuestos paralelos y un par de lados opuestos de igual longitud no paralelos. Gráfica:

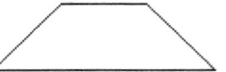

> Escaleno: Todos sus lados son desiguales. Gráfica:

Trapezoide: Cuadriláteros que no poseen lados paralelos. Gráfica:

> Simétrico: Los lados que tiene consecutivos son iguales. Gráfica:

> Asimétrico: Todos sus lados son desiguales. Gráfica:

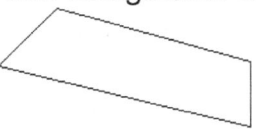

Diagonales y Ejes de Simetría.

Se denomina diagonales de un cuadrilátero al segmento que une dos vértices no consecutivos. En un cuadrilátero se pueden trazar sólo dos diagonales.

Se llama eje de simetría al segmento de recta que divide a una figura en dos partes iguales. Cuando una figura cualquiera tiene al menos un eje de simetría se denomina **simétrica** en cambio si no tiene ningún eje de simetría se le denomina entonces **no simétrica.**

Clasificación de los cuadriláteros según sus ejes de simetría:

> **Rectángulo:** Paralelogramo que tiene los cuatro lados ángulos rectos y sus diagonales son iguales. El rectángulo tiene dos ejes de de simetría.

Ejes de simetría   **Diagonales**

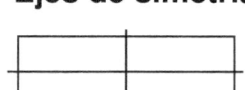   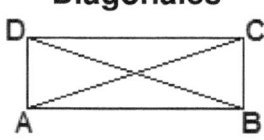 $\overline{AC} = \overline{BD}$

> **Rombo:** Paralelogramo que tiene los cuatro lados iguales. Las diagonales de un rombo son perpendiculares. El rombo tiene dos ejes de simetría que son las diagonales.

Ejes de simetría	Diagonales	
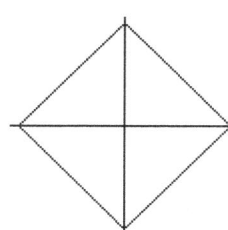	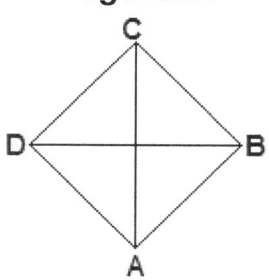	$\overline{AC} \perp \overline{BD}$

➤ **Cuadrado:** Paralelogramo que tiene los cuatro ángulos rectos y los cuatro lados iguales. El cuadrado es, por tanto, rectángulo y rombo a la vez. El cuadrado tiene cuatro ejes de simetría.

Ejes de simetría	Diagonales	
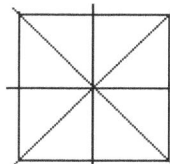	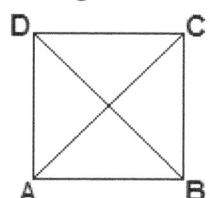	$\overline{AC} = \overline{BD}$ $\overline{AC} \perp \overline{BD}$

➤ **Trapecio Isósceles** tiene los lados no paralelos de igual longitud. El trapecio isósceles tiene un eje de simetría.

Ejes de simetría	Diagonales	
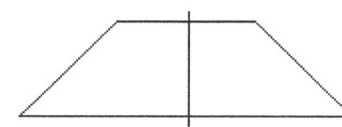	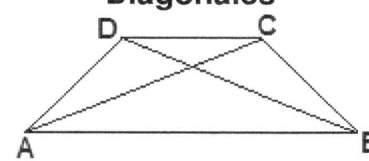	$\overline{AC} = \overline{BD}$

➤ **Trapecio rectángulo** tiene dos ángulos rectos. El trapecio rectángulo *no tiene ejes de simetría*.

Diagonales

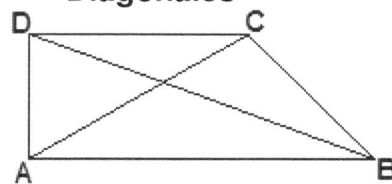

$\overline{AC} \neq \overline{BD}$

➤ **Romboide:** Paralelogramo que tiene sus lados no paralelos de diferente longitud y los ángulos no son rectos. El romboide *no tiene ejes de simetría.*

Diagonales

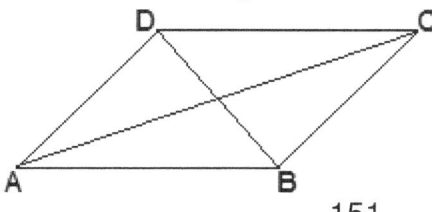

$\overline{AC} \neq \overline{BD}$

POLÍGONOS

Se entiende por polígono al fragmento del plano limitada por la unión de segmentos rectilíneos que se interceptan en sus extremos, denominada línea poligonal y la región que está encerrada por sus lados se denomina región interna del polígono.

Los polígonos pueden ser regulares e irregulares:

- ⊥ Un polígono es regular si sus lados y sus ángulos internos son iguales. Se dice entonces que son equiláteros y equiángulos.
- ⊥ Un polígono es irregular si sus lados no tienen la misma medida y sus ángulos internos son diferentes.

A continuación observaremos los siguientes polígonos:

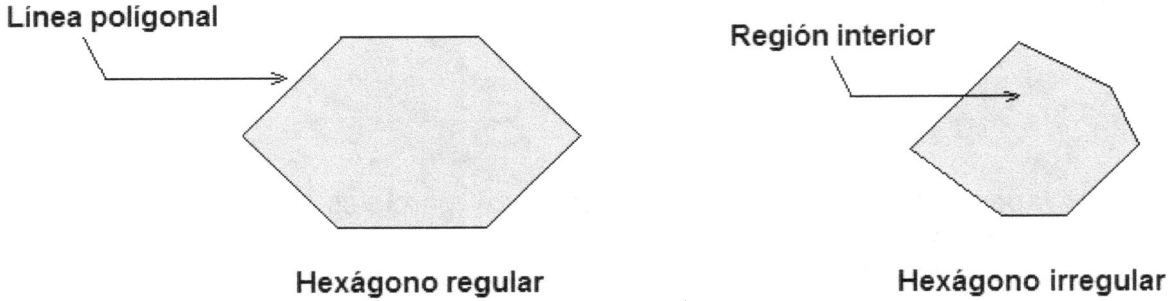

Línea poligonal

Hexágono regular

Región interior

Hexágono irregular

En los polígonos podemos identificar los siguientes elementos:

- ❖ **Diagonales:** Segmentos de rectas que unen los vértices no consecutivos de un polígono. Se determina el número total de diagonales que puede trazarse en un polígono mediante la relación:

$$N_D = \frac{n \cdot (n-3)}{2}$$

$siendo \quad N_D = número\ total\ de\ diagonales$

$n = número\ de\ lados\ de\ un\ polígono$

$n - 3 = número\ de\ diagonales\ que\ puede\ trazarse\ desde$
$un\ vértice\ del\ polígono$

En el polígono siguiente el número de diagonales es 9, determinaremos este número de diagonales por medio de la ecuación:

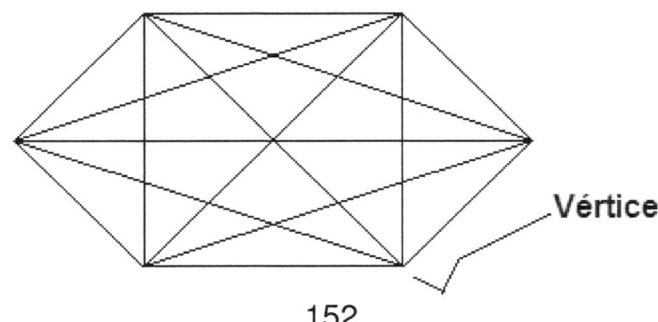

Vértice

152

$$N_D = \frac{n(n-3)}{2} = \frac{6(6-3)}{2} = \frac{36-18}{2} = \frac{18}{2} = 9$$

❖ **Apotema:** Segmento de recta que une el centro del polígono con el punto medio de uno de sus lados.

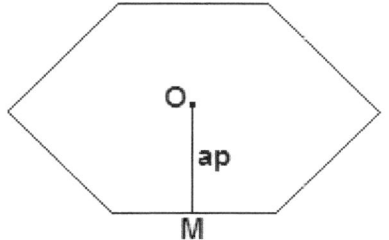

O = centro del polígono

M = punto medio de un lado del polígono

ap = apotema

Clasificación de los polígonos:

Los polígonos se clasifican de acuerdo con el número de sus lados. Entre algunos tenemos:

Nombre del polígono	Número de lados	Número de vértices	Número de ángulos internos	Número de diagonales
Pentágono	5	5	5	5
Hexágono	6	6	6	9
Heptágono	7	7	7	14
Octágono	8	8	8	20
Eneágono	9	9	9	27
Decágono	10	10	10	35
Undecágono	11	11	11	44
Dodecágono	12	12	12	54
Pentadecágono	15	15	15	90

Ángulo interno de un polígono.

La medida de cada ángulo interno de un polígono regular de n número de lados se calcula mediante la siguiente ecuación:

$$\delta = \frac{180°(n-2)}{n}$$

La suma de los ángulos internos de un polígono de n lados es igual al producto del número de triángulos $(n-2)$ por $180°$ $(2R)$. Si denominamos a esta suma S_a, concluimos:

$$S_a = (2R) \cdot (n-2) = (n-2) \cdot 180°$$

Ángulo exterior de un polígono.

La medida de un ángulo exterior de un polígono regular de n lados es igual:

$$\delta = \frac{360°}{n}$$

Perímetro de un polígono.

Si el polígono es regular, se multiplica la longitud de un lado por el número de lados que tenga el polígono: $P = n \cdot l$. Si por el contrario el polígono es irregular, se suman las longitudes de sus lados.

Ejes de simetría en polígonos regulares.

Los polígonos regulares tienen igual número de lados e igual número de ejes de simetría.

Ejemplos:

- El pentágono es un polígono de 5 vértices y 5 lados iguales. El pentágono tiene 5 ejes de simetría.
- El hexágono es un polígono de 6 vértices y 6 lados iguales. El hexágono tiene 6 ejes de simetría.

ÁREA DE POLÍGONOS

POLÍGONOS	REPRESENTACIÓN	ÁREA	FÓRMULA
Paralelogramos		El producto de las longitudes de su base y de su altura.	$A = b \cdot h$
Triángulo		La mitad del producto de las longitudes de su base y de su altura.	$A = \dfrac{b \cdot h}{2}$
Cuadrado		La longitud de un lado elevado al cuadrado.	$A = l^2$
		La mitad del cuadrado de la diagonal.	$A = \dfrac{d^2}{2}$
Rombo		La mitad del producto de las longitudes de las diagonales	$A = \dfrac{d_M \cdot d_m}{2}$

Trapecio		La mitad del producto de la suma de las bases por la altura.	$A = \dfrac{(b_1 + b_2) \cdot h}{2}$
		La mitad de la altura por la suma de las bases.	$A = \dfrac{h}{2} \cdot (b_1 + b_2)$
		La altura por la semisuma de las bases.	$A = h \cdot \left(\dfrac{b_1 + b_2}{2}\right)$
		La altura por la base media.	$A = h \cdot base\ media$
Círculo		El producto de π por el cuadrado del radio.	$A = \pi \cdot r^2$
Polígono regular		La mitad del producto del perímetro y la apotema	$A = \dfrac{P \cdot ap}{2}$

ÁREA EXTERIOR DE SÓLIDOS

SÓLIDO	REPRESENTACIÓN	AREA EXTERIOR	FÓRMULAS ÁREA LATERAL ÁREA TOTAL
Paralelepípedo		El área total es igual al área lateral más el área de su base.	$A_l = 2.(l + a).h$ $A_t = 2(l \cdot h + a \cdot h + l \cdot a)$
Cubo		El área total es igual al área lateral más el área de su base.	$A_l = 4.l^2$ $A_t = 6.l^2$

Cilindro		El área total es la suma del área lateral y el área de las dos bases	$A_l = 2 \cdot \pi \cdot r \cdot h$ $A_t = 2\pi \cdot r^2 + 2\pi \cdot r \cdot h$ $A_t = 2\pi \cdot r \cdot (r + h)$
Esfera		Se puede verificar que el área (A_t) de la superficie esférica de radio es igual a cuatro veces el área de uno de sus círculos máximos	$A_{círc.\ máx} = \pi \cdot r^2$ $A_t = 4 \cdot \pi \cdot r^2$
Pirámide		El área total es la suma del área lateral y el área de la base. La ecuación para calcular el área de la base depende del polígono que tenga la base.	Algunas áreas de la base $A_\Delta = \dfrac{b \cdot h}{2}$ $A_\square = l^2$ $A_\square = b \cdot h$ $A_l = \dfrac{b \cdot n \cdot h}{2}$ $A_l = \dfrac{P \cdot h}{2}$ $n = número\ de\ triangulos$ $A_t = A_l + A_b$
Cono		El área total es la suma del área lateral y el área del círculo que forma la base del cono.	$A_l = \pi \cdot r \cdot g$ $g = generatriz\ del$ $cono.$ $A_t = A_l + A_b$ $A_t = \pi \cdot r \cdot g + \pi \cdot r^2$ $A_t = \pi \cdot r(g + r)$

Prisma recto		El área total es la suma del área lateral y las áreas de las dos bases.	$A_l = P \cdot h$ $A_t = A_l + 2 \cdot A_b$ $A_t = P \cdot h + 2 \cdot A_b$

A continuación definiremos algunos cuerpos geométricos:

- ❖ **Prisma:** Es aquel cuyas bases son dos polígonos iguales y paralelos; y sus caras laterales son paralelogramos.
- ❖ **Pirámide:** Es aquel cuya base es un polígono cualquiera y sus caras laterales triángulos que concurren en un punto llamado vértice de la pirámide.
- ❖ **Cilindro de revolución o cilindro circular recto:** Es aquel engendrado por la revolución de un rectángulo alrededor de uno de sus lados.
- ❖ **Cono de revolución o cono circular recto:** Es aquel engendrado por la revolución de un triángulo rectángulo alrededor de uno de sus catetos.
- ❖ **Esfera:** Es aquel engendrado por la revolución completa de un semicírculo alrededor de su diámetro.

El volumen es la medida del espacio que un cuerpo o sólido geométrico ocupa.

VOLUMEN DE CUERPOS GEOMÉTRICOS

CUERPO GEOMÉTRICO	REPRESENTACIÓN	VOLUMEN	FÓRMULA
Paralelepípedo		El producto de la longitud, el ancho y la altura.	$V = l \cdot a \cdot h$
Cubo		Elevamos al cubo la medida de su arista.	$V = a^3$

Prisma recto		El producto del área de la base y su altura.	$V = A_b \cdot h$
Cilindro		El producto del área de la base y su altura.	$V = A_b \cdot h$ $V = \pi \cdot r^2 \cdot h$
Pirámide		El producto de un tercio del área de la base y su altura.	$V = \dfrac{1}{3} A_b \cdot h$
Cono		El producto de un tercio del área de la base y su altura.	$V = \dfrac{1}{3} A_b . h$ $V = \dfrac{1}{3} \pi \cdot r^2 \cdot h$
Esfera		El producto de cuatro tercios de π y el radio al cubo	$V = \dfrac{4}{3} \pi \cdot r^3$

La **capacidad** es la medida de la cantidad de líquido que puede contener determinado cuerpo; su unidad patrón es el litro en el Sistema Internacional de Medida. Equivalencias entre las unidades de volumen y capacidad:

- ➤ Un metro al cubo es igual a un kilolitro: $1\ m^2 = 1\ Kl$
- ➤ Un decímetro al cubo es igual a un litro: $1\ dm^3 = 1\ l$
- ➤ Un centímetro al cubo es igual a un mililitro: $1\ cm^3 = 1\ ml$

158

ACTIVIDADES

1. En la figura mostrada en la actividad hay una serie de casillas identificadas por una letra en la que debe colocarse los resultados de los ejercicios de radio y diámetro de la circunferencia y luego efectuar las operaciones indicadas en dicha figura hasta concluir el resultado dado.

- Calcular el diámetro de la circunferencia sabiendo que:
  (a) r = 8 cm

  (b) r = 2,5 cm

  (c) r = 3 cm

  (d) r = 12 cm

  (e) r = 6 cm

- Calcular el radio de la circunferencia sabiendo que:
  (f) D = 7,4 cm

  (g) D = 9,4 cm

  (h) D = 12,8 cm

  (i) D = 16 cm

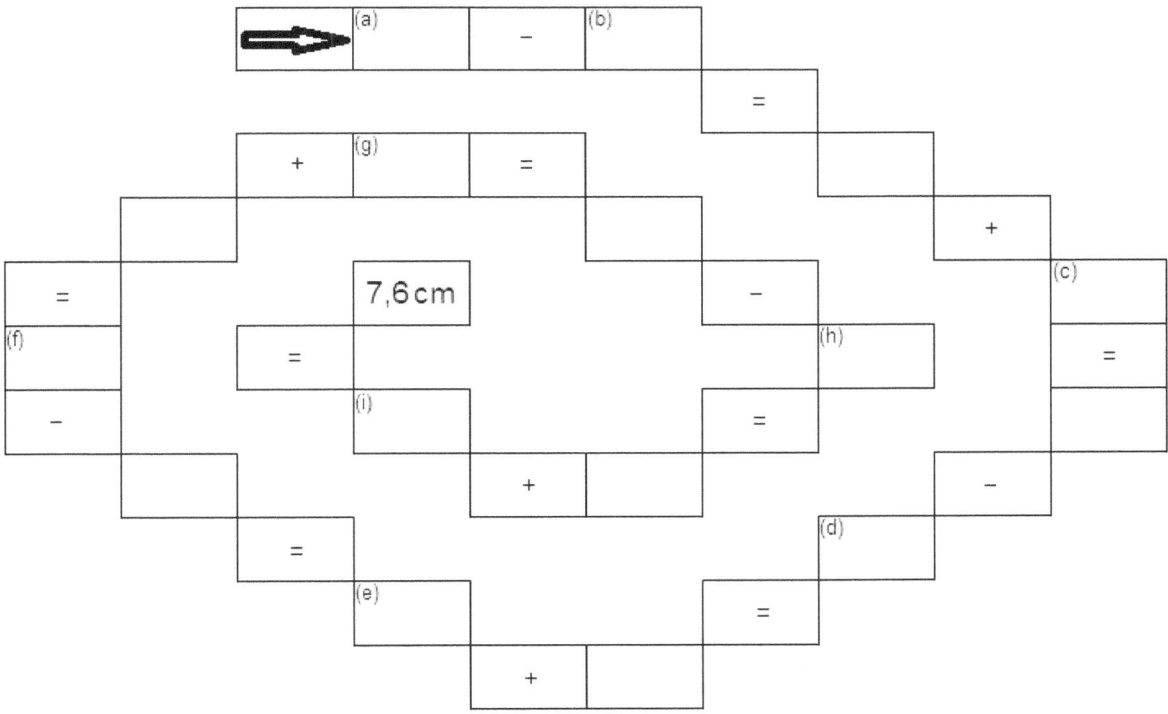

2. En la figura mostrada en la actividad hay una serie de casillas identificadas por una letra en la que debe colocarse los resultados de los ejercicios de longitud de la circunferencia y luego efectuar las operaciones indicadas en dicha figura hasta concluir el resultado dado.

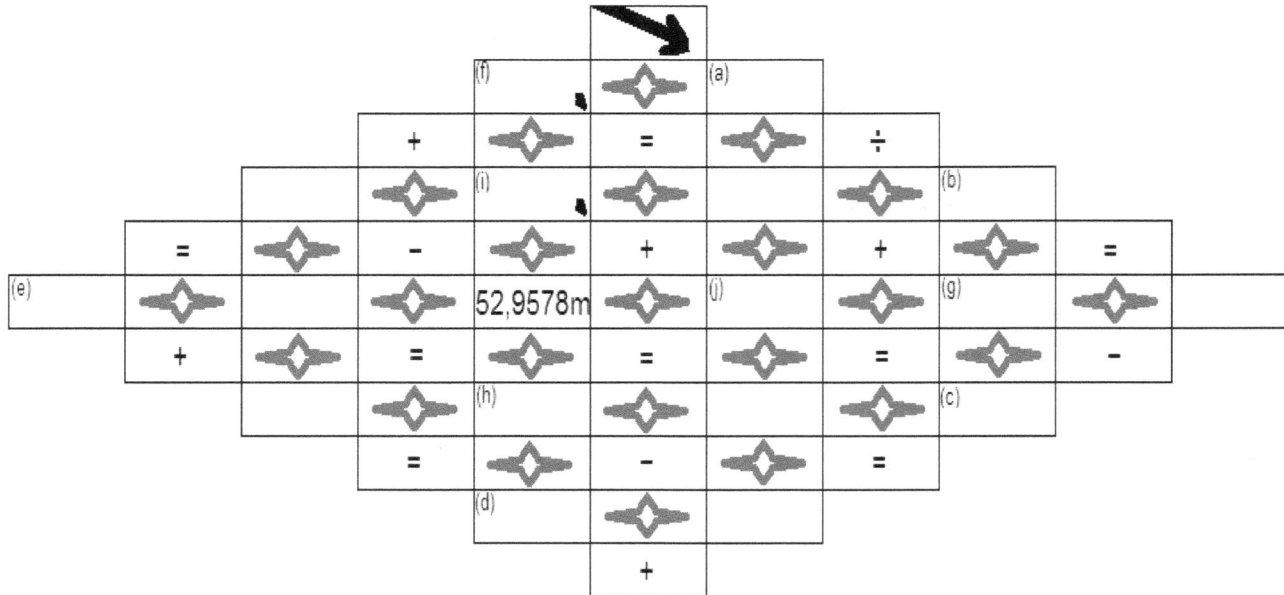

Realizar los ejercicios en hojas o un cuaderno.

➤ Calcular la longitud en cada una de las circunferencias con las medidas siguientes:
   (a) r = 0,03 m
   (b) r = 0,1 m
   (c) D = 0,05 m
   (d) D = 0,9 m

   (e) El radio de la tapa de una olla mide 0,1 m. ¿Cuál es la longitud del borde de la tapa?

   (f) Una rueda de un automóvil tiene 0,65 m de radio. ¿Cuál es la longitud de la rueda por su borde?

   (g) Un tanque circular tiene 5,5 m de diámetro. Determinar la longitud de la base del tanque?

   (h) ¿Cuántos metros de largo tendrá la cerca de un gallinero circular de 5,5 m de radio?

   (i) El diámetro de una circunferencia es de 0,08 m. Determinar su longitud.

   (j) Un joven empuja la rueda de una bicicleta con un palo. La rueda tiene un radio de 0,2 m; si la rueda da 50 vueltas. ¿Qué longitud recorrió el joven?

160

3. En la figura mostrada a continuación hay una serie de casillas identificadas por una letra en la que debe colocarse los resultados de calcular el valor del ángulo señalado en cada uno de los triángulos mostradas en la actividad y luego efectuar las operaciones indicadas en dicha figura hasta concluir el resultado dado.

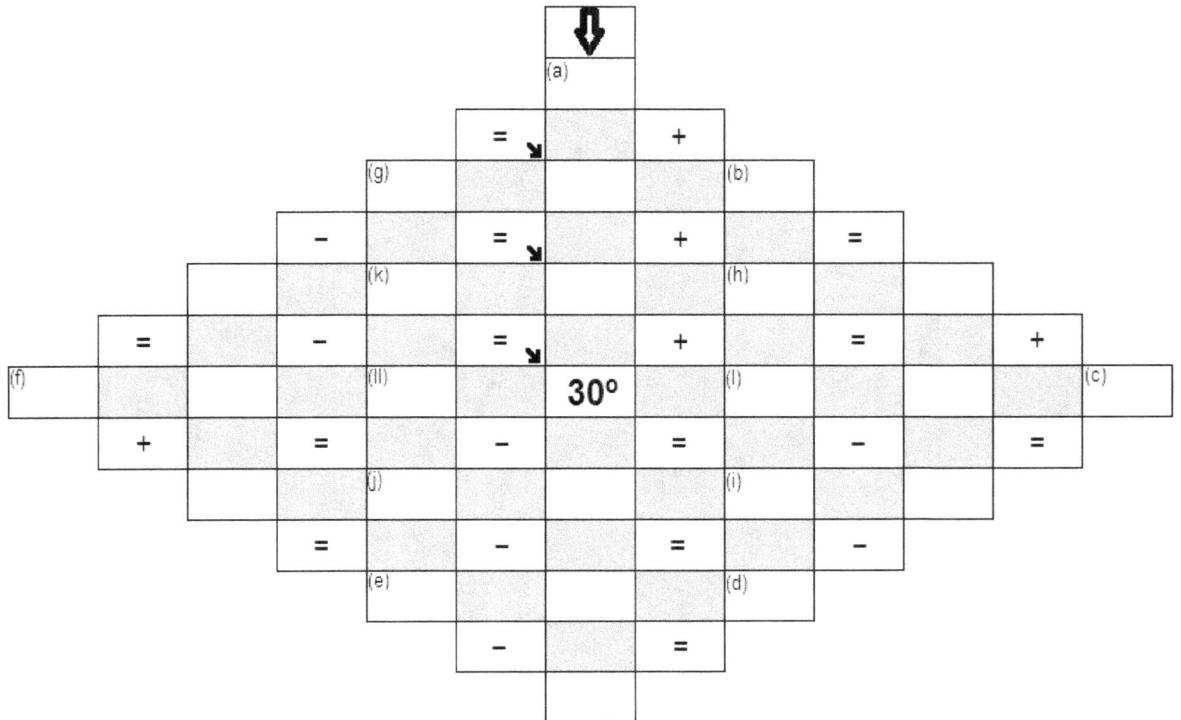

En cada uno de los siguientes triángulos calcular el valor de α

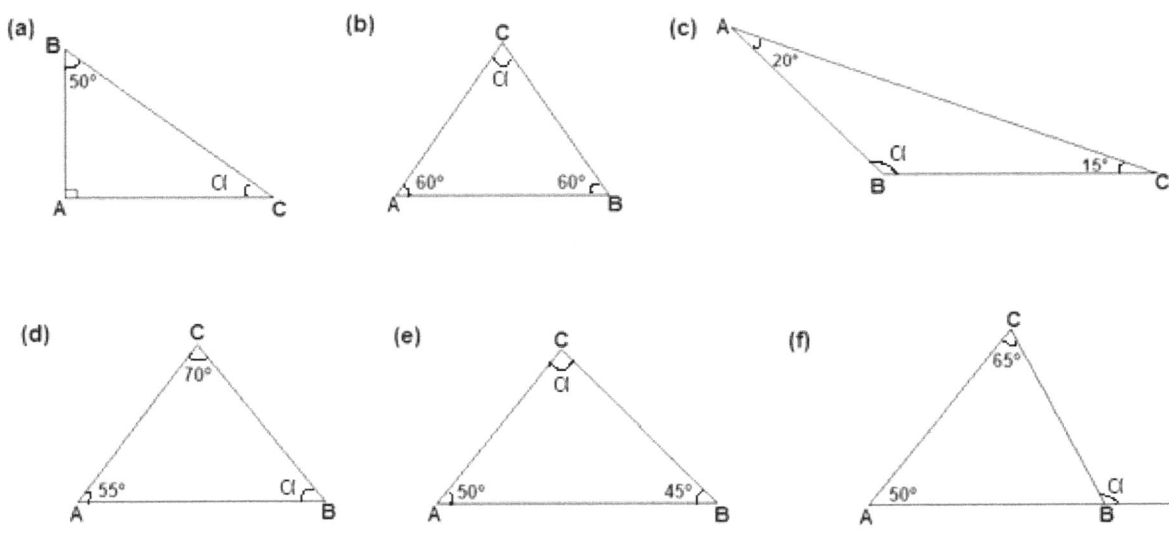

(g)

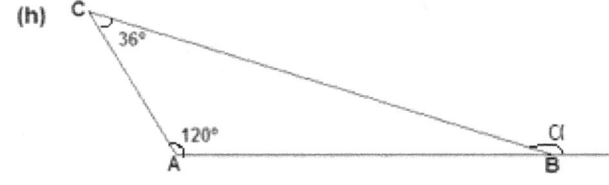
(h)

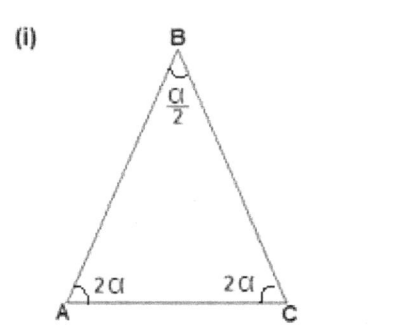
(i)

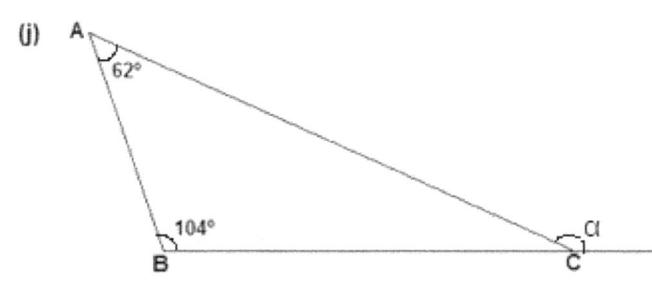
(j)

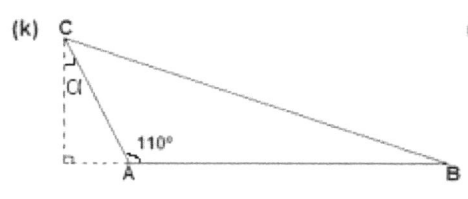
(k)

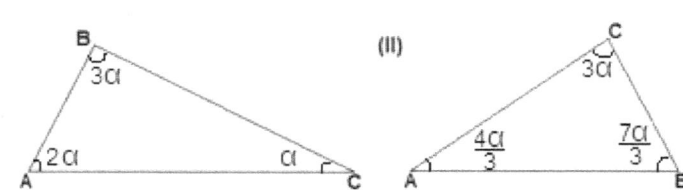
(l)   (ll)

4. Construya las siguientes figuras geométricas en su cuaderno o block:
➤ Triángulos cuyas cuyos lados y ángulos son los siguientes:
   a) 5 cm . 90º y 46º
   b) 4,2 cm , 4,5 cm y 70º
   c) 4 cm , 3,7 cm y 58º
   d) 55 mm , 30º y 60º

➤ Un triángulo cuyos lados miden 2 cm, 4 cm y 6 cm; marcar en dicho triángulo el incentro.

➤ Un triángulo equilátero de lado 10 cm, traza las alturas, las medianas, las bisectrices y las mediatrices.

➤ Un paralelogramo cuyos lados miden 50 mm y 40 mm respectivamente; los ángulos miden 90º.

➤ Rombos cuyas diagonales miden respectivamente:
   a) $d_M = 5$ cm y $d_m = 3$ cm

b) $d_M = 94$ mm y $d_m = 64$ mm

c) $d_M = 8,8$ cm y $d_m = 5,8$ cm

d) $d_M = 6$ cm y $d_m = 4$ cm

e) $d_M = 60$ mm y $d_m = 40$ mm

➤ Un cuadrado cuya diagonal mida 6 cm.

➤ Un rectángulo de lados 5,6 cm y 2,6 cm respectivamente.

➤ Un cuadrado de lado 4,8 cm.

➤ Un rectángulo de perímetro 10 cm y 2 cm dos lados paralelos.

➤ Un círculo de radio 3 cm.

➤ Un círculo de diámetro 8 cm.

➤ Un trapecio de bases 3,5 cm y 5,5 cm respectivamente; y de altura 4 cm.

5. En la figura mostrada a continuación hay una serie de casillas identificadas por una letra en la que debe colocarse los resultados de calcular el Perímetro de cada una de las figuras geométricas dadas en la actividad y luego efectuar las operaciones indicadas en dicha figura hasta concluir el resultado dado.

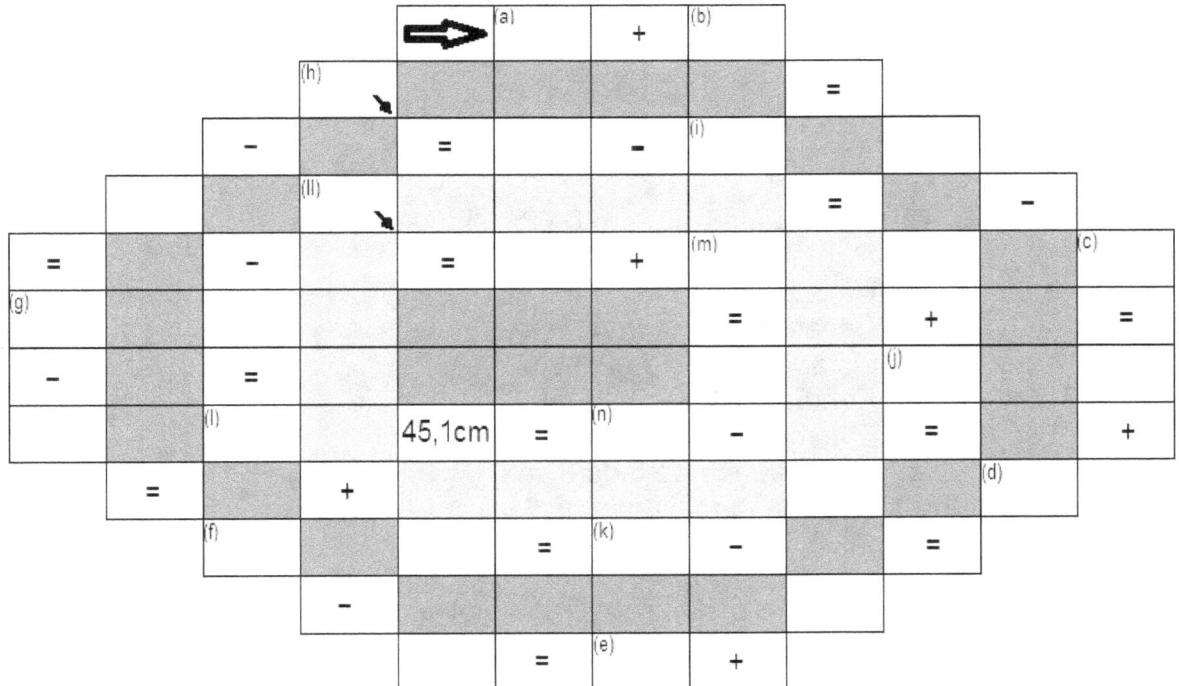

163

Realizar los ejercicios en hojas o un cuaderno.

✦ Calcular el Perímetro de los siguientes triángulos:

(a)
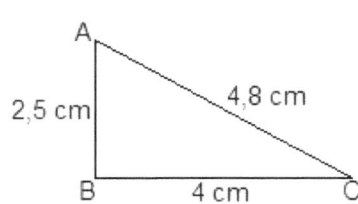

(b)
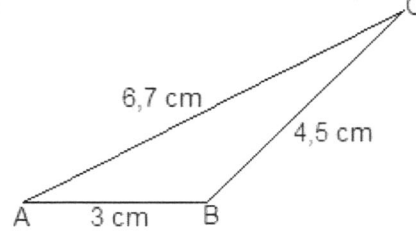

(c)
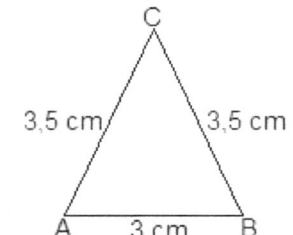

(d)
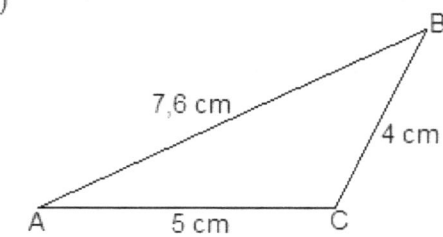

✦ La base de un rectángulo tiene el doble de la longitud de un cuadrado de lado 6 cm. Si la altura del rectángulo es de 6 cm.
(e) ¿Cuál será el perímetro del rectángulo?

✦ Calcular el Perímetro de los siguientes cuadriláteros:

(f)
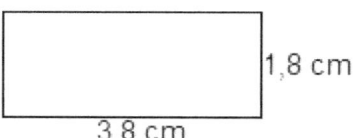

(g)
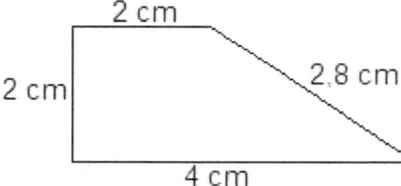

✦ Determinar el Perímetro de los siguientes polígonos regulares:
  (h) Heptágono de lado 3 cm.
  (i) Hexágono de lado 4 cm.
  (j) Decágono de lado 4,2 cm.
  (k) Octágono de lado 2,5 cm.
  (l) Pentágono de lado 5 cm.
  (ll) Eneágono de lado 2 cm.
  (m) Undecágono de lado 3 cm.
  (n) Dodecágono de lado 1,5 cm.

6. En la figura mostrada a continuación hay una serie de casillas identificadas por una letra en la que debe colocarse los resultados de calcular los: ángulos internos, la suma de los ángulos internos y el ángulo exterior de los polígonos dados en la actividad y luego efectuar las operaciones indicadas en dicha figura hasta concluir el resultado dado.

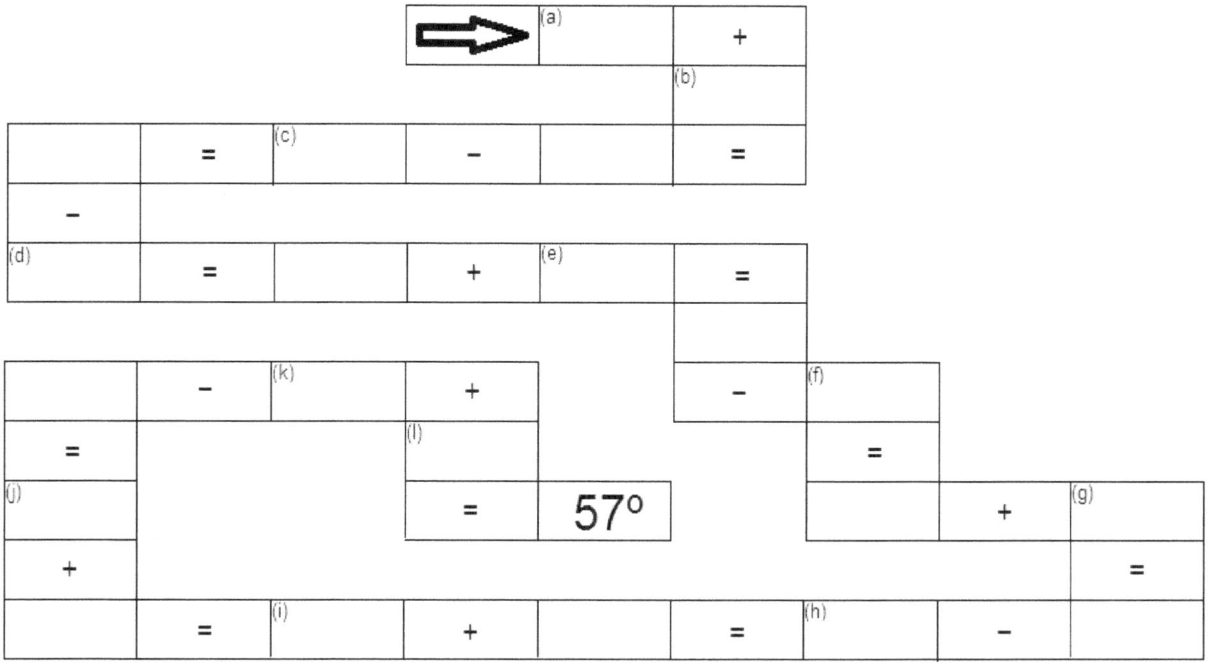

	(a)		+
			(b)

	=	(c)		−		=
−						

(d)	=		+	(e)		=

	−	(k)		+		−	(f)
=		(l)				=	

(j)			=	57°			+	(g)
+							=	

	=	(i)		+		=	(h)	−

Determinar el valor de los: ángulos internos, suma de los ángulos internos y el ángulo exterior de los siguientes polígonos:

❖ **Pentágono:**

(a) Ángulo interno:

(b) Suma de los ángulos internos:

(c) Ángulo exterior:

❖ **Decágono:**

(d) Ángulo interno:

(e) Suma de los ángulos internos:

(f) Ángulo exterior:

❖ **Octágono:**

(g) Ángulo interno:

(h) Suma de los ángulos internos:

(i) Ángulo exterior:

❖ **Dodecágono:**

(j) Ángulo interno:

(k) Suma de los ángulos internos:

(l) Ángulo exterior:

7. En la figura mostrada a continuación hay una serie de casillas identificadas por una letra en la que debe colocarse el resultado de calcular el área de cada uno de los polígonos dados en la actividad y luego efectuar las operaciones indicadas en dicha figura hasta concluir el resultado dado.

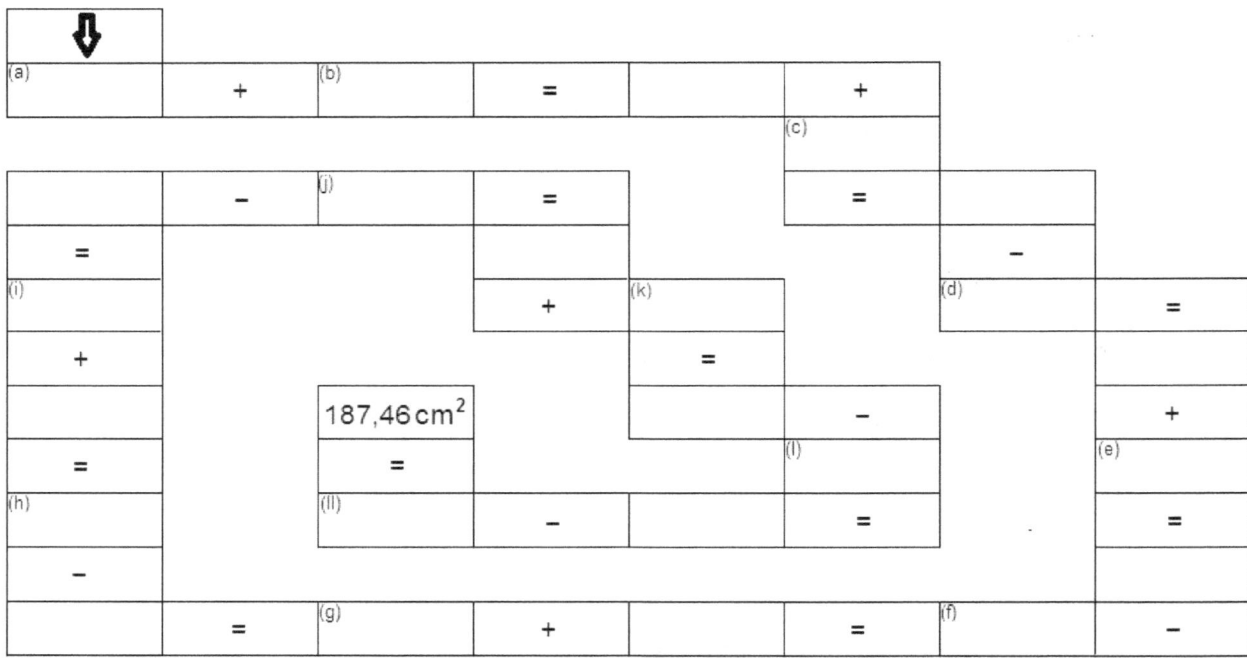

Realizar los ejercicios en hojas o un cuaderno.

Calcular el área de:
(a) Un cuadrado de lado 10 cm.
(b) Un triángulo de base 14 cm y de la altura 45 cm.
(c) Un cuadrado cuya diagonal mide 100 cm.
(d) Un rectángulo sabiendo que dos de sus lados desiguales miden 22 cm y 18 cm.
(e) Un Rombo sabiendo que sus diagonales miden 12 cm y 30 cm,

166

respectivamente.

(f) Un trapecio cuyas bases miden 3,3 cm y 2,2 cm respectivamente y la altura 10 cm.

(g) Una circunferencia de 10 cm de radio.

(h) Una circunferencia cuyo diámetro mide 12 cm.

(i) Un rectángulo de medidas 8 cm de largo y 4 cm de ancho.

(j) Un polígono regular, sabiendo que el perímetro mide 16 cm y la apotema 50 cm.

(k) Un decágono regular de apotema 6 cm y de lado 9 cm.

(l) Un rombo sabiendo que una diagonal mide 5 cm y la otra es el doble de ésta.

(ll) Un octágono regular de apotema 4 cm y de lado 7 cm.

8. En la figura mostrada a continuación hay una serie de casillas identificadas por una letra en la que debe colocarse los resultados de los ejercicios de calcular de área exterior de sólidos y luego efectuar las operaciones indicadas en dicha figura hasta concluir el resultado dado.

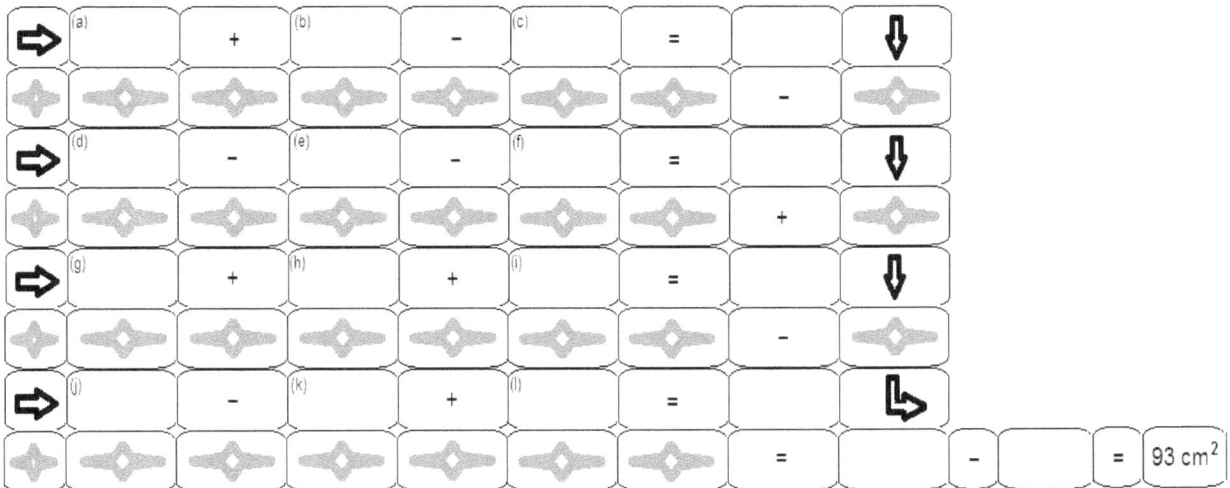

Realizar los ejercicios en hojas o un cuaderno.

Determinar el área exterior de los siguientes sólidos:

(a) Un cubo de 5 cm de lado.

(b) Un paralelepípedo de largo 20 cm, ancho 12 cm y altura 10 cm.

(c) Una pirámide triangular regular de 4,2 cm de arista y 6,2 cm de apotema.

(d) Un cilindro de 8cm de radio y 20 cm de altura.

(e) Una esfera de 10 cm de radio.

(f) Una pirámide cuadrangular de 5 cm de arista y 7 cm de apotema.

(g) Una esfera de 8 cm de diámetro.

(h) Un cono de radio 8 cm y generatriz 20 cm.

(i) Un prisma hexagonal de 10 cm de lado, 14 cm de altura y 8,8 cm de apotema de la base.

(j) Una esfera de radio 3,5 cm.

(k) Un cubo de 3,5 cm de lado.

(l) Un paralelepípedo de largo 9 cm, ancho 5 cm y altura 4 cm.

9. En la figura mostrada a continuación hay una serie de casillas identificadas por una letra en la que debe colocarse los resultados de los ejercicios de calcular el área de las figuras geométricas dibujadas en la actividad y luego efectuar las operaciones indicadas en dicha figura hasta concluir el resultado dado.

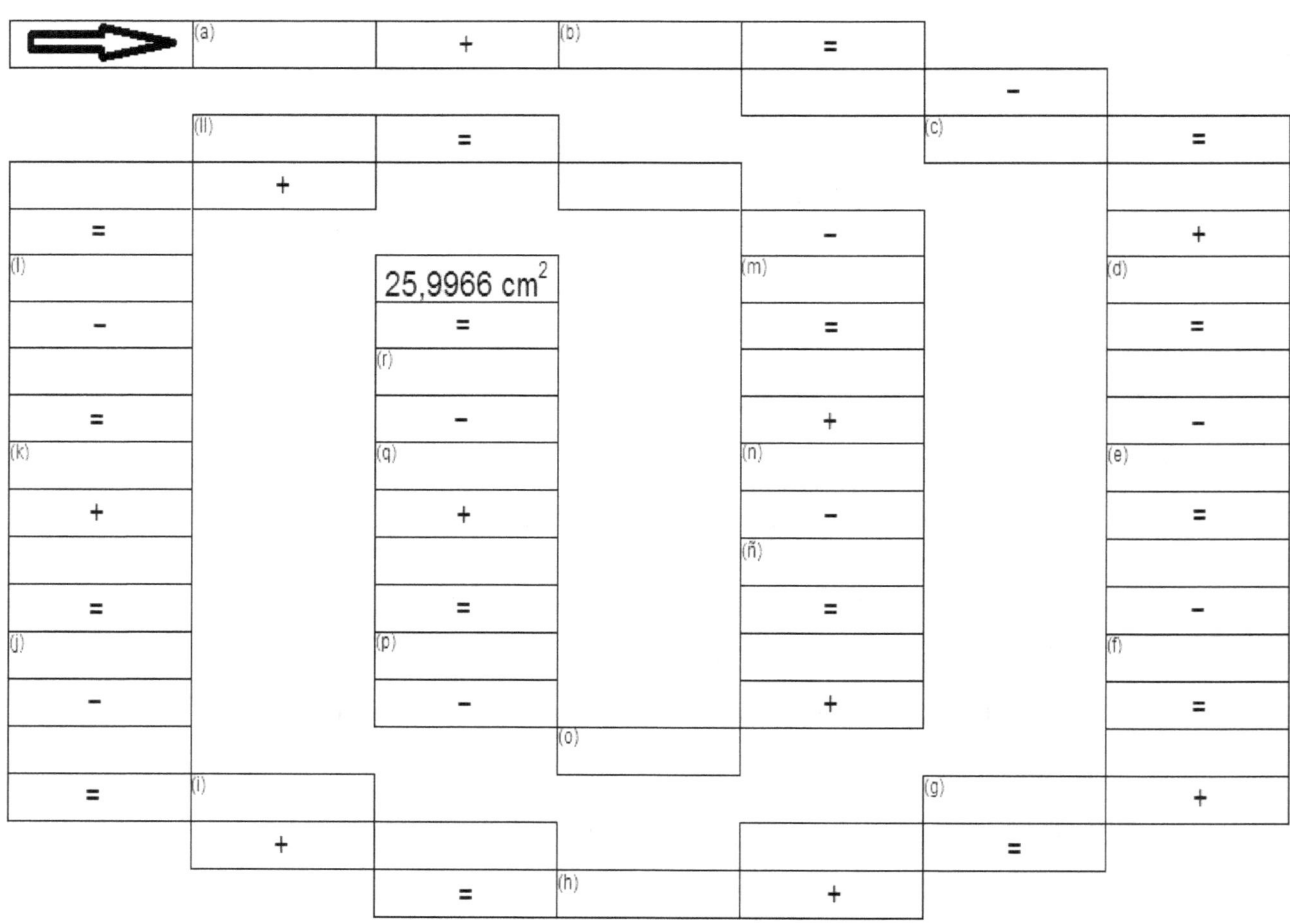

168

Realizar los ejercicios en hojas o un cuaderno.

⊥ Calcular el área de cada una de las siguientes figuras:

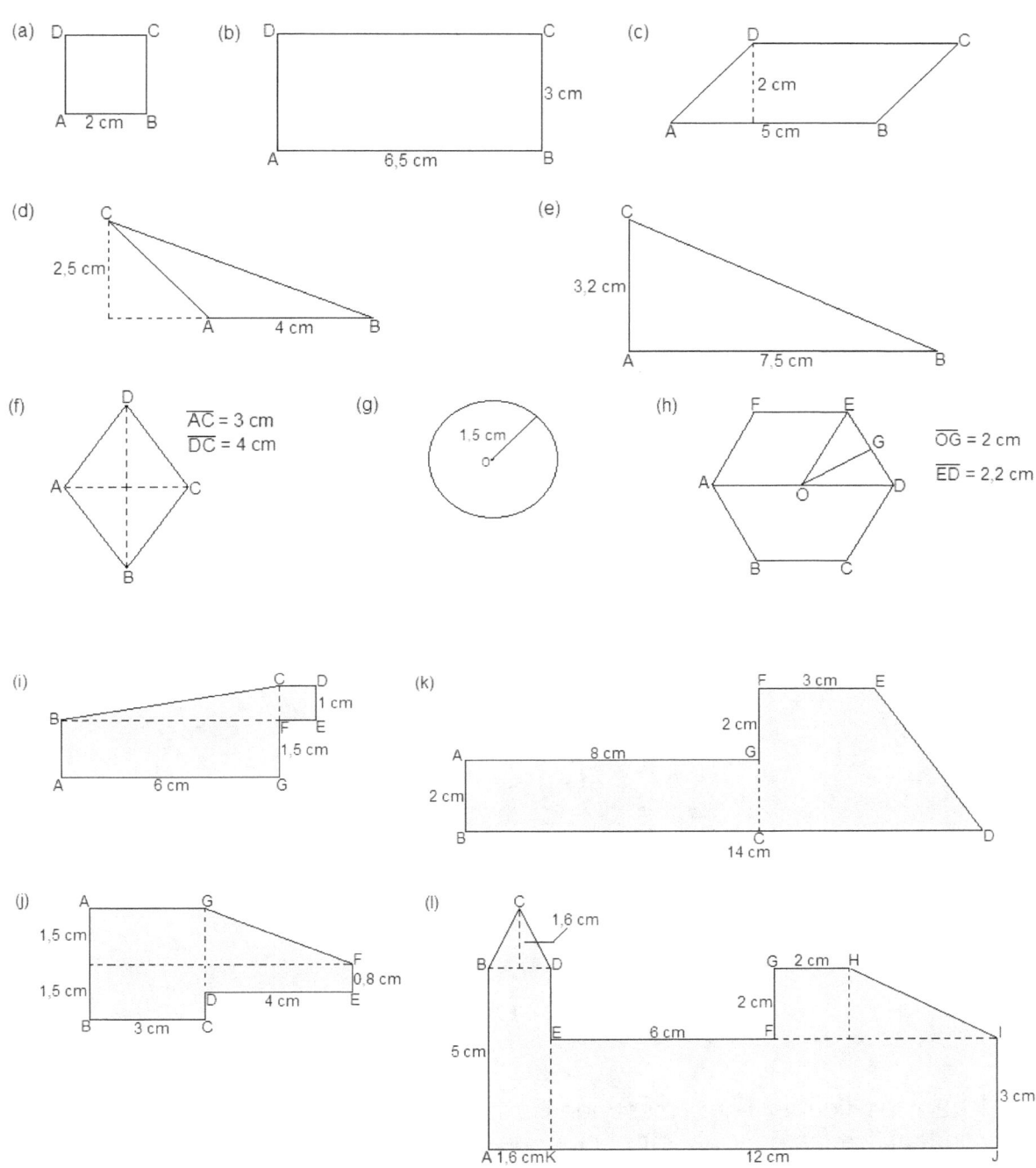

⊥ Calcular el área de la parte sombreada en las siguientes figuras:

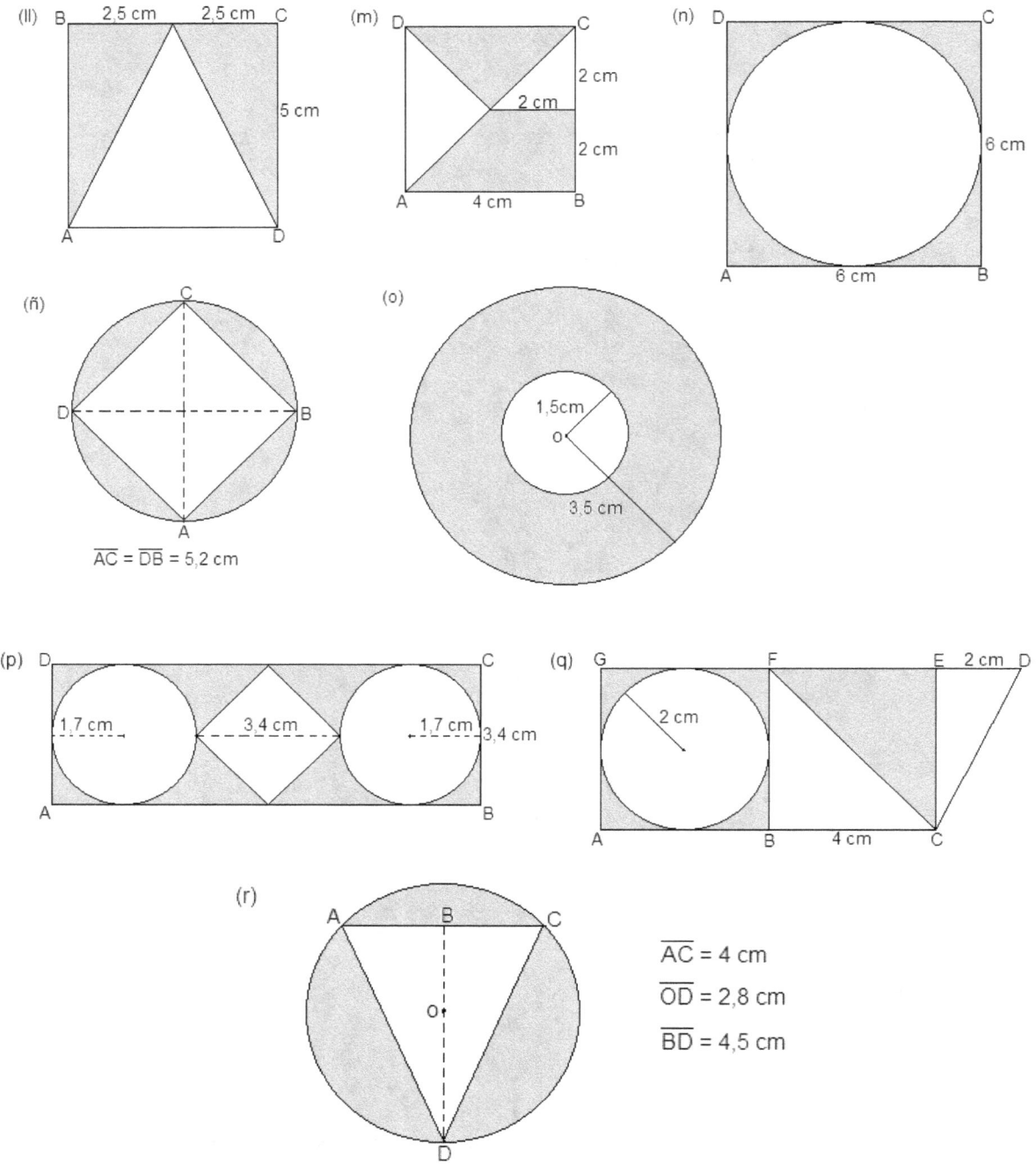

(ll) B 2,5 cm 2,5 cm C
5 cm
A D

(m) D C
2 cm
2 cm
2 cm
A 4 cm B

(n) D C
6 cm
A 6 cm B

(ñ) C
D B
A
$\overline{AC} = \overline{DB} = 5,2$ cm

(o) 1,5cm
o
3,5 cm

(p) D C
1,7 cm 3,4 cm 1,7 cm 3,4 cm
A B

(q) G F E 2 cm D
2 cm
A B 4 cm C

(r) A B C
o
D
$\overline{AC} = 4$ cm
$\overline{OD} = 2,8$ cm
$\overline{BD} = 4,5$ cm

10. En las figuras I y II mostradas a continuación hay una serie de casillas identificadas por una letra en la que debe colocarse los resultados de los ejercicios de calcular el volumen de cuerpos geométricos señalados en la actividad y luego efectuar las operaciones indicadas en dicha figura hasta concluir el resultado dado. Realizar los ejercicios en hojas o un cuaderno.
Figura I.

170

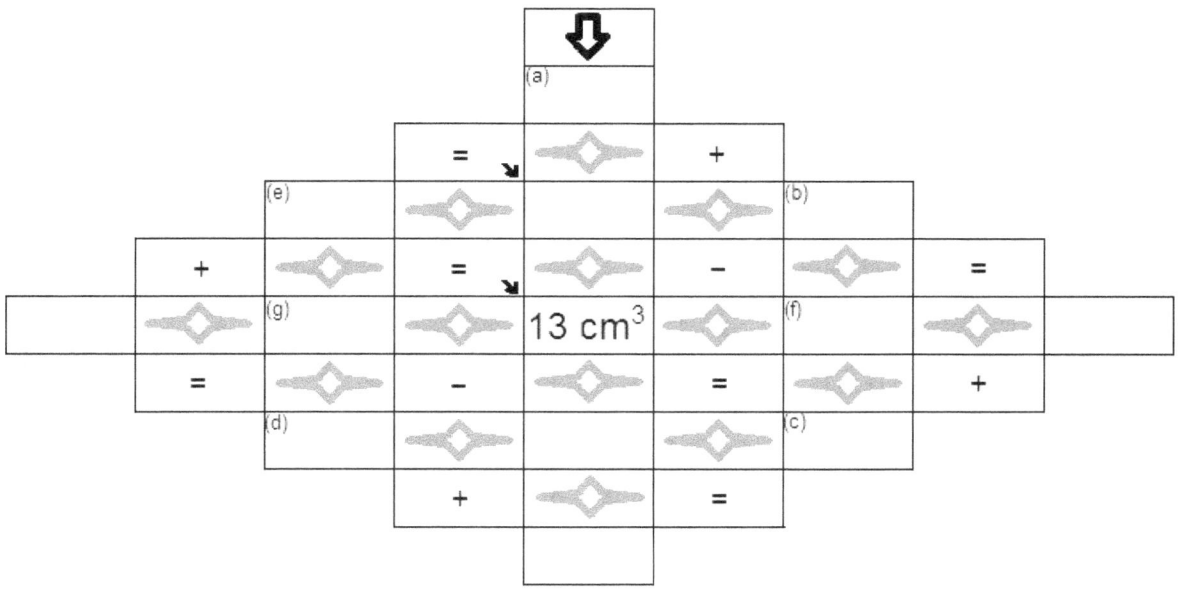

✚ Determinar el volumen de un:

(a) Cubo de arista 3 cm.

(b) Paralelepípedo de 8 cm de largo, 4 cm de ancho y 3 cm de alto.

(c) Prisma triangular cuya área de la base es 2,6 cm² y su altura 8 cm.

(d) Prisma de área de la base es de 8,5 cm² y cuya altura mide 14 cm.

(e) Paralelepípedo de 19 cm de largo, 6 cm de ancho y 4 cm de alto.

(f) Prisma triangular cuya área de la base es 2,8 cm² y su altura 3,5 cm.

(g) Paralelepípedo de 12 cm de largo, 8 cm de ancho y 5 cm de alto

Figura II.

521216,35 cm³

⌞ Determinar el volumen de:

(h) Un cilindro cuyo radio de la base es 5cm y su altura es 30 cm.

(i) Un prisma cuya base es un hexágono regular, que tiene como área de la base 6 cm² y su altura mide 10 cm.

(j) Un tanque en forma cilíndrica que tiene de diámetro de la base 80 cm y de altura 120 cm.

(k) Una pirámide hexagonal cuya área de la base mide 300 cm² y su altura 160 cm.

(l) Una pirámide de base cuadrangular, si el lado del cuadrado mide 9 cm y la altura 400 cm².

(ll) Un vaso en forma de cono, sabiendo que el área de la base mide 600 cm² y su altura 20 cm.

(m) Un cono si el diámetro de la base es 18 cm y su altura 300 cm.

(n) Una esfera cuyo radio mide 9 cm.

(ñ) Una pelota cuyo diámetro es 12 cm.

(o) Una esfera cuyo diámetro mide 15 cm.

(p) Un cubo de arista 12 cm.

(q) Un pequeño depósito que tiene las siguientes dimensiones: 20 cm de largo, 15 cm de ancho y 32 cm de alto.

(r) Un tanque pequeño de agua de forma esférica cuyo diámetro mide 30 cm.

11. Efectuar el siguiente crucigrama geométrico (crucigeometría):

HORIZONTALES

1.- Línea curva plana y cerrada en la cual todos los puntos equidistan de un punto interior denominado centro.

4.- Triangulo que tiene sus lados y ángulos iguales.

6.- Medida de la cantidad de líquido que puede contener determinado cuerpo.

7.- Triángulo con un ángulo obtuso.

9.- Recta que tiene un solo punto común con la circunferencia.

10.- Punto donde concurren las tres bisectrices de un triángulo.

12.- Polígono de seis lados, seis vértices, seis ángulos internos y nueve diagonales.

13.- Polígono que se determina el área con la mitad del producto de las longitudes de las diagonales.

14.- Porción de la circunferencia comprendida entre dos puntos.

15.- Recta que no tiene ningún punto común con la circunferencia.

16.- Polígono que se determina el área como la mitad del producto de la suma de las bases por la altura.

18.- Recta que intercepta a la circunferencia en dos puntos.

172

20.- Segmento de rectas que unen los vértices no consecutivos de un polígono.
21.- Sólidos que se determina el área total como la suma del área lateral y el área de su base.
22.- Cuerpo geométrico cuyas bases son dos polígonos iguales y paralelos, y sus caras laterales son paralelogramos..
24.- Porción del plano limitada por la circunferencia.
26.- Polígono de nueve lados, nueve vértices, nueve ángulos internos y veintisiete diagonales.
27.- Punto donde las tres alturas trazadas en el triángulo se interceptan.
28.- Cuerpo geométrico que se determina el volumen como el producto de cuatro tercios de pi (π) y el radio al cubo.

VERTICALES

1.- Segmento que une dos puntos de la circunferencia.
2.- Segmento de recta que une el centro con un punto cualquiera de la circunferencia.
3.- Sólido que se determina el área total con la suma del área lateral y el área de las dos bases.
4.- Triángulo que tiene los tres lados desiguales.
5.- Segmento de recta que une el centro del polígono con el punto medio de uno de sus lados.
6.- Polígono que se determina el área total como la suma del área lateral y el área del circulo que forma la base.
8.- Polígono de once lados, once vértices, once ángulos internos y cuarenticuatro diagonales.
9.- Polígono que está formado por tres lados y tres ángulos.
10.- Triángulo que tiene dos lados iguales y dos ángulos iguales opuestos a los lados iguales.
11.- Paralelogramo que tiene sus lados no paralelos de diferente longitud y los ángulos no son rectos.
13.- Triángulo con un ángulo recto.
14.- Triángulo cuyos ángulos son agudos.
17.- Triangulo con un ángulo obtuso.
19.- Polígono que sus lados no tienen la misma medida y sus ángulos internos son diferentes.
20.- Polígono con diez vértices, diez lados iguales, diez ángulos internos y treinticinco diagonales.
22.- Cuerpo geométrico cuya base es un polígono cualquiera y sus caras laterales triángulos que concurren en un mismo punto llamado vértice.
23.- Perpendicular que se traza desde un vértice del triángulo hasta un punto del lado opuesto o la prolongación de dicho lado.
25.- Ángulo que tiene como vértice el centro de la circunferencia y está formado por dos radios.

CRUCIGEOMETRÍA

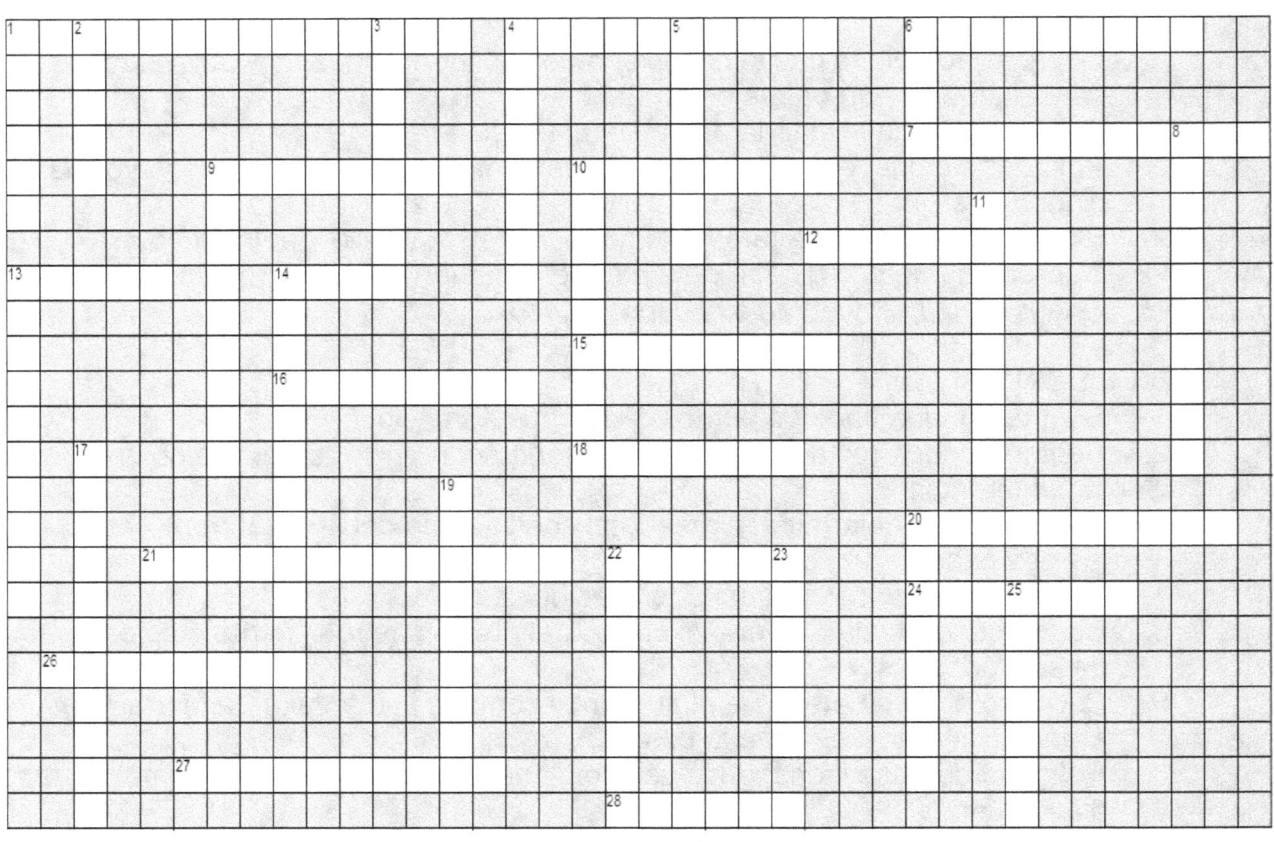

JUEGOS MATEMÁTICOS

BINGO MATEMÁTICO

DOMINÓ MATEMÁTICO

CARRERA DEL SABER

JUEGO DE EJERCICIOS MATEMÁTICOS

JUEGOS MATEMÁTICOS

Para finalizar todas las actividades señaladas anteriormente efectuaremos algunos juegos matemáticos en los que aplicaremos los conocimientos matemáticos adquiridos anteriormente.

BINGO MATEMÁTICO

A continuación tenemos un bingo matemático el cual se juega igual al conocido por ustedes, los números se cantan de la misma forma que en el bingo tradicional, ejemplos: B 1, B 7, N 41, O 75, etc; como se observa en esquema adjunto, pero lo diferente es que en los cartones en vez de expresarse en números salen operaciones matemáticas que tiene que efectuarlas mentalmente para identificar el número, ejemplo se canta B 7 y en el cartón sale $7^2 - 42$ ó cualquier otra operación que de 7 según el cartón. En el bingo matemático se gana llenando el cartón.

Como se cantan los números:

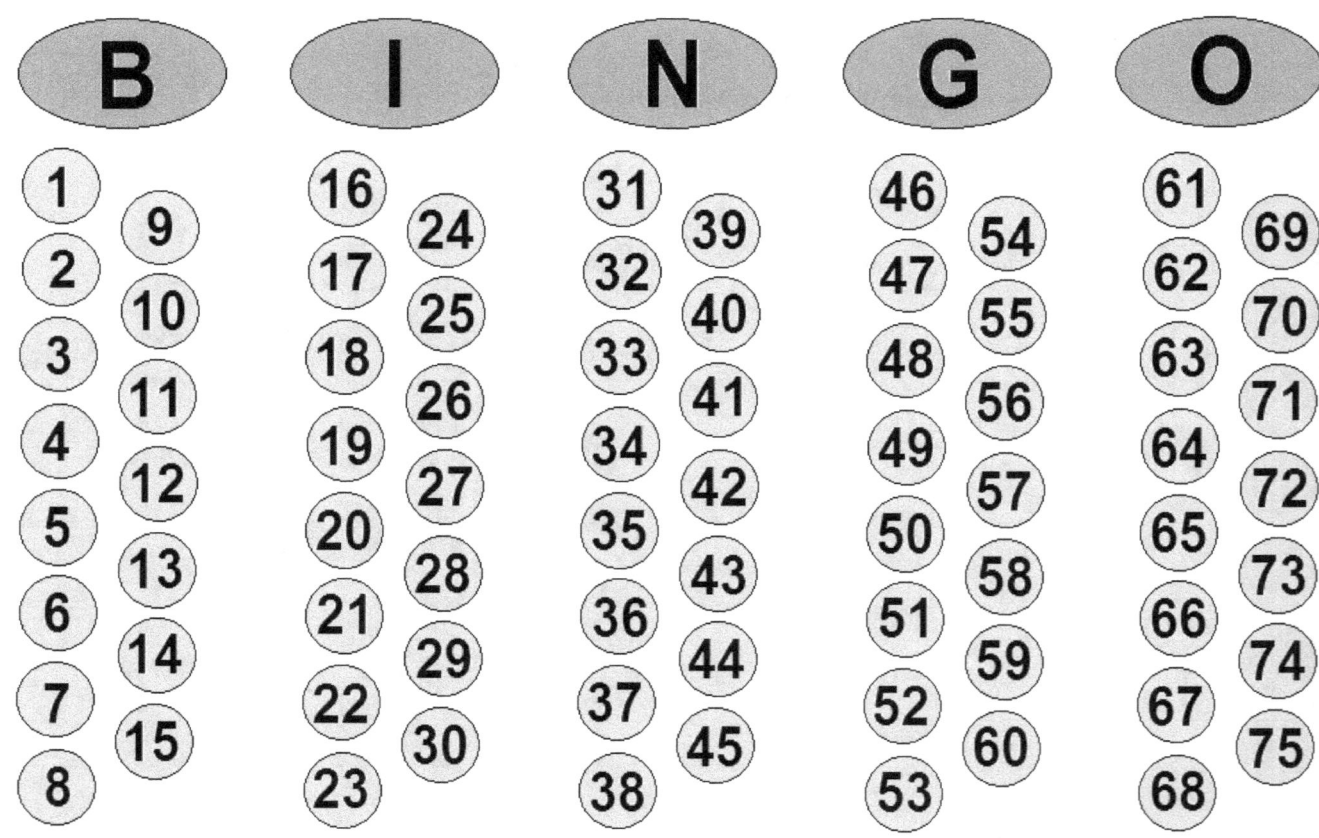

Cartones del bingo matemático:

176

BINGO

B	I	N	G	O
$(-1).(-1)$	$(-3).(-7)$	$2^2.3^2$	$(-23).(-2)$	$20.3+1$
$\frac{(-4)}{(-2)}$	5^2	$5.8-1$	8^2-9	$(-35).(-2)$
2^2	$(-5)^2+1$	LIBRE	$(-10).(-5)$	2^6+10
$(-7).(-1)$	3^3	$7.6+1$	2.3^3+2	8^2+1
$(-2).(-7)$	$(-5).(-6)-1$	2^5	$(-2).(-30)$	3^4-6

BINGO

B	I	N	G	O
$(-2).(-3)$	4^2+1	$7.5-1$	7^2	$20.3+1$
$15+(-2)$	5^2	6^2+2	7^2+4	8^2
2^2+1	$(-5).(-6)-1$	LIBRE	$2.30-3$	3^4-10
$\frac{(-30)}{(-2)}$	3^3	$2^2.3^2$	$7.8-4$	$35.2-3$
$3.5-1$	$5.4+3$	$(-9).(-5)-1$	$5.4.3-1$	3^4-6

BINGO

B	I	N	G	O
$(-1).(-1)$	$2.(-3)^3$	$(-7).(-6)$	2.3^3+2	$(-8)^2-1$
2^2+1	$(-2)^4$	$7.5-1$	$7.8-4$	2^6-2
$5+(-2)$	2^5-2	LIBRE	2.3^3-2	8^2+5
$(-7).(-2)$	4^2+1	$(-1).(-33)$	$(-23).(-2)$	3^4-6
$\frac{(-10)}{(-5)}$	$5.(-2)^2$	$(-5).(-9)$	$\frac{96}{2}$	$10.6+1$

BINGO

B	I	N	G	O
2.3	$2^3.3$	$\frac{74}{2}$	7^2	$(-11).(-6)$
$\frac{(-28)}{(-4)}$	$(-3).(-7)$	$5.8-1$	23.2	8^2+2^3
$2^2.3$	$\frac{(-44)}{(-2)}$	LIBRE	$\frac{(-100)}{(-2)}$	$10.7+3$
$15+(-2)$	$3.5+2^2$	$2^2.3^2$	7^2-2	2^6+10
$7.2+1$	$5.4+3$	$(-9).(-5)-1$	8^2-3^2	3^4-6

BINGO

B	I	N	G	O
$\frac{(-100)}{(-10)}$	2^5-2	$(-9).(-5)-1$	8^2-9	$(-35).(-2)$
$5-(-2)^2$	$(-3).(-7)$	$\frac{74}{2}$	7^2+2	3^4-6
$(-2).(-3)$	$(-3).(-7)+7$	LIBRE	$(-10).(-5)$	$(-10).(-5)+3$
2^2+1	4^2+1	6^2+2	7^2-2	$6.10+3^2$
$5+(-2)$	$3.5+2^2$	$5.(-3)^2$	$2^4.3$	$(-8)^2+2^3$

BINGO

B	I	N	G	O
$(-2).(-3)$	$(-3).(-7)-(-7)$	$5.8-1$	$(-23).(-2)$	$20.3+1$
$2^2.3$	$(-5)^2+1$	6^2+2	7^2	8^2-2
$\frac{(-10)}{10}$	2^5-2	LIBRE	$(-10).(-5)$	$(-8)^2-1$
2^3	$\frac{(-44)}{(-2)}$	$2^2.3^2$	$20.3-1$	$(-35).(-2)$
3^2	3^3	$7.5-1$	7^2-2	$(-8)^2-(-1)$

BINGO

B	I	N	G	O
$2^2 \cdot 3$	$2 \cdot (-3)^2$	$5 \cdot 8 - 1$	$2 \cdot 30 - 3$	$(-35) \cdot (-2) - 3$
$2 \cdot 5 + 1$	$(-5)^2 + 1$	2^5	$(-2) \cdot (-30)$	$6 \cdot 10 + 3^2$
$\frac{(-30)}{(-2)}$	$5 \cdot (-2)^2$	LIBRE	$20 \cdot 3 - 1$	$2^6 + 1$
3^2	$(-2)^4$	$7 \cdot 5 - 1$	$2 \cdot 3^3 + 2$	$(-11) \cdot (-6)$
$15 + (-2)$	$4^2 + 1$	$(-1) \cdot (-33)$	$(-27) \cdot (-2)$	$8^2 + 2^2$

BINGO

B	I	N	G	O
$(-2) \cdot (-3)$	5^2	$7 \cdot 6 - 1$	$7^2 + 2$	$8^2 - 2$
$(-3)^2$	$2^3 \cdot 3$	$(-1) \cdot (-33)$	$8^2 - 9$	8^2
$15 + (-2)$	$3^2 \cdot 3$	LIBRE	$7 \cdot 8 - 4$	$(-35) \cdot (-2)$
$(-7) \cdot (-1)$	$(-3) \cdot (-7)$	$(-7) \cdot (-5)$	$7^2 + 4$	$20 \cdot 3 + 1$
$\frac{(-150)}{(-10)}$	$\frac{(-88)}{(-4)}$	$7 \cdot 5 - 1$	$2 \cdot 3^3 + 2$	$8^2 + 1$

BINGO

B	I	N	G	O
$2 \cdot 5 + 1$	$\frac{(-22) \cdot 2}{(-2)}$	$(-8) \cdot (-5) + 3$	$(-10) \cdot (-6) - 5$	$20 \cdot 3 + 1$
$2^2 + 1$	5^2	$6^2 + 2$	$(-15) \cdot (-4) - 2$	8^2
$(-7) \cdot (-2)$	$(-3) \cdot (-7)$	LIBRE	$2 \cdot 3^3 + 2$	$3^2 \cdot 7$
$3 \cdot 5 + (-2)$	$5 \cdot (-2)^2$	$(-5) \cdot (-8)$	7^2	$(-9) \cdot (-7) + 2$
$\frac{(-5) \cdot (-6)}{2}$	$5 \cdot 4 + 3$	$\frac{74}{2}$	$40 \cdot 2 - 20$	$3^4 - 6$

BINGO

B	I	N	G	O
$(-7) \cdot (-1)$	$5 \cdot 4 + 3$	$(-1) \cdot (-33)$	$7 \cdot 8 - 4$	$(-11) \cdot (-6)$
$2 \cdot 5 + 1$	$(-5)^2 + 1$	$6^2 + 2$	$8^2 - 9$	$6 \cdot 10 + 3^2$
2^2	$(-5) \cdot (-6) - 1$	LIBRE	$(-27) \cdot (-2)$	$8^2 + 2^2$
$2^2 \cdot 3$	$\frac{3^4}{3}$	$2^2 \cdot 3^2$	$(-2) \cdot (-30) - 2$	$2^6 + 10$
$(-7) \cdot (-2)$	$2^5 - 2$	$7 \cdot 6 - 1$	$(-2) \cdot (-30)$	$(-8)^2 + 2^3$

BINGO

B	I	N	G	O
$\frac{3^3}{3}$	$2 \cdot (-3)^2$	$\frac{74}{2}$	$7^2 + 2$	$13 \cdot 5$
$2 \cdot 5 + 1$	$\frac{81}{3}$	2^5	$27 \cdot 2$	$3^4 - 10$
$2^2 \cdot 3$	$(-5) \cdot (-6) - 1$	LIBRE	$7 \cdot 8 - 4$	$8^2 + 2^2$
$15 + (-2)$	$2^2 \cdot 5 + 3$	$3^2 \cdot 2^2$	$(-2)^2 \cdot 15$	$3^4 - 6$
$2^2 + 1$	$(-5)^2 + 1$	$(-5) \cdot (-9)$	$2 \cdot 3^3 + 2$	$(-10) \cdot (-7) + 3$

BINGO

B	I	N	G	O
$(-3657)^0$	$(-2)^4$	$\frac{64}{2}$	$7^2 - 2$	$(-11) \cdot (-6)$
$(-7) \cdot (-1)$	$2^3 \cdot 3$	$(-7) \cdot (-5)$	$(-2) \cdot (-30) - 2$	$3^4 - 10$
$5 + (-2)$	$5 \cdot (-2)^2$	LIBRE	$8^2 - 3^2$	$2^6 + 10$
$2 \cdot 5 + 1$	$(-5) \cdot (-6) - 1$	$(-8) \cdot (-5) + 3$	$20 \cdot 3 - 1$	$(-8)^2 + 2^3$
$15 + (-2)$	$2^5 - 2$	$5 \cdot 8 - 1$	$7 \cdot 8 - 4$	$(-35) \cdot (-2)$

Card 1

B	I	N	G	O
$\frac{(-2)^2}{2}$	$5.(-2)^2$	6^2+2	7^2+2	$20.3+1$
$3.5-3$	3^3	$(-5).(-8)$	$(-2).(-30)-2$	8^2+2^2
$\frac{81}{9}$	$(-2)^4$	LIBRE	$3.2.7$	3^4-10
$(-7).(-2)$	2^5-2	$7.5-1$	$(-2).(-30)$	2^6
$(-123)^0$	5^2	$(-5).(-9)$	$(-23).(-2)$	3^4-6

Card 2

B	I	N	G	O
$5+(-2)$	$5.(-2)^2$	$\frac{74}{2}$	$\frac{96}{2}$	3^4-6
$(-2).(-6)+2$	$(-5)^2+1$	$7.5-1$	$(-2).(-30)$	$(-10).(-7)+3$
$(-7).(-1)$	$(-2)^4$	LIBRE	7^2+4	2^6-1
2^2+1	$(-3).(-7)+7$	$(-9).(-5)-1$	8^2-9	$(-11).(-6)$
$2.5+1$	$3.8-3$	$\frac{-62}{-2}$	$7.8-4$	3^4-10

Card 3

B	I	N	G	O
$\left[(-2)^6\right]^0$	$3.5+2^2$	$(-7).(-5)$	$(-23).(-2)$	$(-16).(-4)-1$
$2^2.3$	4^2+1	$(-9).(-5)-1$	27.2	$(-11).(-6)$
$\frac{(-3).(-10)}{2}$	$(-5)^2+1$	LIBRE	$7^2-(-2)$	3^4-10
$2^2.2$	$5.4+3$	$\frac{62}{2}$	$7.8-4$	$6.10+3^2$
$15+(-2)$	$(-3).(-7)+7$	$(-1).(-33)$	$3^2.2+2$	2^6+10

Card 4

B	I	N	G	O
$2.5+1$	$(-2)^4$	$7.4+7$	8^2-9	$(-11).(-6)+3$
$(-112)^0$	$3.5+6$	$2^2.3^2$	$(-2).(-30)-2$	$(-35).(-2)$
$(-7).(-1)$	$(-3).(-7)+7$	LIBRE	$\frac{(-32).(-3)}{2}$	$2.30+4$
$2^2.3+2$	5^2	$(-7).(-6)$	7^2+2^2	$(-10).(-7)+3$
$3.4+3$	$(-5).(-6)-1$	7^2-6	$(-2).(-30)$	2^6-2^3

Card 5

B	I	N	G	O
$\frac{45-15}{2}$	$\frac{-88}{-4}$	$(-5).(-8)$	8^2-9	$16.4-2$
$2.5-2$	$(-2)^4$	2^5	$7.8-4$	8^2+1
$\frac{81}{9}$	2^5-2	LIBRE	$(-23).(-2)$	$90+(-22)$
$2^6.2^5$	$(-5).(-6)-1$	$5.8-1$	$(-10).(-5)$	2^6+10
$\frac{250}{25}$	4^2+1	$(-8).(-5)+3$	7^2+4	3^4-10

Card 6

B	I	N	G	O
$2^2.3$	$(-2)^4$	$2^3.5-1$	$3^3.2+2$	8^2
$(-7).(-1)$	$\frac{88}{4}$	$(-9).(-5)-1$	7^2+4	$(-35).(-2)$
$\frac{3^5}{3^3}$	$(-5).(-6)-1$	LIBRE	$2.30-3$	$(-11).(-6)$
2^2+1	$2^3.3$	$7.5-1$	$20.3-1$	$(-8)^2+2^2$
$\frac{10^2}{10}$	$2.(-3)^2$	$(-8).(-5)+3$	7^2-2	$20.3+1$

BINGO

B	I	N	G	O
$2^4 \cdot 2.5$	3^3+3	$7.5+2^2$	$7.8+2$	$2.5.7+3$
19^0	4^2	$3^2.5$	$3^2.5+3$	$35.2+1$
$7.5-2^5$	$5.4-3$	LIBRE	$9.6-4$	$9.7+6$
2^3	$3^2.2$	6^2+7	$3^3.2$	$2^3.7+5$
3.2^2+2	$5.4-5^0$	$2^3.5$	$6^2+3.8$	$3^2.7$

BINGO

B	I	N	G	O
5^0+1	4^2+2	$2^3.5-2$	$5^2.2+1$	$2.5.7$
3^2-1	$2^2.6+1$	7.5	2.23	$35.2-5$
$3.5-5$	$3.5+1$	LIBRE	$2^3.5+7$	$9.7+3^2$
$\dfrac{3^4}{3^2}$	2.11	$3.7+13$	7^2	$10.6+1$
$7.2-2^3$	$5.6-1$	$2.17-7^0$	10.6	3^4-2^3

BINGO

B	I	N	G	O
$2^2.3$	$(-5)^2+1$	$(-5)-(-8)$	$2.30-3$	3^4-6
$(-30)\div(-2)$	$3.5+2^2$	$\dfrac{74}{2}$	$20.3-1$	2^6+10
$15+(-2)$	2^5-2	LIBRE	$(-7).(-8)-4$	3^4-10
2^3	$(-5).(-6)-1$	$(-7).(-6)$	$3^3.2+2$	2^6
$2.5+1$	$(-3).(-7)+7$	$2^2.3^2$	$(-2).(-30)-2$	$10.7+3$

BINGO

B	I	N	G	O
$(-150)^0$	$2.3.5-5$	$2^3.5-3$	$3^2.5+2.7$	$2.3.11+7^0$
$2.5+1$	$3^2.2$	$7.5+3$	$\dfrac{104}{2}$	$6.9+2^3$
3^2	$56\div2$	LIBRE	$6.7+2^2$	$2^3.3^2+2$
19^0+3	$3.5+2$	$5.7-2^2$	$(-5).(-11)$	$(-7).(-11)-2.3$
$3^3-4.5$	$2^2.5+10$	$(-3).(-11)$	$26.2+2$	$(-6).(-11)+9$

BINGO

B	I	N	G	O
$2.3+3$	$3.5+1$	$5.8-2$	$3^2.5+6$	$(-9).(-35)+4$
$5.2-2$	$2^2.5-1$	$7.5-2^2$	$(-5).(-10)+2$	$(-17).(-4)$
$3^0.5+1$	$(-2).(-11)$	LIBRE	$2.35-4.5$	$2.7.5-5$
$3.5-3$	$2^3.3-3$	$3.7+12$	7.3^2-6	$\dfrac{140}{2}$
2^3-5	$7.5-5$	$7.5-5^0$	$3^3.2$	$2^4.5-5$

BINGO

B	I	N	G	O
$\left[\left(\frac{1}{7}\right)^{-1}\right]^0$	$2.(-3)^2$	$\dfrac{74}{2}$	$(-5).(-2).5$	$5.4.3+1$
2^2	$2^3.3$	$(-9).(-5)-1$	8^2-9	$(-35).(-2)-3$
$15+(-2)$	$5.4+3$	LIBRE	$(-23).(-2)$	$6.10+3^2$
$(-7).(-1)$	3^3	$(-62)\div(-2)$	$7.8-4$	$(-35).(-2)$
$4.5+(-11)$	$(-5)^2+1$	$(-5).(-8)$	$2.30-3$	3^4-10

BINGO

B	I	N	G	O
$2 + 9^0$	$\frac{72}{3}$	$(-2).(-15)+2$	$5^2.2 - 3$	$2^3.5 + 5^2$
2^3	$2^3.3 - 3$	$(-7).(-5)+2$	$2^3.5 + 2^2.5$	$142 \div 2$
3^2-3	$3.5 + 2$	LIBRE	$6.10 - 8$	$3^2.7$
$4.5 - 3.5$	$5.7 - 2.3$	$2^3.5 + 3$	$(-7)^2$	$(-2).(-5).7$
$3.5 -2$	5^2	$7.5 + 5$	$(-7)^2 + 2^2$	$2.3.11$

BINGO

B	I	N	G	O
$35 \div 7$	$(-3).(-7)$	$(-5).(-7)$	$(-10).(-5)$	$56 +12$
$3.4 - 2^2$	$(-3).(-8)+4$	$7.5 - 1$	$7^2 + 2$	$8^2 + 1$
$(-127)^0$	$5.4 + 3$	LIBRE	$\frac{192}{4}$	$(-11).(-6)$
$2^2.3$	$2^3.3$	$6^2 + 2$	$2.30 - 3$	$3^4 - 10$
$15 + (-2)$	$2^5 - 2$	$(-5).(-9)$	$20.3 - 1$	$(-35).(-2)+5$

BINGO

B	I	N	G	O
$\frac{5}{3} - \frac{2}{3}$	$(-2)^4$	$(-7).(-5)$	$7.8 - 4$	$(-8)^2 - 1$
$\frac{(-2)^2}{2}$	5^2	$(-5).(-8)$	$3^3.2$	$2^6 + 1$
2^2	$(-5).(-6)-1$	LIBRE	$7^2 - 2$	$\left(\frac{1}{8}\right)^{-2}$
$2^2 + 1$	$(-3).(-7)$	$2^3.5 - 1$	$8^2 - 9$	$(-35).(-2)$
$2.5 + 1$	$2^5 - 2$	$(-8).(-5)+3$	$2.30 - 3$	$7.9 + 10$

BINGO

B	I	N	G	O
$\frac{1}{3} + \frac{2}{3}$	$2^2.6$	$2^2.9 - 5$	$\left(\frac{1}{7} \cdot \frac{1}{8}\right)^{-1}$	$\left(\frac{1}{61}\right)^{-1}$
$\frac{3^6.3^4}{3^9}$	$\frac{9}{5} \div \frac{1}{10}$	$(2.3)^2$	$5.11 + 2^2$	23.3
$17 - 6$	11.2	LIBRE	$3^2.5 + 2$	$\frac{144}{2}$
$\left(\frac{1}{7}\right)^{-1}$	2^4	$7^2 - 7$	$10.3^2 - 40$	$10^2 - 30$
$5^2 - 10$	$3^3 + 3$	$\frac{9}{2}.10$	$2^6 - 2^2$	$3^4 - 6$

BINGO

B	I	N	G	O
$\left[(-2)^6\right]^0$	$\left[(-2)^2\right]^2$	$13 + 20$	$2^3.7$	$(-7).5.(-2)$
$2^4 - 14$	$- (-3)^3$	$(-6)^2$	$(-10).(-6)$	$29 + 43$
$\left(\frac{1}{5}\right)^{-1}$	$(-3)^2 + 2^4$	LIBRE	$(-2)^4.3$	$(-2)^6$
$7 - 2^2$	$9.5 - 5^2$	4.11	$5^2.2$	$(-11).(-6)$
$3^2 + 2^2$	$(-5).(-6)$	$3^2.5$	$5.2 + 49$	$10^2 - 25$

BINGO

B	I	N	G	O
$\left(\frac{17}{23}\right)^0$	$29 - 10$	$\frac{13}{2} + \frac{57}{2}$	7^2	$(-3).(-23)$
$\left(\frac{1}{2^2}\right)^{-1}$	$(-3).(-6)+3^2$	$63 - 27$	$\left(\frac{1}{51}\right)^{-1}$	$\frac{(-14).(-10)}{2}$
$5^2 - 13$	$4^2 + 4$	LIBRE	$3^3.2$	$10^2 - 28$
$(-2).(-7)$	$2^5 - 3$	$2^2.5 + 18$	$3.(-2)^4$	$35.2 + 2^2$
$3^2 + 6$	$(-2).5.(-3)$	$(-3).(-5)+30$	$2^2.15$	$3.(-5)^2$

CARRERA DEL SABER

A continuación vamos a realizar un juego que se llama carrera del saber, tenemos un tablero en el cual se comienza en un punto determinado como partida donde se colocan las fichas para jugar, efectuando el recorrido de esté hasta llegar a la meta por medio de unas tarjetas que tienen una preguntas que al contestarla correctamente avanza en las casillas según diga dicha tarjeta y se debe cumplir lo que se indica en el tablero, pueden jugar varias personas pero una de ellas debe de ser el que realiza las preguntas; si uno de los jugadores no contesta la pregunta correctamente pierde su turno y se le pregunta al otro jugador que le toca a continuación. Las tarjetas de las preguntas deben de ser recortadas. El tablero ampliado al final del libro.

PREGUNTA: ¿Cuál es el número entero que está entre -3 y -1?	PREGUNTA: ¿A qué es igual todo número elevado a la cero.	PREGUNTA: ¿Cuál es el valor absoluto de -5?
RESPUESTA: -2	RESPUESTA: Uno	RESPUESTA: 5
Avance 4 casillas	Avance 2 casillas	Avance 1 casillas
PREGUNTA: ¿Qué se entiende por suma algebraica en Z?	PREGUNTA: ¿Cómo se calcula el producto de potencias de igual base?	PREGUNTA: ¿Cómo se determina la potencia de potencia de números enteros?
RESPUESTA: La combinación de adiciones y sustracciones de números enteros.	RESPUESTA: Se copia la base y se suman los exponentes	RESPUESTA: Se copia la base y se multiplican los exponentes.
Avance 3 casillas	Avance 6 casillas	Avance 4 casillas
PREGUNTA: Determine la potencia: $(-5)^2$	PREGUNTA: ¿Qué nombre recibe aquella fracción cuyo numerador es mayor que el denominador?	PREGUNTA: ¿Cómo se calcula la adición de fracciones con igual denominador?
RESPUESTA: 25	RESPUESTA: Impropia	RESPUESTA: Sumamos los numeradores y se escribe el mismo denominador.
Avance 1 casillas	Avance 7 casillas	Avance 5 casillas
PREGUNTA: ¿Qué nombre recibe aquella fracción cuyo numerador es menor que el denominador?	PREGUNTA: Resuelve la potencia: $\left(\frac{1}{3}\right)^{-2}$	PREGUNTA: ¿Qué signo nos da en el resultado al multiplicar dos números negativos.
RESPUESTA: Propia	RESPUESTA: 9	RESPUESTA: Positivo
Avance 7 casillas	Avance 6 casillas	Avance 4 casillas

182

PREGUNTA: Resuelve la multiplicación $(-3) \cdot 5$ RESPUESTA: -15 Avance 3 casillas	PREGUNTA: ¿Cómo se determina la división de potencias de igual base? RESPUESTA: Se copia la base y se restan los exponentes Avance 6 casillas	PREGUNTA: ¿Qué se entiende por fracciones decimales? RESPUESTA: Son aquellas cuyo denominador es una potencia de base 10. Avance 8 casillas
PREGUNTA: Resuelve la multiplicación: $(-3) \cdot 5$ RESPUESTA: -15 Avance 3 casillas	PREGUNTA: ¿Cómo se determina la división de potencias de igual base? RESPUESTA: Se copia la base y se restan los exponentes Avance 6 casillas	PREGUNTA: ¿Qué se entiende por fracción nula? RESPUESTA: Es aquella que el numerador es cero y el denominador es diferente de cero. Avance 4 casillas
PREGUNTA: Determine el valor de x en la ecuación: $$3x = 27$$ RESPUESTA: 9 Avance 5 casillas	PREGUNTA: Determine la potencia 5^{-1} RESPUESTA: $\dfrac{1}{5}$ Avance 3 casillas	PREGUNTA: ¿Cuál es la expresión decimal de $\dfrac{7}{100}$ RESPUESTA: 0,07 Avance 1 casillas
PREGUNTA: ¿Cómo se determina la longitud de una circunferencia? RESPUESTA: Por el producto de su diámetro y el número constante pi (π). O sea: $$L = D \cdot \pi \quad \text{ó} \quad L = 2r \cdot \pi$$ Avance 10 casillas	PREGUNTA: ¿Cómo se denomina al polígono que tiene cuatro lados y cuyos ángulos internos suman 360°? RESPUESTA: Cuadrilátero. Avance 6 casillas	PREGUNTA: Expresa en notación científica 20.000 RESPUESTA: $2 \cdot 10^4$ Avance 3 casillas
PREGUNTA: ¿Cómo se denomina la porción de la circunferencia comprendida entre dos puntos? RESPUESTA: Arco Avance 4 casillas	PREGUNTA: ¿Cómo se denomina aquellas circunferencias que tienen el mismo centro y diferentes radios RESPUESTA: Concéntricas Avance 2 casillas	PREGUNTA: Definición de triángulo. RESPUESTA: Polígono que está formado por tres lados y tres ángulos. Avance 1 casillas

PREGUNTA: ¿Cómo se determina el área de un rombo? RESPUESTA: La mitad del producto de las longitudes de las diagonales. Avance 6 casillas	PREGUNTA: Fórmula para calcular el área del círculo. RESPUESTA: Producto de pi y radio al cuadrado. $A = \pi \cdot r^2$ Avance 4 casillas	PREGUNTA: ¿Cuál es el resultado de la potencia $\left(\frac{1}{5}\right)^{-2}$? RESPUESTA: 25 Avance 3 casillas
PREGUNTA: Escribe en forma de fracción decimal la expresión 0,095 RESPUESTA: $\dfrac{95}{1000}$ Avance 5 casillas	PREGUNTA: Escribe en notación científica 90.000 RESPUESTA: $9 \cdot 10^4$ Avance 2 casillas	PREGUNTA: Diga la expresión algebraica del enunciado: "El producto de dos números aumentado en uno". RESPUESTA: $x \cdot y + 1$ Avance 3 casillas
PREGUNTA: Determina el área de un cuadrado de lado 4 cm RESPUESTA: 16 cm^2 Avance 3 casillas	PREGUNTA: ¿Cuál es el área de un rectángulo de base 3 cm y altura 5 cm ? RESPUESTA: 15 cm^2 Avance 2 casillas	PREGUNTA: Escribe en notación científica 0,006 RESPUESTA: $6 \cdot 10^{-3}$ Avance 4 casillas
PREGUNTA: ¿Cuál es la arista de un cubo si su volumen de de 8 cm^3 ? RESPUESTA: 2 cm Avance 4 casillas	PREGUNTA: ¿Cuál es la fórmula para determinar el volumen de un cilindro? RESPUESTA: $V = A_b \cdot h$ (Área de la base por la altura) Avance 2 casillas	PREGUNTA: Determina el valor de x en la ecuación: $3x + 27 = 0$ RESPUESTA: -9 Avance 6 casillas
PREGUNTA: Resolver la división de $27.000 \div 1.000$ RESPUESTA: 27 Avance 2 casillas	PREGUNTA: Resolver la siguiente potencia: $\{[(3x)^2]^5\}^0$ RESPUESTA: 1 Avance 6 casillas	PREGUNTA: ¿Cuál es el valor de x; en la ecuación $-2x = -10$? RESPUESTA: 5 Avance 4 casillas

PREGUNTA: Diga la expresión algebraica del enunciado: "La suma de dos cuadrados". RESPUESTA: $x^2 + y^2$ Avance 1 casillas	PREGUNTA: Diga la expresión algebraica del enunciado: "Tres números consecutivos" RESPUESTA: $x \; ; \; x+1 \; ; \; x+2$ Avance 8 casillas	PREGUNTA: ¿Cuál es el valor absoluto de -15? RESPUESTA: 15 Avance 4 casillas
PREGUNTA: ¿Cuál es el número entero que está entre -5 y -3? RESPUESTA: -4 Avance 3 casillas	PREGUNTA: Resolver la operación $(+8) + (-5)$. RESPUESTA: 3 Avance 2 casillas	PREGUNTA: Resolver la operación $(-10) + (-5)$. RESPUESTA: -15 Avance 4 casillas
PREGUNTA: Resolver la división $320 \div 1.000$ RESPUESTA: 0,32 Avance 2 casillas	PREGUNTA: ¿Cuál es el mínimo común múltiplo entre 2, 4 y 16? RESPUESTA: 16 Avance 5 casillas	PREGUNTA: Resolver la potencia $(3^2)^2$ RESPUESTA: 81 Avance 3 casillas
PREGUNTA: Resolver la multiplicación $\frac{2}{5} \cdot \frac{7}{3}$ RESPUESTA: $\frac{14}{15}$ Avance 5 casillas	PREGUNTA: Resolver la potencia $\left(\frac{3}{2}\right)^{-2}$ RESPUESTA: $\frac{4}{9}$ Avance 1 casillas	PREGUNTA: ¿Cuál es la notación científica de 0,0015? RESPUESTA: $1,5 \cdot 10^{-3}$ Avance 7 casillas
PREGUNTA: Resolver la suma $3,5 + 0,5 + 2$ RESPUESTA: 6 Avance 1 casillas	PREGUNTA: Resolver la operación $15 + (-10)$ RESPUESTA: 5 Avance 3 casillas	PREGUNTA: ¿Cuál es la notación científica de 3.000.000? RESPUESTA: $3 \cdot 10^6$ Avance 4 casillas

PREGUNTA: Resolver la operación $-10 + (-12)$	PREGUNTA: Efectúa la operación $(-5) \cdot (-8)$	PREGUNTA: Efectúa la operación $(-90) \div (-2)$
RESPUESTA: -22	RESPUESTA: 40	RESPUESTA: 45
Avance 6 casillas	Avance 4 casillas	Avance 2 casillas

PREGUNTA: Resolver la operación $100 \div (-10)$	PREGUNTA: Efectúa la potencia $(-2)^4$	PREGUNTA: Efectúa la potencia $(-3)^3$
RESPUESTA: -10	RESPUESTA: 16	RESPUESTA: -27
Avance 7 casillas	Avance 2 casillas	Avance 5 casillas

PREGUNTA: ¿Cuál es el mínimo común múltiplo entre 5, 25 y 50?	PREGUNTA: ¿Qué número debe agregarse a 100, para tener 250?	PREGUNTA: ¿Cuántas tizas hay en 10 paquetes de 20 en cada uno?
RESPUESTA: 50	RESPUESTA: 150	RESPUESTA: 200 tizas
Avance 4 casillas	Avance 3 casillas	Avance 9 casillas

PREGUNTA: La mitad de un número es 50. ¿Cuál es el número?	PREGUNTA: Una madre tenía 20 años al nacer su hija. ¿Cuál será la edad de la hija cuando la madre cumpla 40 años?	PREGUNTA: Escribe en forma de sustracción la expresión; "La temperatura marcaba $25\,^{\circ}C$ y más tarde bajo $10\,^{\circ}C$
RESPUESTA: 100	RESPUESTA: 20 años	RESPUESTA: $(+25\,^{\circ}C) - (+10\,^{\circ}C)$
Avance 6 casillas	Avance 7 casillas	Avance 5 casillas

PREGUNTA: ¿Cuál es el opuesto o inverso del número -500	PREGUNTA: Resolver la operación $(+12) - (-8)$	PREGUNTA: Si José compra 5 manzanas semanales, ¿cuántas manzanas habrá comprado dentro de 4 semanas?
RESPUESTA: $+500$	RESPUESTA: 20	RESPUESTA: 20 manzanas
Avance 4 casillas	Avance 6 casillas	Avance 9 casillas

PREGUNTA: Resuelva la multiplicación $(-10)\cdot(+15)$ RESPUESTA: -150 Avance 4 casillas	PREGUNTA: Resolver la multiplicación $(-50)\cdot(-30)$ RESPUESTA: 1500 Avance 3 casillas	PREGUNTA: Efectúa la multiplicación $5\cdot(-2)\cdot(-3)$ RESPUESTA: 30 Avance 6 casillas
PREGUNTA: Calcula la potencia $(-3)^{-4}$ RESPUESTA: $\frac{1}{81}$ Avance 8 casillas	PREGUNTA: Resolver la división de potencias $(-2)^6 \div (-2)^5$ RESPUESTA: -2 Avance 5 casillas	PREGUNTA: ¿Cuál es el conjunto de todos los divisores de 16? RESPUESTA: $Div(16)=\{1,2,4,8,16\}$ Avance 8 casillas
PREGUNTA: Determine el perímetro de un triángulo cuyos lados miden 2 cm, 5 cm y 3 cm. RESPUESTA: 10 cm Avance 4 casillas	PREGUNTA: Resuelve la potencia $\left(-\frac{2}{5}\right)^2$ RESPUESTA: $\frac{4}{25}$ Avance 3 casillas	PREGUNTA: Calcular el volumen de un cubo de arista 5 cm RESPUESTA: 125 cm^3 Avance 9 casillas
PREGUNTA: Calcular el volumen de un paralelepípedo de lado 10 cm, de ancho 2 cm y altura 5 cm. RESPUESTA: 100 cm^3 Avance 6 casillas	PREGUNTA: Resolver la división $(25.000)\div(5.000)$ RESPUESTA: 5 Avance 4 casillas	PREGUNTA: Hallar el área de un rombo sabiendo que sus diagonales mide 10 cm y 18 cm. RESPUESTA: 90 cm^2 Avance 8 casillas
PREGUNTA: Hallar el área de un triángulo midiendo la base 8 cm y la altura 20 cm. RESPUESTA: 80 cm^2 Avance 8 casillas	PREGUNTA: Calcular el área de una circunferencia cuyo diámetro mide 2 cm. RESPUESTA: 3,14 cm^2 Avance 12 casillas	PREGUNTA: ¿Cómo se denomina al punto donde concurren las tres bisectrices de un triángulo? RESPUESTA: Incentro. Avance 10 casillas

PREGUNTA: Al efectuar la operación $\dfrac{3}{5} \div \left(\dfrac{5}{3}\right)^{-1}$	PREGUNTA: ¿Cómo se denomina el punto donde se interceptan las tres alturas trazadas de un triángulo?	PREGUNTA: ¿Cómo se clasifican los triángulos según sus lados?
RESPUESTA: 1	RESPUESTA: Ortocentro.	RESPUESTA: Equilátero, Isósceles y Escaleno
Avance 12 casillas	Avance 10 casillas	Avance 11 casillas

PREGUNTA: Resolver la operación de potencias $\dfrac{5^{25}\cdot 5^{20}}{5^{45}}$	PREGUNTA: ¿Cómo se clasifican los triángulos según sus ángulos?	PREGUNTA: ¿Resolver la operación $(-5) + (-6) + (-9)$
RESPUESTA: 1	RESPUESTA: Obtusángulo, Acutángulo y Rectángulo.	RESPUESTA: -20
Avance 8 casillas	Avance 11 casillas	Avance 4 casillas

Tablero reducido ya que el que se usa para jugar está al final del libro.

PARTIDA			AVANCE 3 CASIL				RETROC. 4 CASIL			AVANCE 4 CASIL	
→		RETROC. 9 CASIL			OTRA PREG.		AVANCE 6 CASIL		RETROC. 6 CASIL		
RETROC. 3 CASIL	→	AVANCE 3 CASIL			PIERDE TURNO		RETROC. 6 CASIL	OTRA PREG.		OTRA PREG.	↓
AVANCE 10 CASIL.	OTRA PREG.	→	RETROC. 3 CASIL		OTRA PREG.		AVANCE 9 CASIL			↓	RETROC. 4 CASIL
	AVANCE 4 CASIL		→	AVANCE 4 CASIL		PIERDE TURNO		RETROC. 6 CASIL	↓		
OTRA PREG.		AVANCE 5 CASIL		→			OTRA PREG.		↓		AVANCE 4 CASIL
			AVANCE 2 CASIL			→		↓		AVANCE 2 CASIL	PIERDE TURNO
AVANCE 3 CASIL	PIERDE TURNO	AVANCE 9 CASIL		AVANCE 4 CASIL	AVANCE 5 CASIL	META GANO	←	RETROC. 2 CASIL			
			PIERDE TURNO		↑	AVANCE 1 CASIL			←		OTRA PREG.
	RETROC. 9 CASIL	PIERDE TURNO			PIERDE TURNO		RETROC. 2 CASIL			←	
REGRESE PARTIDA			↑	OTRA PREG.			AVANCE 8 CASIL		RETROC. 6 CASIL	←	AVANCE 2 CASIL
		↑	RETROC. 5 CASIL				PIERDE TURNO	AVANCE 7 CASIL	PIERDE TURNO	OTRA PREG.	←
RETROC. 3 CASIL	↑	OTRA PREG.	RETROC. 2 CASIL				PIERDE TURNO	RETROC. 8 CASIL			AVANCE 8 CASIL
↑		RETROC. 3 CASIL		OTRA PREG.			RETROC. 5 CASIL		AVANCE 7 CASIL		OTRA PREG.

188

Fichas para jugar en el tablero al final del libro.

DOMINÓ MATEMÁTICO

A continuación tenemos un dominó matemático, que se juega de igual forma que el conocido por ustedes pero tiene una gran diferencia las fichas tienen que hacer mentalmente las operaciones matemáticas indicadas para saber que ficha debe jugar por ejemplo:

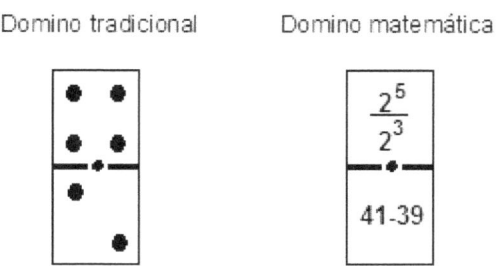

En el dominó matemática el blanco equivale a la operación que de cómo resultado cero.

Instrucciones para jugar el dominó matemático:

➢ Para comenzar a jugar tiene que haber 28 fichas de dominó del doble cero al doble seis efectuando mentalmente las operaciones.
➢ Las fichas se colocan boca abajo sobre la mesa y se mezclan y cada participante toma siete fichas, si juegan dos o tres participantes la sobrante se colocan a un lado y se toman en caso de que pasen.
➢ Para comenzar a jugar el primer jugador que sale es que tenga el doble seis ó el doble más alto una vez hecha las operaciones mentalmente.
➢ Se coloca las fichas una junto a la otra que las operaciones de valores similares,
➢ El participante que gana la partida es aquel que se queda sin fichas. Si al final de la partida todos los participantes pasan el ganador es el que tiene menos puntos (recordar que continuamente tiene que hacer las operaciones mentalmente).
➢ Al final de cada partida se cuentan los puntos que le quedan a los participantes contrarios al ganador.
➢ El final del juego es cuando algún participante o pareja llegue a 100 puntos.

Fichas del dominó matemático:

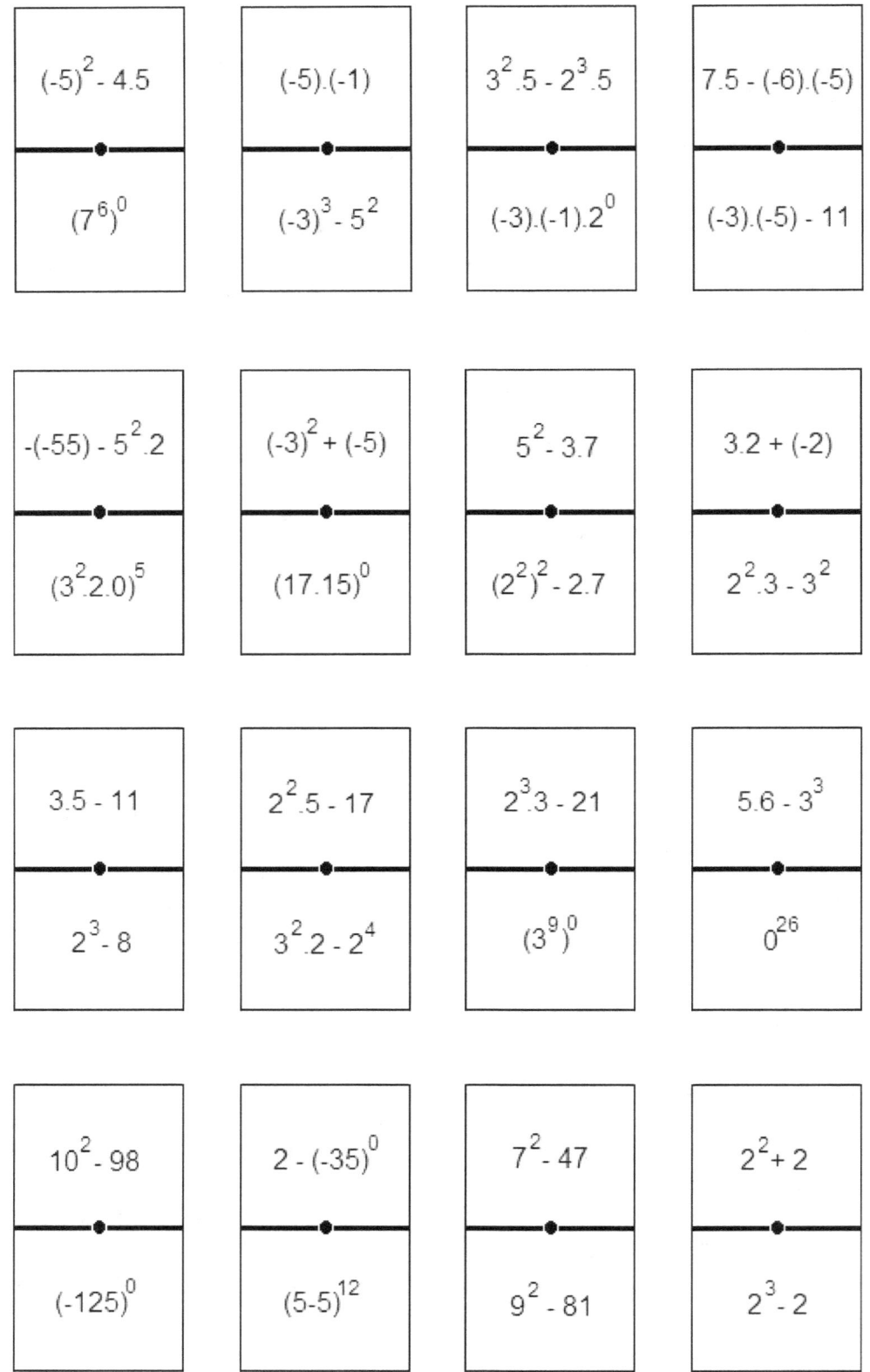

$(-5)^2 - 4.5$	$(-5).(-1)$	$3^2.5 - 2^3.5$	$7.5 - (-6).(-5)$
$(7^6)^0$	$(-3)^3 - 5^2$	$(-3).(-1).2^0$	$(-3).(-5) - 11$
$-(-55) - 5^2.2$	$(-3)^2 + (-5)$	$5^2 - 3.7$	$3.2 + (-2)$
$(3^2.2.0)^5$	$(17.15)^0$	$(2^2)^2 - 2.7$	$2^2.3 - 3^2$
$3.5 - 11$	$2^2.5 - 17$	$2^3.3 - 21$	$5.6 - 3^3$
$2^3 - 8$	$3^2.2 - 2^4$	$(3^9)^0$	0^{26}
$10^2 - 98$	$2 - (-35)^0$	$7^2 - 47$	$2^2 + 2$
$(-125)^0$	$(5-5)^{12}$	$9^2 - 81$	$2^3 - 2$

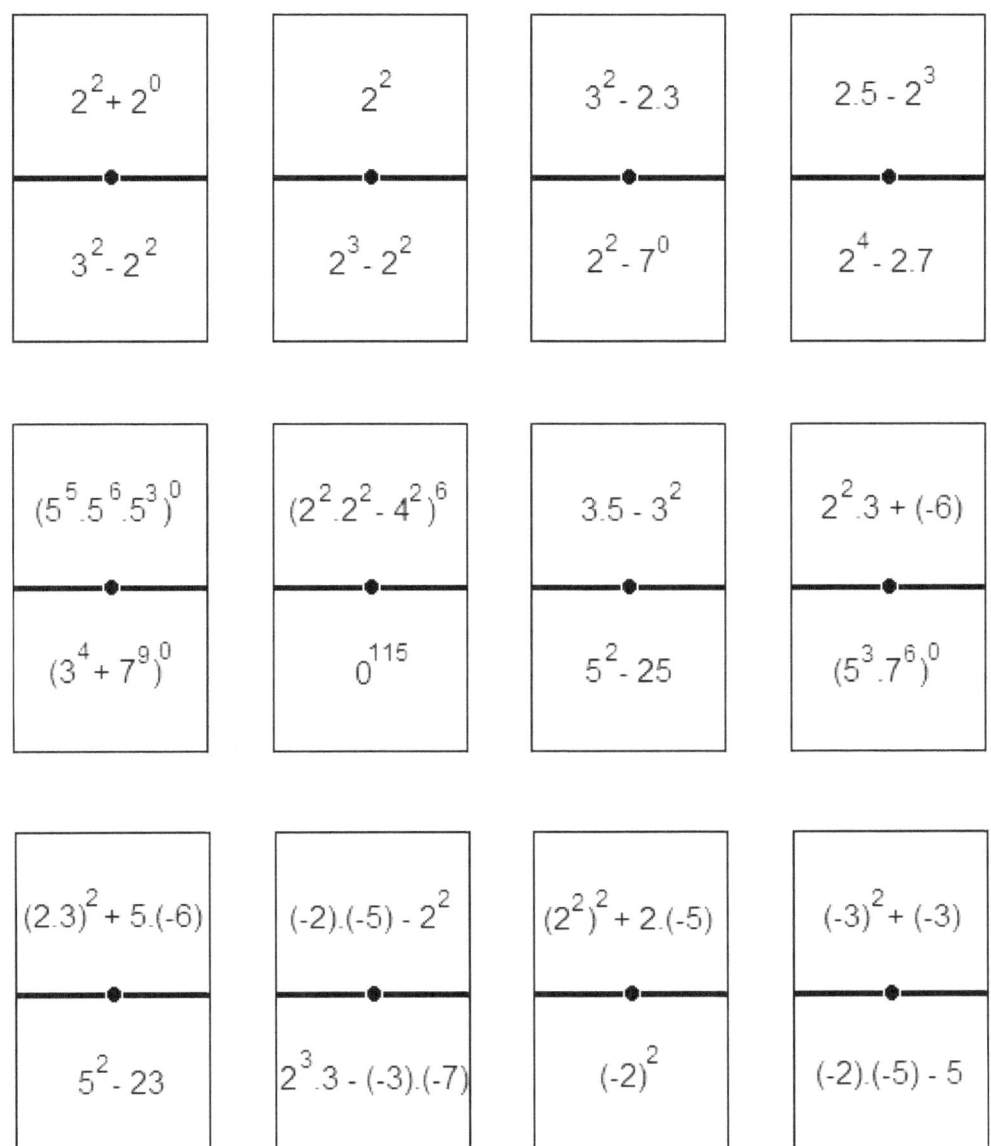

$2^2 + 2^0$	2^2	$3^2 - 2.3$	$2.5 - 2^3$
$3^2 - 2^2$	$2^3 - 2^2$	$2^2 - 7^0$	$2^4 - 2.7$
$(5^5 . 5^6 . 5^3)^0$	$(2^2 . 2^2 - 4^2)^6$	$3.5 - 3^2$	$2^2 . 3 + (-6)$
$(3^4 + 7^9)^0$	0^{115}	$5^2 - 25$	$(5^3 . 7^6)^0$
$(2.3)^2 + 5.(-6)$	$(-2).(-5) - 2^2$	$(2^2)^2 + 2.(-5)$	$(-3)^2 + (-3)$
$5^2 - 23$	$2^3 . 3 - (-3).(-7)$	$(-2)^2$	$(-2).(-5) - 5$

JUEGO DE EJERCICIOS MATEMÁTICOS

Forma de jugar:

+ Se utiliza un tablero, el cual tiene cuatro recuadros de diferentes colores.
+ Participan de tres a cinco jugadores, uno de los ellos es el encargado de realizar la lectura de los ejercicios de las tarjetas que los jugadores deben contestar correctamente para avanzar en el tablero. En el tablero se avanzan casillas dependiendo el resultado de los ejercicios.

+ Para comenzar cada jugador tiene cinco fichas del mismo color que deben colocarlo en el cuadro correspondiente a su color.

+ Por turnos los jugadores toman una tarjeta y se la entregan al participante encargado de leerlas y el jugador que de la respuesta correcta y más alta, es el que inicia el juego.

+ Para salir del recuadro la fichas el resultado del ejercicio de la tarjeta debe ser siete (7) u ocho (8) y tiene derecho de tomar otra tarjeta.

+ Para avanzar en las casillas los jugadores tienen que dar la respuesta correcta de la tarjeta que le corresponde ya que si la respuesta es incorrecta pierde el turno.

+ Si al jugador su respuesta correcta es siete u ocho en la tarjeta y no tiene más fichas en recuadro puede avanzar con otra ficha que tenga en el tablero y toma otra tarjeta.

+ Si la ficha de un jugador cae en una casilla ocupada por otra ficha de otro color diferente, entonces la ficha que estaba en esa casilla vuelve a su recuadro correspondiente del tablero.

+ Cuando cada una de las fichas de la vuelta completa al tablero puede entrar por el camino de su color que lo llevará a la meta.

+ El jugador que primero llega a la meta con sus cinco fichas es el ganador.

+ El participante encargado de leer las tarjetas tiene que tener cuidado que el jugador no vea las respuestas, por eso debe de doblar las tarjetas por la parte pespunteadas.

A continuación observaremos las tarjetas que deben ser recortadas y mezcladas para comenzar el juego; las fichas que también se recortaran y por último el tablero.

Resolver:		Resolver:		Resolver:
$2^2 - 3$		$(-3)^0$		$10 - 3^2$
-------------------		-------------------		-------------------
Resultado: 1		Resultado: 1		Resultado: 1

Resolver:

$$[(-5)^2]^0$$

Resultado: 1

Resolver:

$$5^2 - 24$$

Resultado: 1

Resolver:

$$\left\{\left[-\left(-\frac{1}{5}\right)^3\right]^7\right\}^0$$

Resultado: 1

Resolver:

$$\frac{3^2}{\left(\frac{1}{3}\right)^{-2}}$$

Resultado: 1

Resolver:

$$6^2 - 7 \cdot 5$$

Resultado: 1

Resolver:

$$\{\{[2 \cdot (-3)^2]^2\}^4\}^0$$

Resultado: 1

Resolver:

$$41 - 5 \cdot 8$$

Resultado: 1

Resolver:

$$0,5 \cdot 2$$

Resultado: 1

Resolver:

$$\frac{2^5}{3 \cdot 10 + 2}$$

Resultado: 1

Resolver:	Resolver:	Resolver la ecuación:
$$\dfrac{50-1}{7^2}$$	$$\dfrac{7\cdot 3}{5\cdot 4+1}$$	$$3x-3=0$$
Resultado: 1	Resultado: 1	Resultado: 1

Resolver:	Resolver:	Resolver:
$$\dfrac{5}{3}-\left(\dfrac{3}{2}\right)^{-1}$$	$$19-6\cdot 3$$	$$\dfrac{9}{5}-5^{-1}-\dfrac{3}{5}$$
Resultado: 1	Resultado: 1	Resultado: 1

Resolver:	Resolver:	Resolver:
$$7^2-6\cdot 8$$	$$\dfrac{5^2-4^2}{3^2}$$	$$\left\{\left\{\left[\left[\left(-\dfrac{7}{5}\right)^{-1}\right]^3\right)^6\right\}\right\}^0$$
Resultado: 1	Resultado: 1	Resultado: 1

Resolver:	Resolver:	Resolver:
$-(-5) - 2^2$	$-\{-[-(-1)]\}$	$-6 + [-(-7)]$
------------------	------------------	------------------
Resultado: 1	Resultado: 1	Resultado: 1

Resolver:	Resolver:	Resolver:
$91 - 3^2 \cdot 10$	$\dfrac{3^2 \cdot 3}{3^3}$	$17 - 2^4$
------------------	------------------	------------------
Resultado: 1	Resultado: 1	Resultado: 1

Resolver:	Resolver:	Resolver:
$\left\{\left\{\left[\left(-\dfrac{5}{3}\right)^3\right]^5\right\}^0\right\}^2$	$\dfrac{7^{-1}}{\dfrac{1}{7}}$	$(-3)^3 + 28$
------------------	------------------	------------------
Resultado: 1	Resultado: 1	Resultado: 1

Resolver:

$$\frac{2^5 \cdot 2^6}{2^{10}}$$

Resultado: | 2 |

Resolver:

$$-\{-[-(-4+2)]\}$$

Resultado: | 2 |

Resolver:

$$\frac{2^{12}}{2^{10}} - 2$$

Resultado: | 2 |

Resolver:

$$\left(\frac{1}{2}\right)^{-1}$$

Resultado: | 2 |

Resolver:

$$3 \cdot 5 - 13$$

Resultado: | 2 |

Resolver:

$$2^3 - 2 \cdot 3$$

Resultado: | 2 |

Resolver:

$$6 \cdot 7 - 5 \cdot 8$$

Resultado: | 2 |

Resolver:

$$-[(-2)^{-1}]^{-1}$$

Resultado: | 2 |

Resolver:

$$6^2 - 34$$

Resultado: | 2 |

Resolver:	Resolver:	Resolver:
$\left(\dfrac{2^5 \cdot 2^{10}}{2^{16}}\right)^{-1}$	$\{[(2^{-1})^{-1}]^{-1}\}^{-1}$	$3^4 - 79$
Resultado: 2	Resultado: 2	Resultado: 2

Resolver:	Resolver:	Resolver la ecuación:
$17 - 3 \cdot 5$	$\dfrac{(2^{-1})^{-1}}{2^0}$	$3x - 6 = 0$
Resultado: 2	Resultado: 2	Resultado: 2

Resolver:	Resolver:	Resolver:
$10^2 - 98$	$2^6 \cdot 2^{-7} \cdot 2^2$	$\dfrac{1}{6} \div \dfrac{1}{12}$
Resultado: 2	Resultado: 2	Resultado: 2

Resolver:	Resolver:	Resolver:
$$\dfrac{6^4 \cdot 6^{-3}}{3}$$	$$\left\{ \left[\left(\dfrac{1}{2} \right)^{-1} \right]^{-1} \right\}^{-1}$$	$$25 - (10 + 13)$$
Resultado: 2	Resultado: 2	Resultado: 2

Resolver:	Resolver:	Resolver:
$$\left(\dfrac{1}{4} + \dfrac{1}{4} \right)^{-1}$$	$$\{\{\{[(2^{-1})^{-1}]^{-1}\}^{-1}\}^{-1}\}^{-1}$$	$$11 \cdot 2 - 10 \cdot 2$$
Resultado: 2	Resultado: 2	Resultado: 2

Resolver:	Resolver:	Resolver:
$$\left[\dfrac{(7^5 \cdot 7^9 \cdot 7^8)^0}{2} \right]^{-1}$$	$$3^3 - 5^2$$	$$7 \cdot 5 - 11 \cdot 3$$
Resultado: 2	Resultado: 2	Resultado: 2

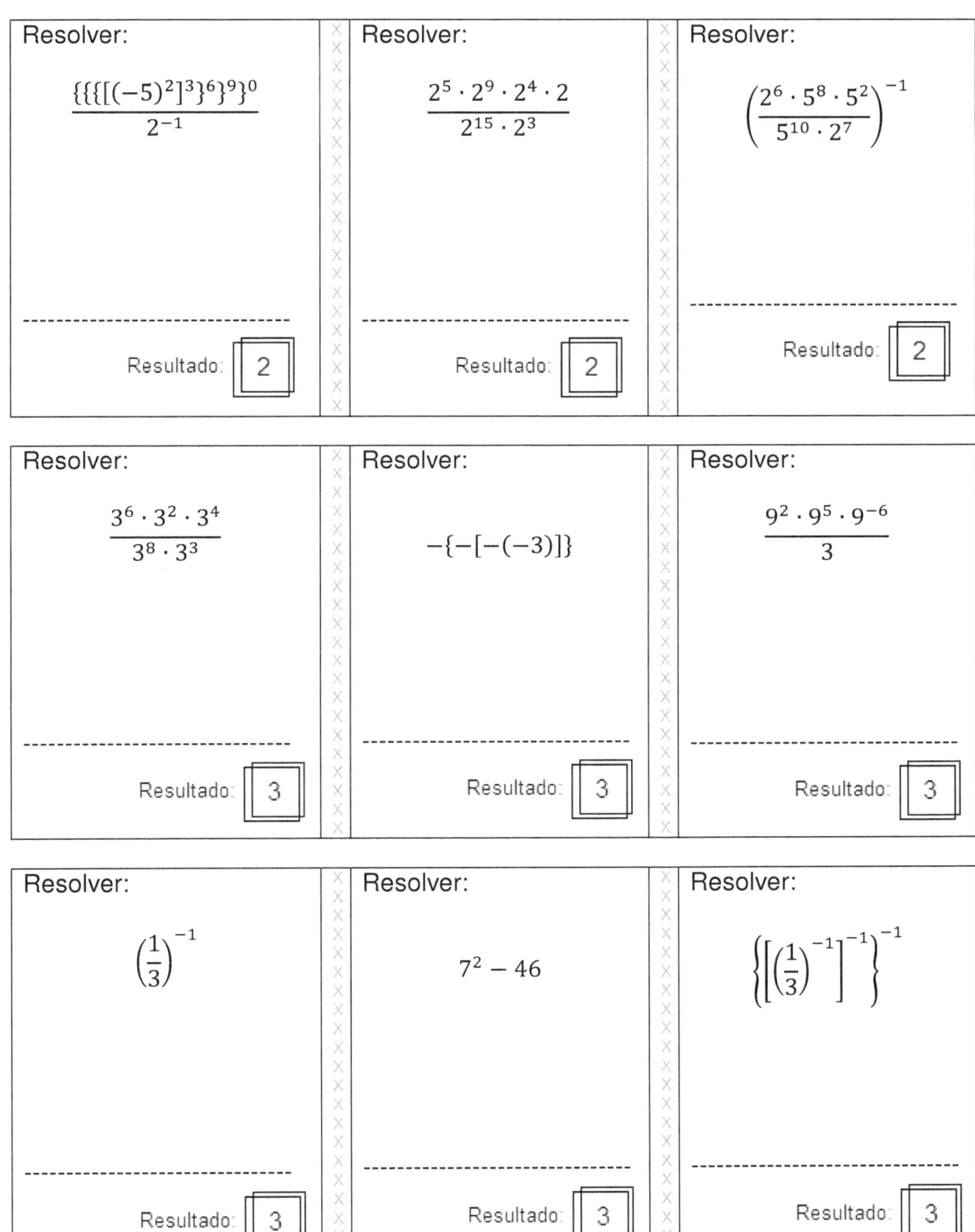

Resolver:

$$\frac{\{\{\{[(-5)^2]^3\}^6\}^9\}^0}{2^{-1}}$$

Resultado: 2

Resolver:

$$\frac{2^5 \cdot 2^9 \cdot 2^4 \cdot 2}{2^{15} \cdot 2^3}$$

Resultado: 2

Resolver:

$$\left(\frac{2^6 \cdot 5^8 \cdot 5^2}{5^{10} \cdot 2^7}\right)^{-1}$$

Resultado: 2

Resolver:

$$\frac{3^6 \cdot 3^2 \cdot 3^4}{3^8 \cdot 3^3}$$

Resultado: 3

Resolver:

$$-\{-[-(-3)]\}$$

Resultado: 3

Resolver:

$$\frac{9^2 \cdot 9^5 \cdot 9^{-6}}{3}$$

Resultado: 3

Resolver:

$$\left(\frac{1}{3}\right)^{-1}$$

Resultado: 3

Resolver:

$$7^2 - 46$$

Resultado: 3

Resolver:

$$\left\{\left[\left(\frac{1}{3}\right)^{-1}\right]^{-1}\right\}^{-1}$$

Resultado: 3

199

Resolver:

$$\frac{1}{3} \div \frac{1}{9}$$

Resultado: [3]

Resolver:

$$5^3 - 2 \cdot 61$$

Resultado: [3]

Resolver:

$$\left(\frac{1}{2} \cdot \frac{2}{3}\right)^{-1}$$

Resultado: [3]

Resolver:

$$\left(\frac{3}{3^2}\right)^{-1}$$

Resultado: [3]

Resolver:

$$10^2 - 97$$

Resultado: [3]

Resolver:

$$3 \cdot 10 - 3^3$$

Resultado: [3]

Resolver:

$$\{\{\{[(3^{-1})^{-1}]^{-1}\}^{-1}\}^{-1}\}^{-1}$$

Resultado: [3]

Resolver:

$$\frac{9}{6} \div \frac{1}{2}$$

Resultado: [3]

Resolver la ecuación:

$$-9x + 27 = 0$$

Resultado: [3]

Resolver:	Resolver:	Resolver:
$210 \div 70$	$\left(\dfrac{3^{10} \cdot 3^{15} \cdot 3^5 \cdot 3^2}{3^{23} \cdot 3^{10}}\right)^{-1}$	$\dfrac{6}{20} \div \dfrac{1}{10}$
Resultado: 3	Resultado: 3	Resultado: 3

Resolver:	Resolver:	Resolver:
$3 \cdot 5 - 2 \cdot 6$	$\dfrac{3}{5} \cdot 2 \cdot \dfrac{10}{4}$	$3^2 \cdot 10 \div 30$
Resultado: 3	Resultado: 3	Resultado: 3

Resolver:	Resolver:	Resolver:
$\left(\dfrac{1}{81} \div \dfrac{1}{27}\right)^{-1}$	$[-3 \cdot (-2 - 3)] \div 5$	$\dfrac{5 \cdot (-3 + 9)}{5 \cdot 2}$
Resultado: 3	Resultado: 3	Resultado: 3

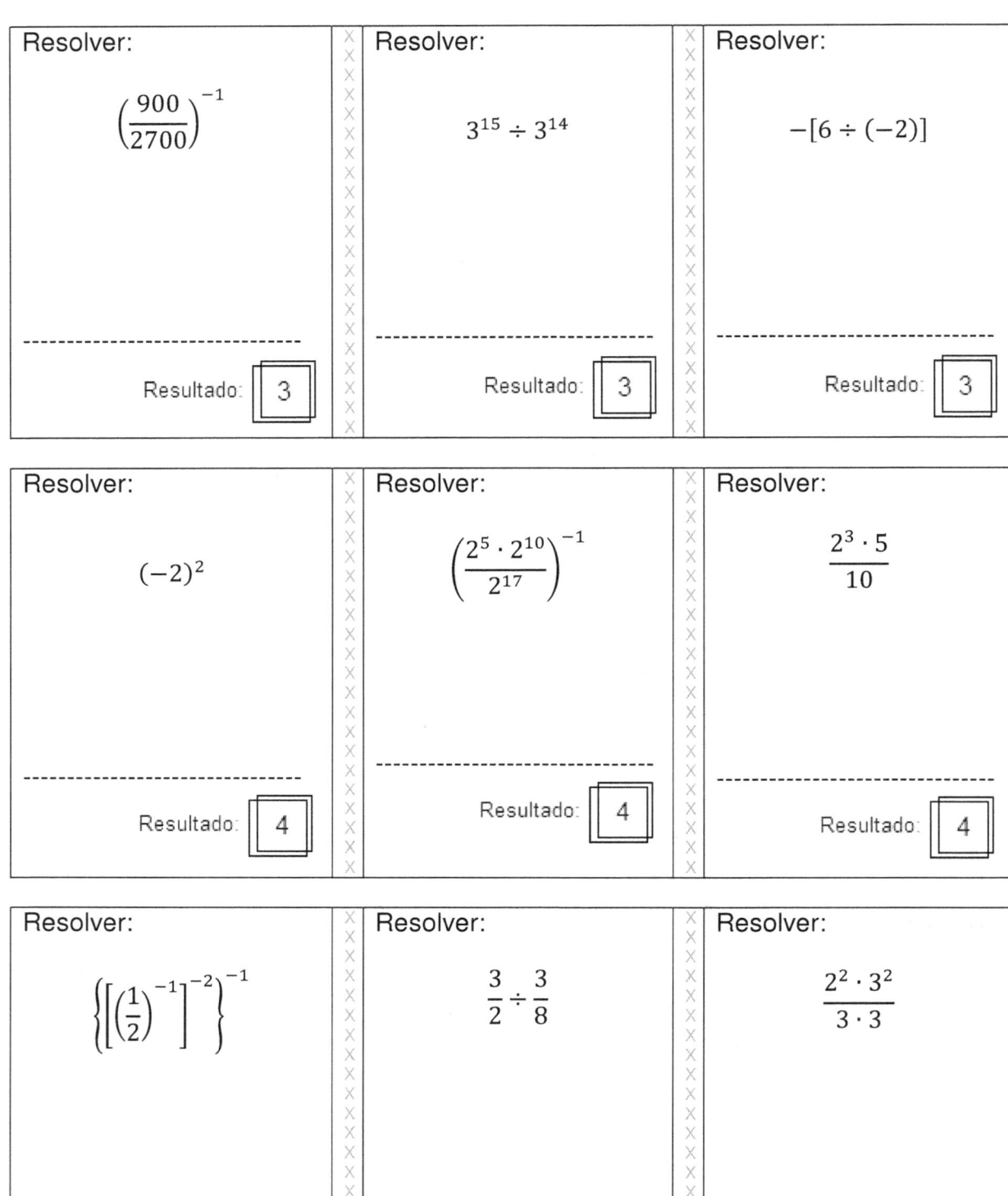

Resolver:

$$\left(\frac{900}{2700}\right)^{-1}$$

Resultado: 3

Resolver:

$$3^{15} \div 3^{14}$$

Resultado: 3

Resolver:

$$-[6 \div (-2)]$$

Resultado: 3

Resolver:

$$(-2)^2$$

Resultado: 4

Resolver:

$$\left(\frac{2^5 \cdot 2^{10}}{2^{17}}\right)^{-1}$$

Resultado: 4

Resolver:

$$\frac{2^3 \cdot 5}{10}$$

Resultado: 4

Resolver:

$$\left\{\left[\left(\frac{1}{2}\right)^{-1}\right]^{-2}\right\}^{-1}$$

Resultado: 4

Resolver:

$$\frac{3}{2} \div \frac{3}{8}$$

Resultado: 4

Resolver:

$$\frac{2^2 \cdot 3^2}{3 \cdot 3}$$

Resultado: 4

Resolver:	Resolver:	Resolver:
$\left(\dfrac{1}{2}\right)^{-2}$	$2 \cdot 8 \div 2^2$	$\left(\dfrac{5}{2} \div 10\right)^{-1}$
Resultado: 4	Resultado: 4	Resultado: 4

Resolver:	Resolver:	Resolver:
$-\left(-\dfrac{48}{12}\right)$	$\left\{\left\{\left\{\left\{\left\{\left[\left(\tfrac{1}{4}\right)^{-1}\right]^{-1}\right\}^{-1}\right\}^{-1}\right\}^{-1}\right\}^{-1}\right\}^{-1}$	$\dfrac{1}{2} \div \dfrac{1}{2^3}$
Resultado: 4	Resultado: 4	Resultado: 4

Resolver:	Resolver:	Resolver la ecuación:
$(2^2)^2 \div 2^2$	$5 \cdot 7 - 31$	$-160 + 40x = 0$
Resultado: 4	Resultado: 4	Resultado: 4

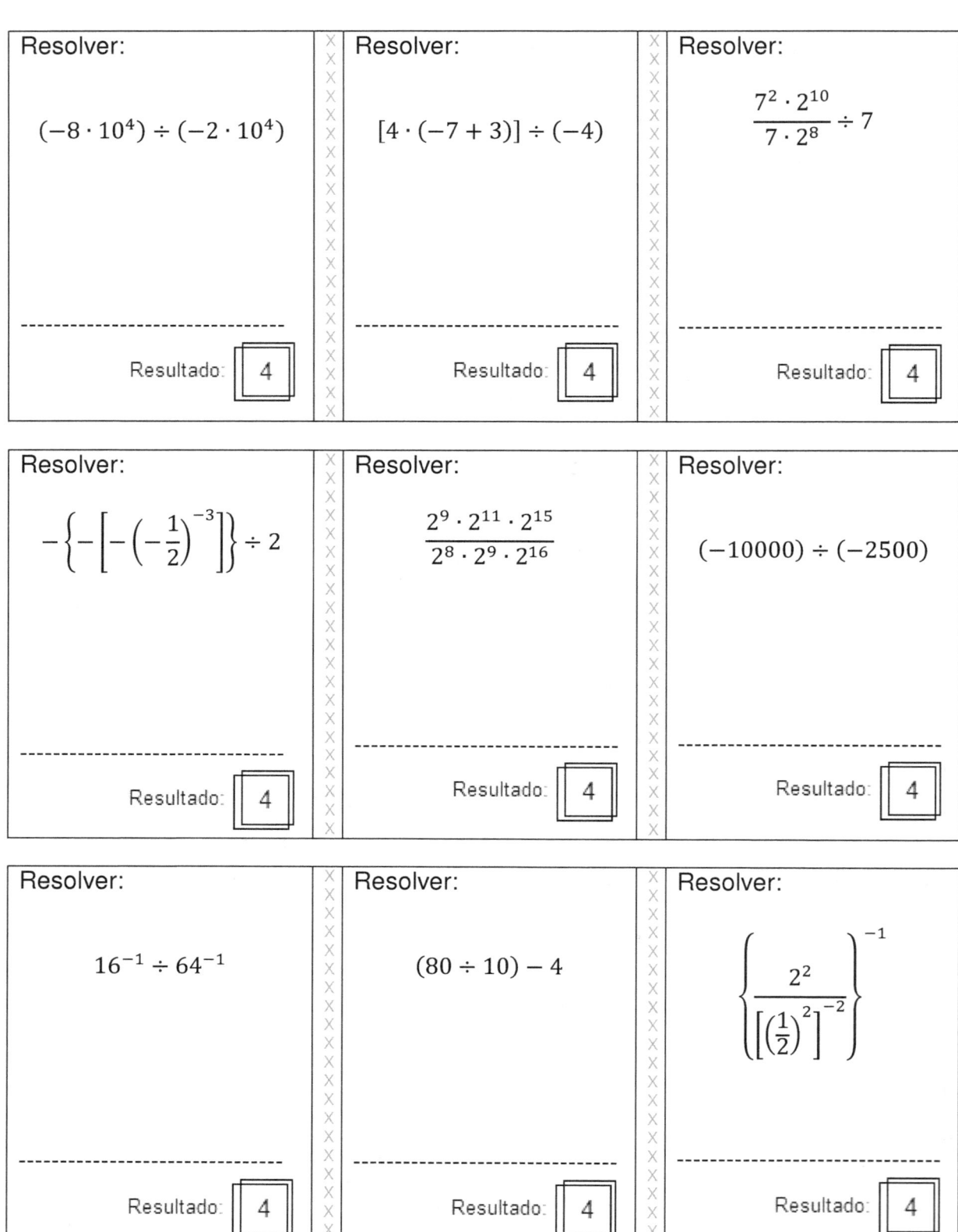

Resolver:

$$(-8 \cdot 10^4) \div (-2 \cdot 10^4)$$

Resultado: [4]

Resolver:

$$[4 \cdot (-7 + 3)] \div (-4)$$

Resultado: [4]

Resolver:

$$\frac{7^2 \cdot 2^{10}}{7 \cdot 2^8} \div 7$$

Resultado: [4]

Resolver:

$$-\left\{-\left[-\left(-\frac{1}{2}\right)^{-3}\right]\right\} \div 2$$

Resultado: [4]

Resolver:

$$\frac{2^9 \cdot 2^{11} \cdot 2^{15}}{2^8 \cdot 2^9 \cdot 2^{16}}$$

Resultado: [4]

Resolver:

$$(-10000) \div (-2500)$$

Resultado: [4]

Resolver:

$$16^{-1} \div 64^{-1}$$

Resultado: [4]

Resolver:

$$(80 \div 10) - 4$$

Resultado: [4]

Resolver:

$$\left\{ \frac{2^2}{\left[\left(\frac{1}{2}\right)^2\right]^{-2}} \right\}^{-1}$$

Resultado: [4]

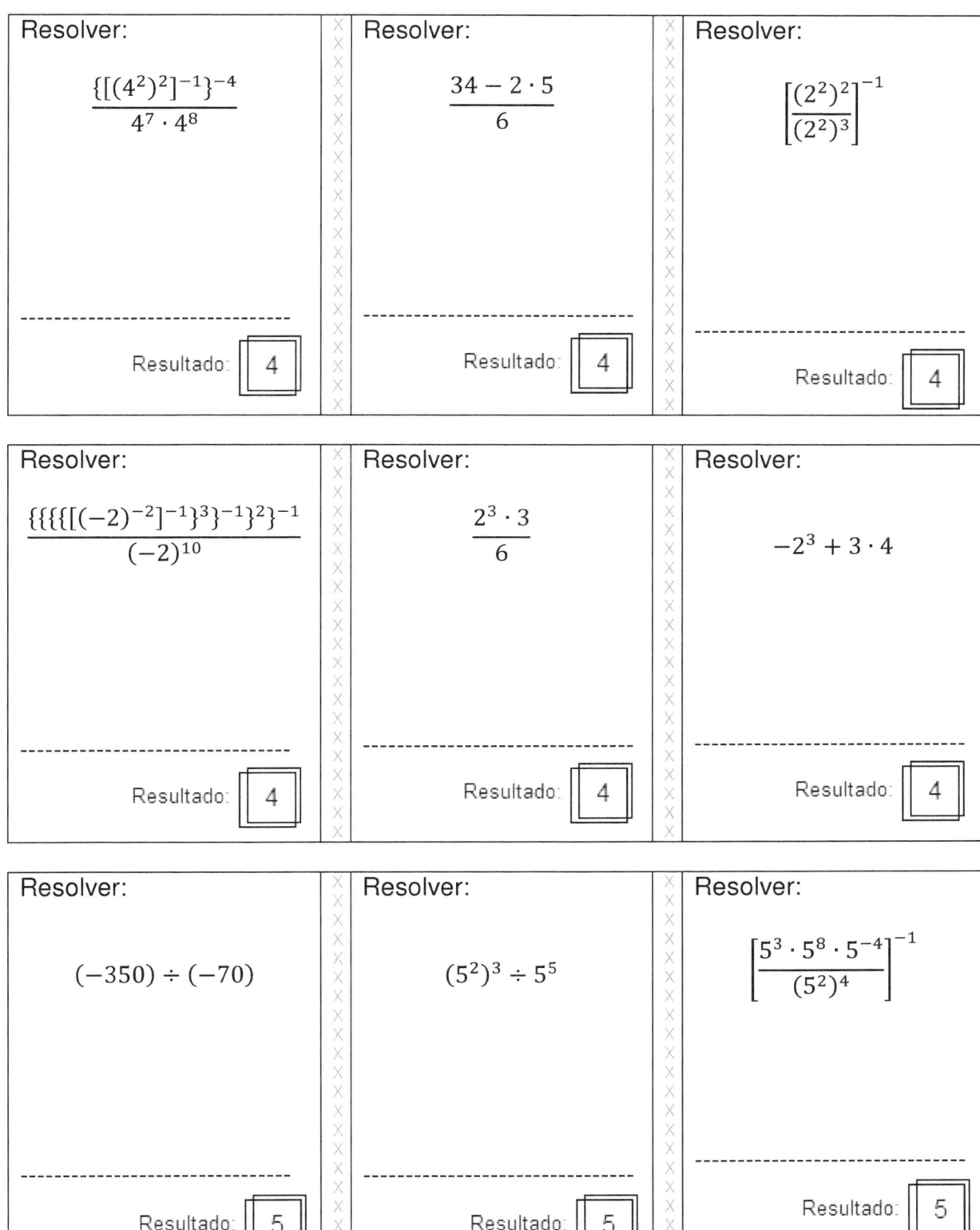

Resolver:

$$\frac{\{[(4^2)^2]^{-1}\}^{-4}}{4^7 \cdot 4^8}$$

Resultado: 4

Resolver:

$$\frac{34 - 2 \cdot 5}{6}$$

Resultado: 4

Resolver:

$$\left[\frac{(2^2)^2}{(2^2)^3}\right]^{-1}$$

Resultado: 4

Resolver:

$$\frac{\{\{\{\{[(-2)^{-2}]^{-1}\}^3\}^{-1}\}^2\}^{-1}}{(-2)^{10}}$$

Resultado: 4

Resolver:

$$\frac{2^3 \cdot 3}{6}$$

Resultado: 4

Resolver:

$$-2^3 + 3 \cdot 4$$

Resultado: 4

Resolver:

$$(-350) \div (-70)$$

Resultado: 5

Resolver:

$$(5^2)^3 \div 5^5$$

Resultado: 5

Resolver:

$$\left[\frac{5^3 \cdot 5^8 \cdot 5^{-4}}{(5^2)^4}\right]^{-1}$$

Resultado: 5

205

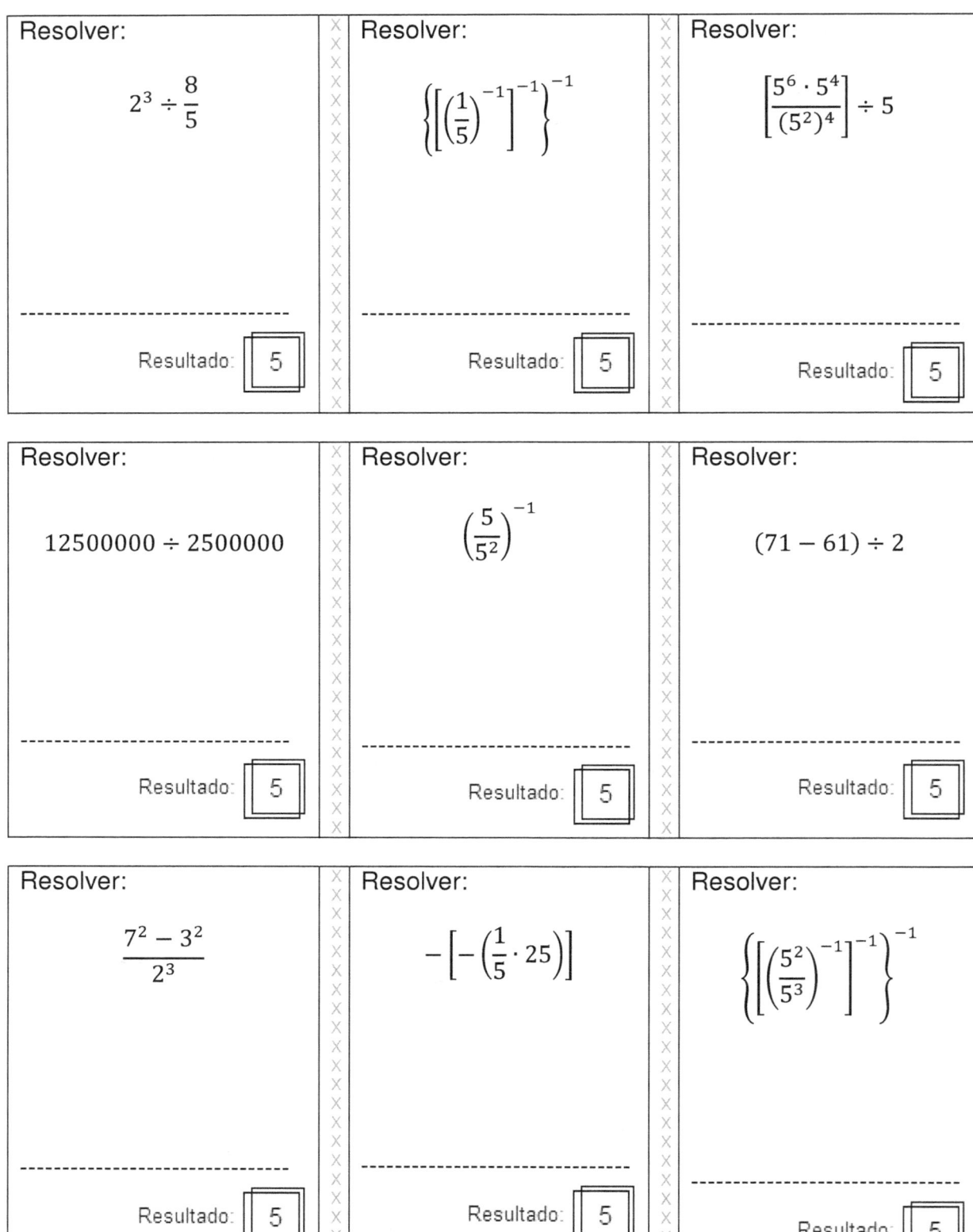

Resolver:

$$2^3 \div \frac{8}{5}$$

Resultado: 5

Resolver:

$$\left\{\left[\left(\frac{1}{5}\right)^{-1}\right]^{-1}\right\}^{-1}$$

Resultado: 5

Resolver:

$$\left[\frac{5^6 \cdot 5^4}{(5^2)^4}\right] \div 5$$

Resultado: 5

Resolver:

$$12500000 \div 2500000$$

Resultado: 5

Resolver:

$$\left(\frac{5}{5^2}\right)^{-1}$$

Resultado: 5

Resolver:

$$(71 - 61) \div 2$$

Resultado: 5

Resolver:

$$\frac{7^2 - 3^2}{2^3}$$

Resultado: 5

Resolver:

$$-\left[-\left(\frac{1}{5} \cdot 25\right)\right]$$

Resultado: 5

Resolver:

$$\left\{\left[\left(\frac{5^2}{5^3}\right)^{-1}\right]^{-1}\right\}^{-1}$$

Resultado: 5

Resolver:	Resolver:	Resolver la ecuación:
$(-5)^2 \cdot 2 \div 10$	$\dfrac{3 \cdot (30 - 25)}{3}$	$10x - 25 - 5x = 0$
Resultado: 5	Resultado: 5	Resultado: 5

Resolver:	Resolver:	Resolver:
$\dfrac{2^2 \cdot 3^2 - 21}{3}$	$\left(\dfrac{\frac{1}{25}}{\frac{1}{5}}\right)^{-1}$	$4 \cdot 10^4 \div 8 \cdot 10^3$
Resultado: 5	Resultado: 5	Resultado: 5

Resolver:	Resolver:	Resolver:
$\dfrac{(-5)^2 \cdot 2^2}{5 \cdot (-2)^2}$	$\left\{\dfrac{5^7 \cdot (-13)^9}{5^8 \cdot [(-13)^3]^3}\right\}^{-1}$	$\dfrac{7}{\frac{7}{5}}$
Resultado: 5	Resultado: 5	Resultado: 5

Resolver:

$$\frac{3^4 - 21}{12}$$

Resultado: 5

Resolver:

$$\{[(-7)^2]^6\}^0 + 2^2$$

Resultado: 5

Resolver:

$$\left(\frac{8}{5} \div 8\right)^{-1}$$

Resultado: 5

Resolver:

$$(-3) \cdot (-25) \div 15$$

Resultado: 5

Resolver:

$$(-90000) \div (-18000)$$

Resultado: 5

Resolver:

$$\frac{30}{4} \div \frac{3}{2}$$

Resultado: 5

Resolver:

$$\left(\frac{\{\{\{[(-5)^2]^6\}^{-4}\}^{-5}\}^0}{5}\right)^{-1}$$

Resultado: 5

Resolver:

$$\frac{(-2)^4 \cdot 5}{[(-2)^2]^2}$$

Resultado: 5

Resolver:

$$\left[\frac{5 \cdot (5^6 \cdot 5^{11})^0}{5^2}\right]^{-1}$$

Resultado: 5

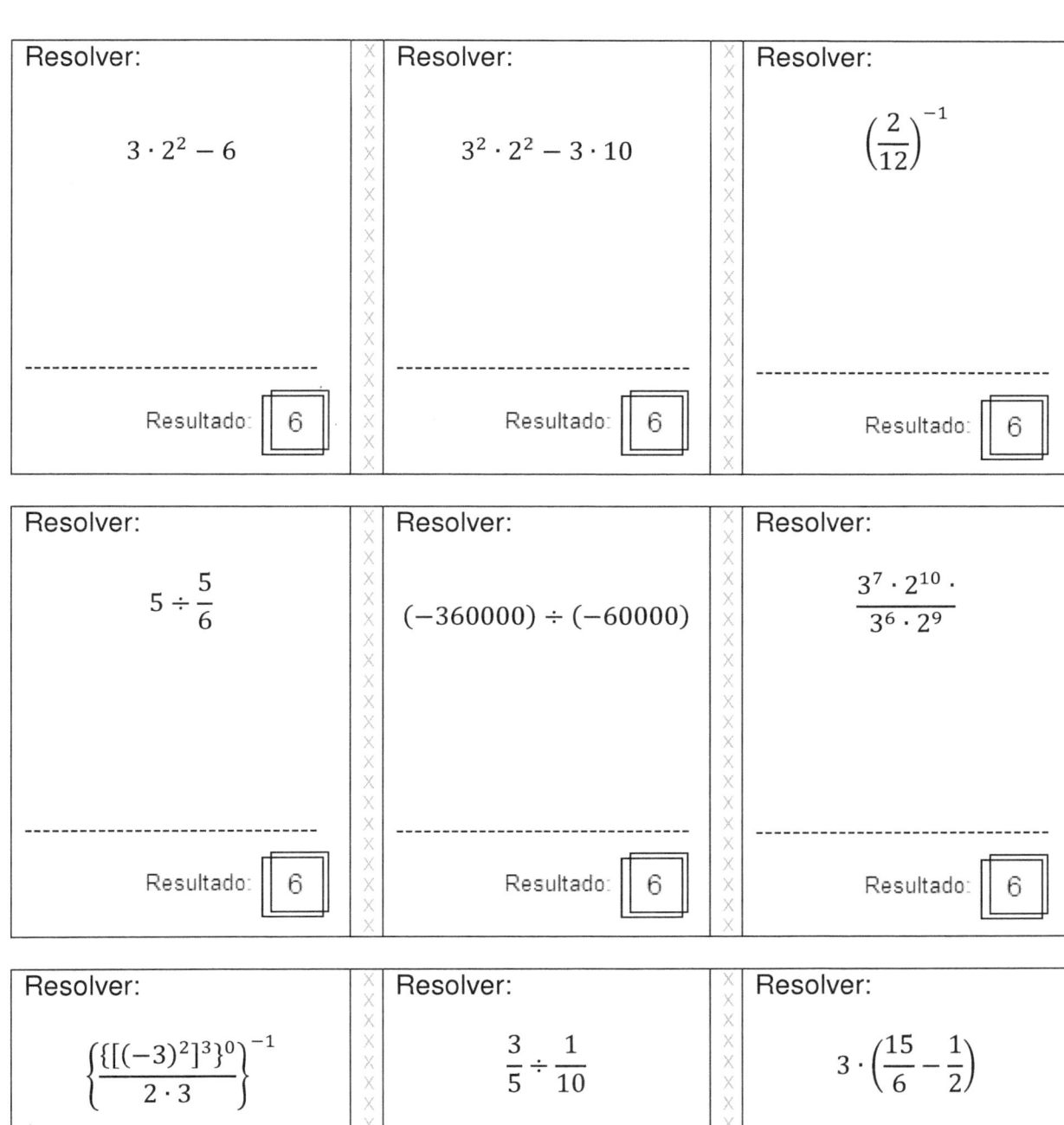

Resolver:

$$3 \cdot 2^2 - 6$$

Resultado: ☐ 6

Resolver:

$$3^2 \cdot 2^2 - 3 \cdot 10$$

Resultado: ☐ 6

Resolver:

$$\left(\frac{2}{12}\right)^{-1}$$

Resultado: ☐ 6

Resolver:

$$5 \div \frac{5}{6}$$

Resultado: ☐ 6

Resolver:

$$(-360000) \div (-60000)$$

Resultado: ☐ 6

Resolver:

$$\frac{3^7 \cdot 2^{10} \cdot}{3^6 \cdot 2^9}$$

Resultado: ☐ 6

Resolver:

$$\left\{\frac{\{[(-3)^2]^3\}^0}{2 \cdot 3}\right\}^{-1}$$

Resultado: ☐ 6

Resolver:

$$\frac{3}{5} \div \frac{1}{10}$$

Resultado: ☐ 6

Resolver:

$$3 \cdot \left(\frac{15}{6} - \frac{1}{2}\right)$$

Resultado: ☐ 6

Resolver:

$$\left[\left(\frac{1}{3}\right)^2\right]^{-1} - 3$$

Resultado: 6

Resolver:

$$(-2) \cdot (17 - 20)$$

Resultado: 6

Resolver:

$$\left\{\left[\left(\frac{2}{12}\right)^{-1}\right]^{-1}\right\}^{-1}$$

Resultado: 6

Resolver:

$$\left(\frac{1}{17}\right)^{-1} - 11$$

Resultado: 6

Resolver:

$$\frac{6^{10} \cdot 6^5 \cdot 6^4}{6^6 \cdot 6^8 \cdot 6^4}$$

Resultado: 6

Resolver la ecuación:

$$-12x + 72 = 0$$

Resultado: 6

Resolver:

$$(66 \div 6) - 5$$

Resultado: 6

Resolver:

$$\frac{(-2) \cdot 3 \cdot (-11)}{11}$$

Resultado: 6

Resolver:

$$\left\{\frac{[(-3)^7 2^9 \cdot (-3)^{-5}]^0}{6}\right\}^{-1}$$

Resultado: 6

210

Resolver: $$\dfrac{(-3) \cdot 2^2}{-2}$$ - - - - - - - - - - - - - - - - Resultado: ☐ 6	Resolver: $$396 \div 66$$ - - - - - - - - - - - - - - - - Resultado: ☐ 6	Resolver: $$7 + \left\{\left\{\left[\left(\dfrac{1}{13}\right)^2\right]^3\right\}^5\right\}^0 - 2$$ - - - - - - - - - - - - - - - - Resultado: ☐ 6
Resolver: $$\dfrac{2^3 \cdot 3 \cdot 5}{5 \cdot 2^2}$$ - - - - - - - - - - - - - - - - Resultado: ☐ 6	Resolver: $$\left(\dfrac{2^2 \cdot 3^2 \cdot 7^5}{7^2 \cdot 2^3 \cdot 3^3 \cdot 7^3}\right)^{-1}$$ - - - - - - - - - - - - - - - - Resultado: ☐ 6	Resolver: $$\dfrac{(2^3 \cdot 3 \cdot 5)^2}{2^5 \cdot 3 \cdot 5^2}$$ - - - - - - - - - - - - - - - - Resultado: ☐ 6
Resolver: $$3 \cdot [(-5) + 10] - 3^2$$ - - - - - - - - - - - - - - - - Resultado: ☐ 6	Resolver: $$7^2 - 43$$ - - - - - - - - - - - - - - - - Resultado: ☐ 6	Resolver: $$\left(\dfrac{9}{6} \div \dfrac{1}{6}\right) - 3$$ - - - - - - - - - - - - - - - - Resultado: ☐ 6

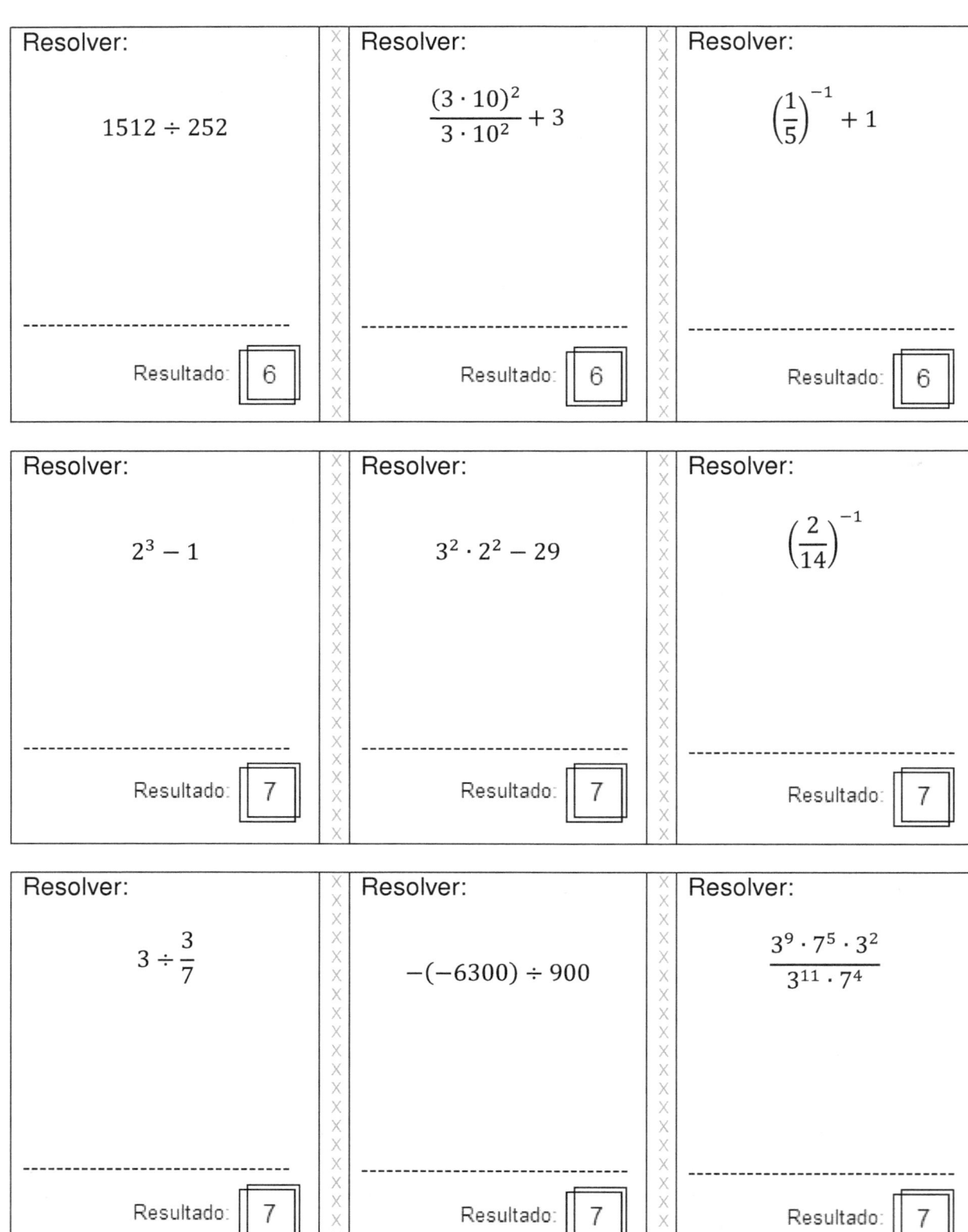

Resolver:

$$1512 \div 252$$

- -

Resultado: 6

Resolver:

$$\frac{(3 \cdot 10)^2}{3 \cdot 10^2} + 3$$

- -

Resultado: 6

Resolver:

$$\left(\frac{1}{5}\right)^{-1} + 1$$

- -

Resultado: 6

Resolver:

$$2^3 - 1$$

- -

Resultado: 7

Resolver:

$$3^2 \cdot 2^2 - 29$$

- -

Resultado: 7

Resolver:

$$\left(\frac{2}{14}\right)^{-1}$$

- -

Resultado: 7

Resolver:

$$3 \div \frac{3}{7}$$

- -

Resultado: 7

Resolver:

$$-(-6300) \div 900$$

- -

Resultado: 7

Resolver:

$$\frac{3^9 \cdot 7^5 \cdot 3^2}{3^{11} \cdot 7^4}$$

- -

Resultado: 7

Resolver:	Resolver:	Resolver:
$$\left\{\frac{\{[(-7)^5]^8\}^0}{3}\right\}^{-1} + 2^2$$	$$2 \cdot \left(\frac{16}{6} + \frac{5}{6}\right)$$	$$\left[\left(\frac{1}{3}\right)^2\right]^{-1} - 2$$
Resultado: 7	Resultado: 7	Resultado: 7

Resolver:	Resolver:	Resolver:
$$\left(\frac{3^2}{63}\right)^{-1}$$	$$2^3 - 7^0$$	$$5^2 - 2 \cdot 3^2$$
Resultado: 7	Resultado: 7	Resultado: 7

Resolver:	Resolver:	Resolver la ecuación:
$$\frac{2^{15}}{2^{12}} - (-2)^0$$	$$\left(\frac{7^{14} \cdot 7^6 \cdot 7^5 \cdot 7^{-10}}{7^9 \cdot 7^7}\right)^{-1}$$	$$7x - 49 = 0$$
Resultado: 7	Resultado: 7	Resultado: 7

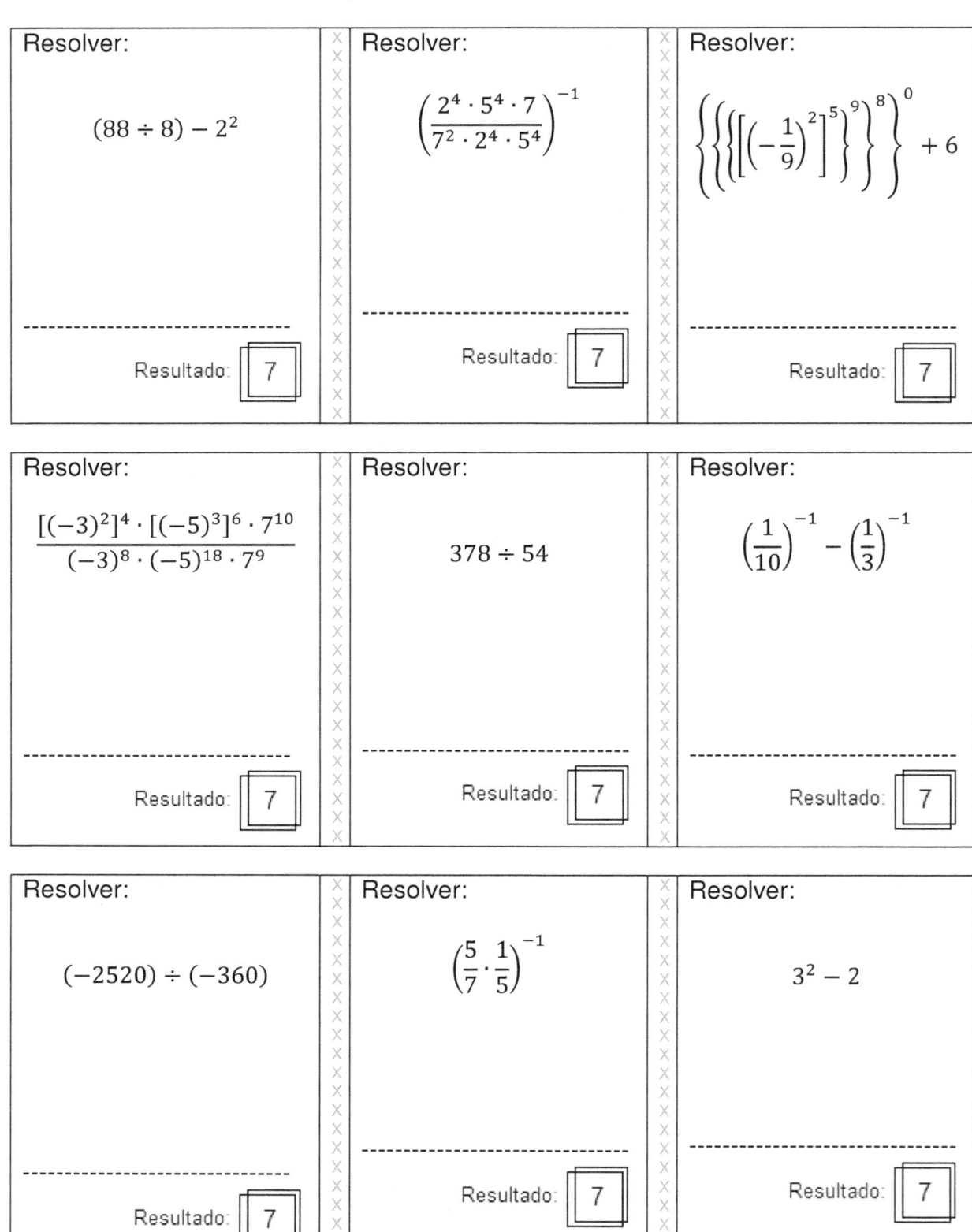

Resolver:

$$(88 \div 8) - 2^2$$

Resultado: 7

Resolver:

$$\left(\frac{2^4 \cdot 5^4 \cdot 7}{7^2 \cdot 2^4 \cdot 5^4}\right)^{-1}$$

Resultado: 7

Resolver:

$$\left\{\left\{\left\{\left[\left(-\frac{1}{9}\right)^2\right]^5\right\}^9\right\}^8\right\}^0 + 6$$

Resultado: 7

Resolver:

$$\frac{[(-3)^2]^4 \cdot [(-5)^3]^6 \cdot 7^{10}}{(-3)^8 \cdot (-5)^{18} \cdot 7^9}$$

Resultado: 7

Resolver:

$$378 \div 54$$

Resultado: 7

Resolver:

$$\left(\frac{1}{10}\right)^{-1} - \left(\frac{1}{3}\right)^{-1}$$

Resultado: 7

Resolver:

$$(-2520) \div (-360)$$

Resultado: 7

Resolver:

$$\left(\frac{5}{7} \cdot \frac{1}{5}\right)^{-1}$$

Resultado: 7

Resolver:

$$3^2 - 2$$

Resultado: 7

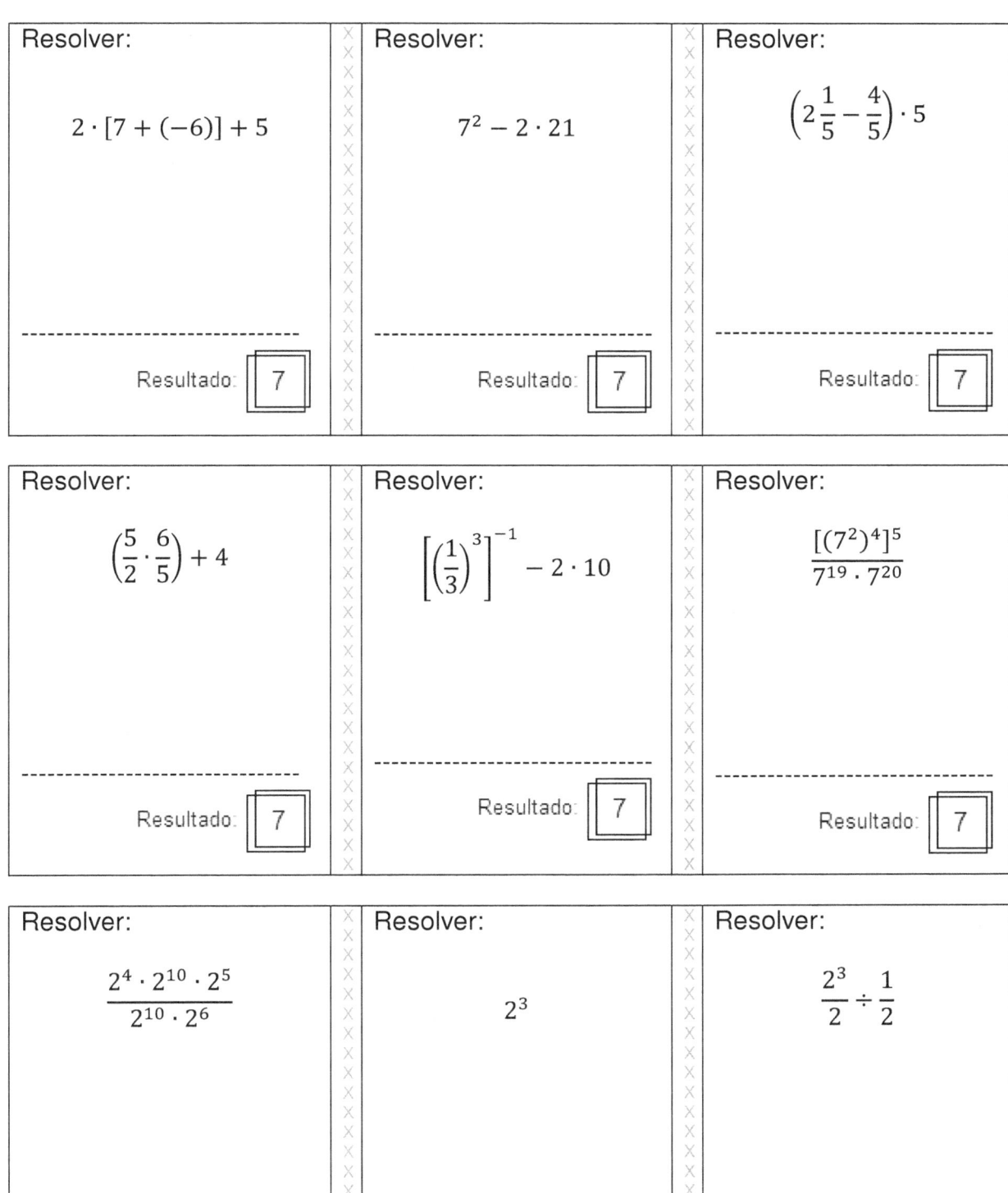

Resolver:

$$2 \cdot [7 + (-6)] + 5$$

Resultado: 7

Resolver:

$$7^2 - 2 \cdot 21$$

Resultado: 7

Resolver:

$$\left(2\frac{1}{5} - \frac{4}{5}\right) \cdot 5$$

Resultado: 7

Resolver:

$$\left(\frac{5}{2} \cdot \frac{6}{5}\right) + 4$$

Resultado: 7

Resolver:

$$\left[\left(\frac{1}{3}\right)^3\right]^{-1} - 2 \cdot 10$$

Resultado: 7

Resolver:

$$\frac{[(7^2)^4]^5}{7^{19} \cdot 7^{20}}$$

Resultado: 7

Resolver:

$$\frac{2^4 \cdot 2^{10} \cdot 2^5}{2^{10} \cdot 2^6}$$

Resultado: 8

Resolver:

$$2^3$$

Resultado: 8

Resolver:

$$\frac{2^3}{2} \div \frac{1}{2}$$

Resultado: 8

Resolver:	Resolver:	Resolver:
$\left(\dfrac{1}{2}\right)^{-3}$	$(-208) \div (-26)$	$\dfrac{2^3 \cdot 2^5 \cdot 3^4}{2^4 \cdot 3^4 \cdot 2}$
-------------------------	-------------------------	-------------------------
Resultado: 8	Resultado: 8	Resultado: 8

Resolver:	Resolver:	Resolver:
$\left\{\left\{\left[\left(-\dfrac{3}{5}\right)^2\right]^3\right\}^6\right\}^0 \cdot 2^3$	$2 \cdot \left(\dfrac{16}{3} - \dfrac{4}{3}\right)$	$\left\{\dfrac{\left\{\left[\left(-\dfrac{1}{2}\right)^2\right]^3\right\}^0}{2^3}\right\}^{-1}$
-------------------------	-------------------------	-------------------------
Resultado: 8	Resultado: 8	Resultado: 8

Resolver:	Resolver:	Resolver:
$\left[\left(\dfrac{1}{2}\right)^2\right]^{-2} - 8$	$\left\{\left[\left(\dfrac{2}{16}\right)^{-1}\right]^{-1}\right\}^{-1}$	$(-2) \cdot (-8 + 4)$
-------------------------	-------------------------	-------------------------
Resultado: 8	Resultado: 8	Resultado: 8

216

Resolver:	Resolver:	Resolver la ecuación:
$\left(\dfrac{1}{3}\right)^{-2} - 1$	$\dfrac{[(-2)^2]^2 \cdot 2}{2^2}$	$-6x + 48 = 0$
Resultado: 8	Resultado: 8	Resultado: 8

Resolver:	Resolver:	Resolver:
$\dfrac{1}{2} + \dfrac{11}{2} + 2$	$\dfrac{(2^2)^4 \cdot 2^3}{2^5 \cdot 2^6 \cdot 2^{-3}}$	$(2^{-1} \cdot 2^{-2})^{-1}$
Resultado: 8	Resultado: 8	Resultado: 8

Resolver:	Resolver:	Resolver:
$2^2 \cdot \left(\dfrac{5}{4} + \dfrac{3}{4}\right)$	$120 \div 15$	$\left(\dfrac{1}{24}\right)^{-1} \div 3$
Resultado: 8	Resultado: 8	Resultado: 8

Resolver:

$$(-8 \cdot 10^4) \div (-10^4)$$

Resultado: 8

Resolver:

$$\left(4 \div \frac{1}{3}\right) - 4$$

Resultado: 8

Resolver:

$$\left(\frac{7}{4} \div \frac{1}{8}\right) - 6$$

Resultado: 8

Resolver:

$$\frac{(-8) \cdot [(-3) \cdot 10]}{30}$$

Resultado: 8

Resolver:

$$2^5 - 2^3 \cdot 3$$

Resultado: 8

Resolver:

$$\left(\frac{7}{5} + \frac{13}{5}\right) \cdot 2$$

Resultado: 8

Resolver:

$$16000000 \div 2000000$$

Resultado: 8

Resolver:

$$6 \div \left(\frac{1}{4} + \frac{1}{2}\right)$$

Resultado: 8

Resolver:

$$\frac{(2 \cdot 10^2)^3}{2 \cdot 10^6} + 2^2$$

Resultado: 8

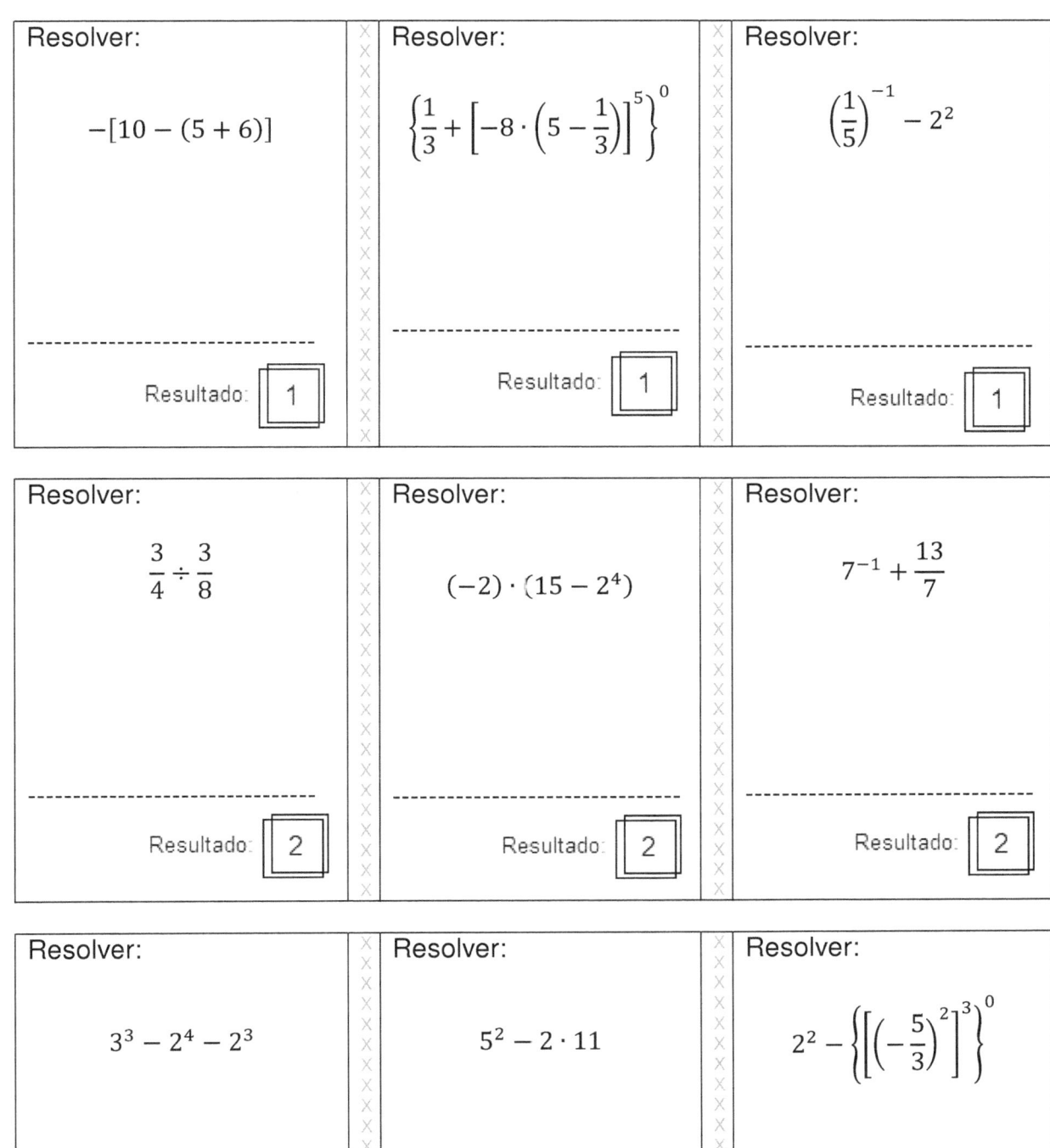

Resolver:

$$-[10 - (5 + 6)]$$

Resultado: $\boxed{1}$

Resolver:

$$\left\{ \frac{1}{3} + \left[-8 \cdot \left(5 - \frac{1}{3} \right) \right]^5 \right\}^0$$

Resultado: $\boxed{1}$

Resolver:

$$\left(\frac{1}{5} \right)^{-1} - 2^2$$

Resultado: $\boxed{1}$

Resolver:

$$\frac{3}{4} \div \frac{3}{8}$$

Resultado: $\boxed{2}$

Resolver:

$$(-2) \cdot (15 - 2^4)$$

Resultado: $\boxed{2}$

Resolver:

$$7^{-1} + \frac{13}{7}$$

Resultado: $\boxed{2}$

Resolver:

$$3^3 - 2^4 - 2^3$$

Resultado: $\boxed{3}$

Resolver:

$$5^2 - 2 \cdot 11$$

Resultado: $\boxed{3}$

Resolver:

$$2^2 - \left\{ \left[\left(-\frac{5}{3} \right)^2 \right]^3 \right\}^0$$

Resultado: $\boxed{3}$

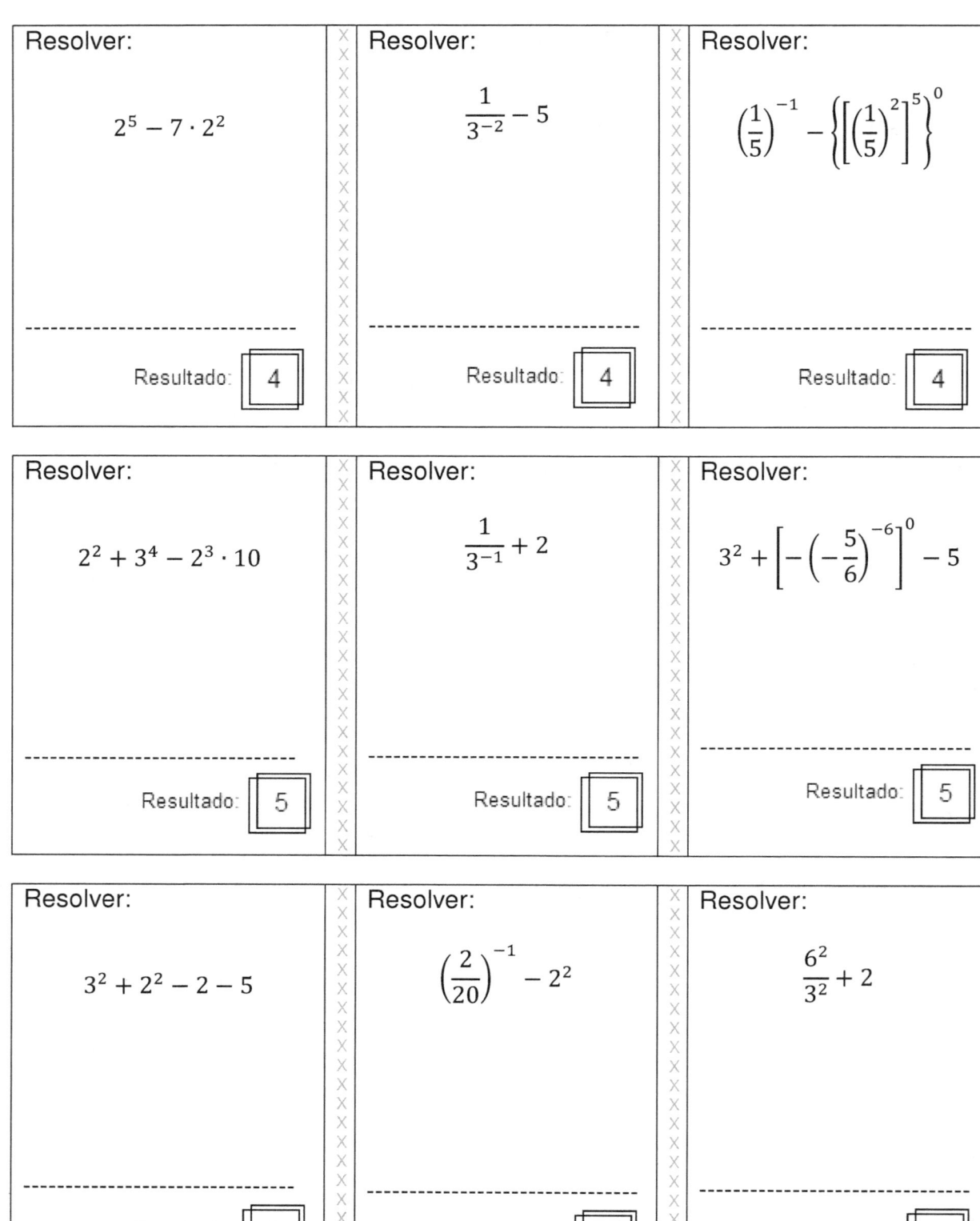

Resolver:

$$2^5 - 7 \cdot 2^2$$

Resultado: 4

Resolver:

$$\frac{1}{3^{-2}} - 5$$

Resultado: 4

Resolver:

$$\left(\frac{1}{5}\right)^{-1} - \left\{\left[\left(\frac{1}{5}\right)^2\right]^5\right\}^0$$

Resultado: 4

Resolver:

$$2^2 + 3^4 - 2^3 \cdot 10$$

Resultado: 5

Resolver:

$$\frac{1}{3^{-1}} + 2$$

Resultado: 5

Resolver:

$$3^2 + \left[-\left(-\frac{5}{6}\right)^{-6}\right]^0 - 5$$

Resultado: 5

Resolver:

$$3^2 + 2^2 - 2 - 5$$

Resultado: 6

Resolver:

$$\left(\frac{2}{20}\right)^{-1} - 2^2$$

Resultado: 6

Resolver:

$$\frac{6^2}{3^2} + 2$$

Resultado: 6

220

Resolver:	Resolver:	Resolver:
$(-2)^2 + 3^2 - 2^2 \cdot 3$	$\dfrac{(5 \cdot 3)^3}{(15)^2} - 14$	$2^3 \cdot 2^2 - 3 \cdot 10$
Resultado: 1	Resultado: 1	Resultado: 2

Resolver:	Resolver:	Resolver:
$\left(\dfrac{1}{9}\right)^{-1} - 7$	$(-3)^2 + (-2)^2 - 10$	$\dfrac{1}{3^{-2}} - 2 \cdot 3$
Resultado: 2	Resultado: 3	Resultado: 3

Resolver:	Resolver:	Resolver:
$5^2 - 2^4 - 5$	$\left(\dfrac{3}{24}\right)^{-1} - 2^2$	$7^2 - 6^2 - 2^3$
Resultado: 4	Resultado: 4	Resultado: 5

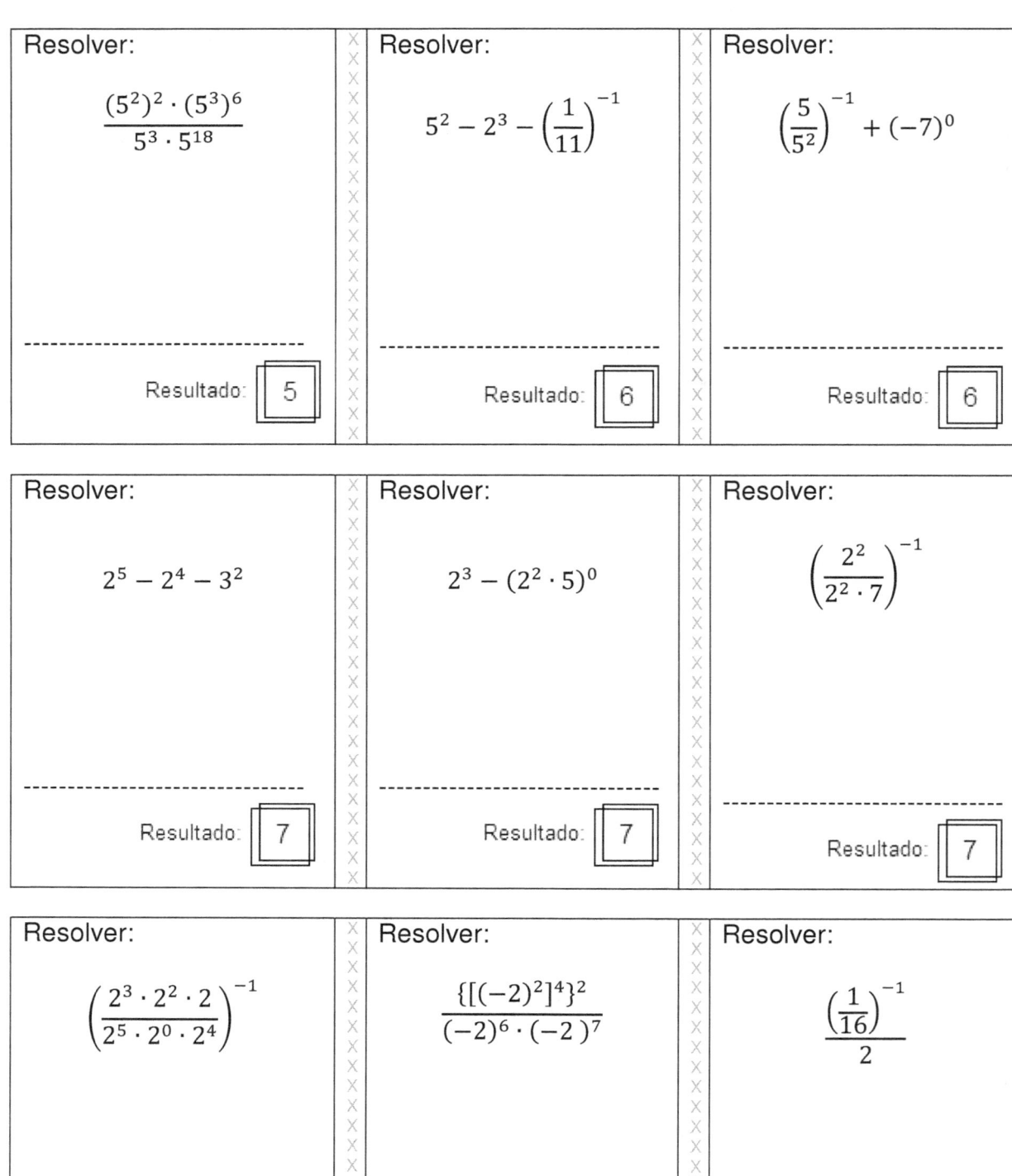

Resolver:

$$\frac{(5^2)^2 \cdot (5^3)^6}{5^3 \cdot 5^{18}}$$

Resultado: 5

Resolver:

$$5^2 - 2^3 - \left(\frac{1}{11}\right)^{-1}$$

Resultado: 6

Resolver:

$$\left(\frac{5}{5^2}\right)^{-1} + (-7)^0$$

Resultado: 6

Resolver:

$$2^5 - 2^4 - 3^2$$

Resultado: 7

Resolver:

$$2^3 - (2^2 \cdot 5)^0$$

Resultado: 7

Resolver:

$$\left(\frac{2^2}{2^2 \cdot 7}\right)^{-1}$$

Resultado: 7

Resolver:

$$\left(\frac{2^3 \cdot 2^2 \cdot 2}{2^5 \cdot 2^0 \cdot 2^4}\right)^{-1}$$

Resultado: 8

Resolver:

$$\frac{\{[(-2)^2]^4\}^2}{(-2)^6 \cdot (-2)^7}$$

Resultado: 8

Resolver:

$$\frac{\left(\frac{1}{16}\right)^{-1}}{2}$$

Resultado: 8

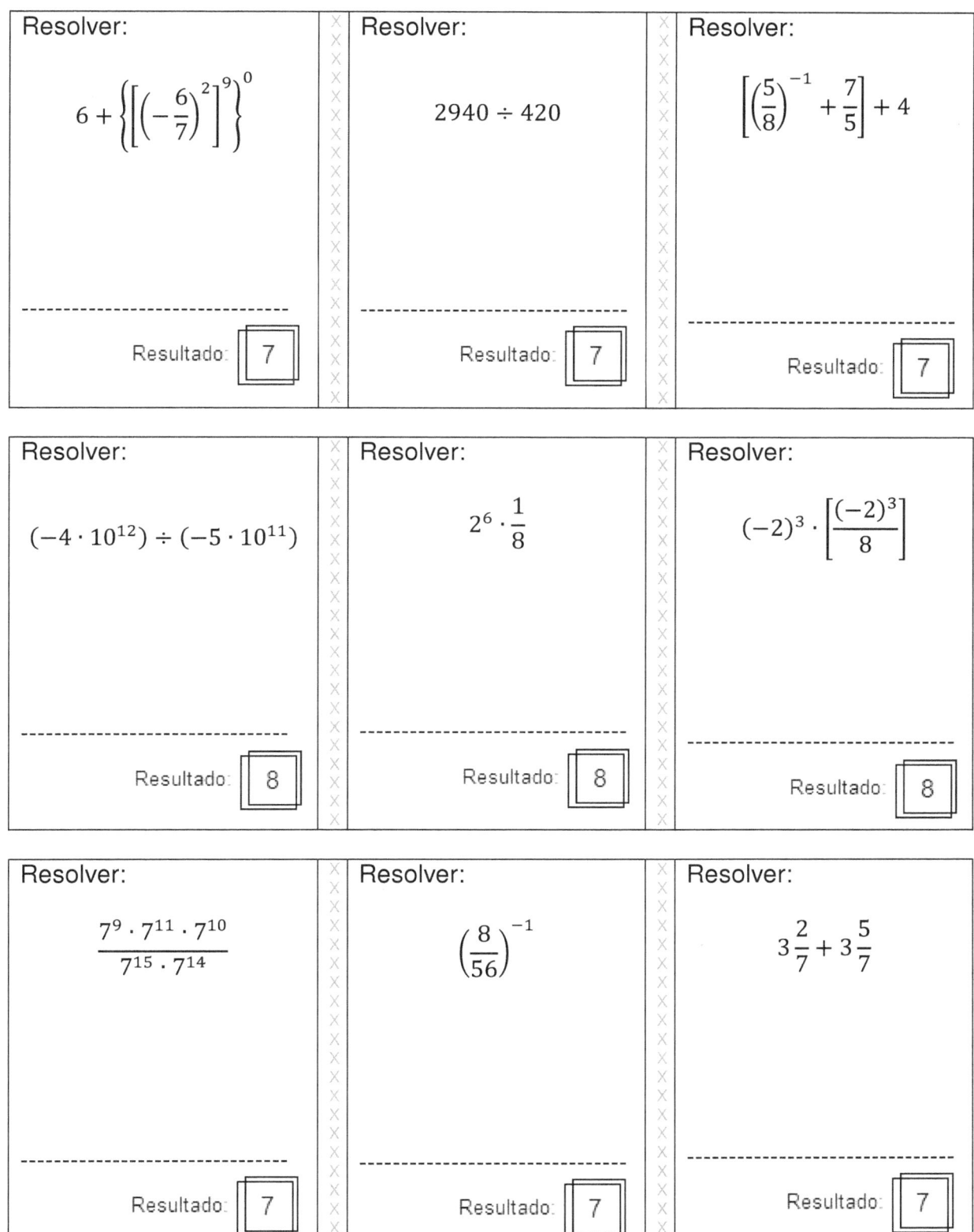

Resolver:

$$6 + \left\{ \left[\left(-\frac{6}{7} \right)^2 \right]^9 \right\}^0$$

Resultado: 7

Resolver:

$$2940 \div 420$$

Resultado: 7

Resolver:

$$\left[\left(\frac{5}{8} \right)^{-1} + \frac{7}{5} \right] + 4$$

Resultado: 7

Resolver:

$$(-4 \cdot 10^{12}) \div (-5 \cdot 10^{11})$$

Resultado: 8

Resolver:

$$2^6 \cdot \frac{1}{8}$$

Resultado: 8

Resolver:

$$(-2)^3 \cdot \left[\frac{(-2)^3}{8} \right]$$

Resultado: 8

Resolver:

$$\frac{7^9 \cdot 7^{11} \cdot 7^{10}}{7^{15} \cdot 7^{14}}$$

Resultado: 7

Resolver:

$$\left(\frac{8}{56} \right)^{-1}$$

Resultado: 7

Resolver:

$$3\frac{2}{7} + 3\frac{5}{7}$$

Resultado: 7

223

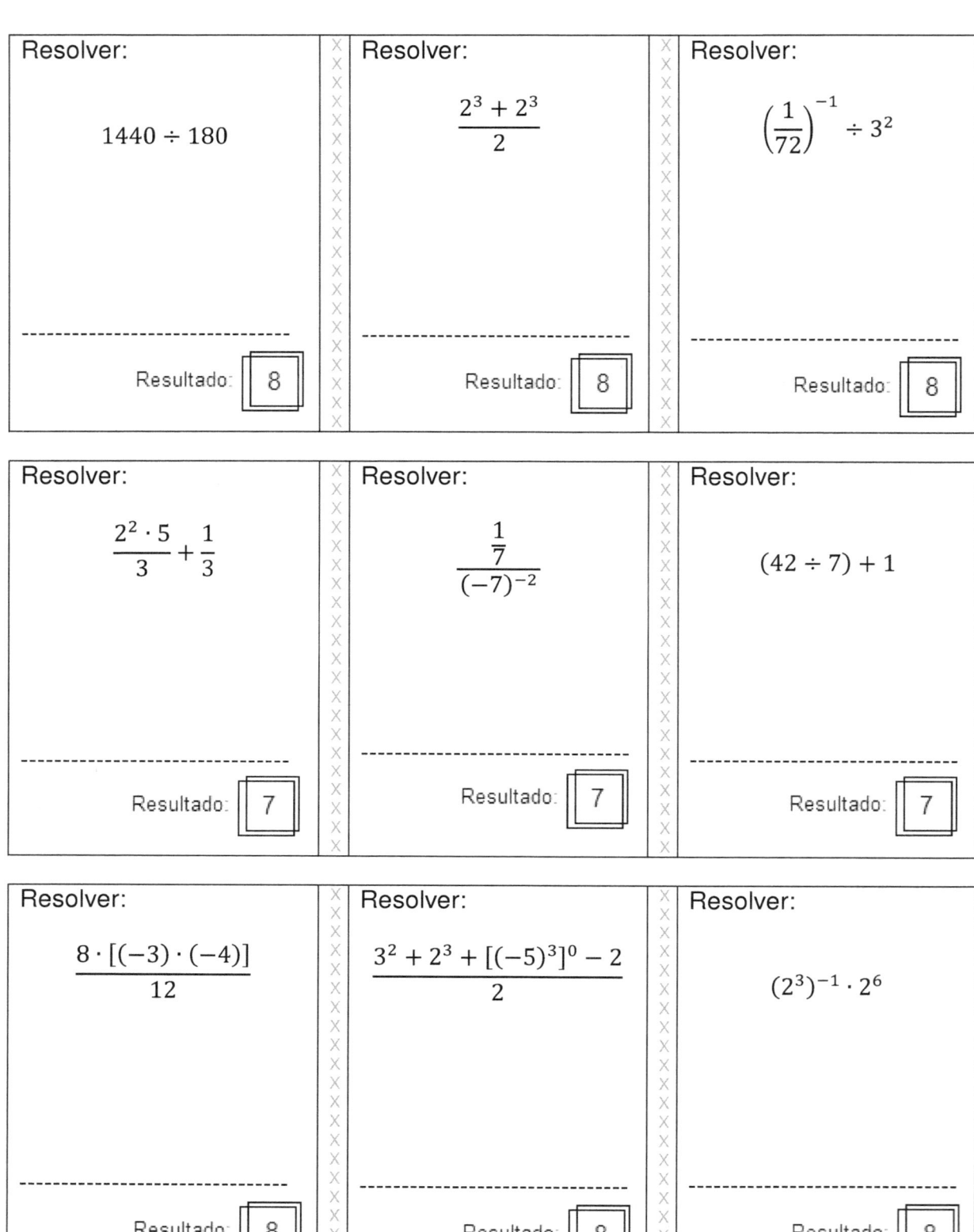

Resolver:

$$1440 \div 180$$

- -

Resultado: $\boxed{8}$

Resolver:

$$\frac{2^3 + 2^3}{2}$$

- -

Resultado: $\boxed{8}$

Resolver:

$$\left(\frac{1}{72}\right)^{-1} \div 3^2$$

- -

Resultado: $\boxed{8}$

Resolver:

$$\frac{2^2 \cdot 5}{3} + \frac{1}{3}$$

- -

Resultado: $\boxed{7}$

Resolver:

$$\frac{\frac{1}{7}}{(-7)^{-2}}$$

- -

Resultado: $\boxed{7}$

Resolver:

$$(42 \div 7) + 1$$

- -

Resultado: $\boxed{7}$

Resolver:

$$\frac{8 \cdot [(-3) \cdot (-4)]}{12}$$

- -

Resultado: $\boxed{8}$

Resolver:

$$\frac{3^2 + 2^3 + [(-5)^3]^0 - 2}{2}$$

- -

Resultado: $\boxed{8}$

Resolver:

$$(2^3)^{-1} \cdot 2^6$$

- -

Resultado: $\boxed{8}$

Resolver:	Resolver:	Resolver:
$(-7{,}7 \cdot 10^4) \div (-1{,}1 \cdot 10^4)$	$\left(\dfrac{4}{5} \div \dfrac{1}{10}\right) - 1$	$3^4 - 74$
----------------------------------	----------------------------------	----------------------------------
Resultado: 7	Resultado: 7	Resultado: 7

Resolver:	Resolver:	Resolver:
$(-1) \cdot \left(-\dfrac{3}{2} - \dfrac{5}{2} - 4\right)$	$\dfrac{[(-2)^2]^2 - 2^3}{\{\{[(-2)^5]^8\}^4\}^0}$	$\dfrac{6{,}48 \cdot 10^5}{8{,}1 \cdot 10^4}$
----------------------------------	----------------------------------	----------------------------------
Resultado: 8	Resultado: 8	Resultado: 8

FICHAS: FICHAS DE REPUESTO:

TABLERO PARA JUGAR:

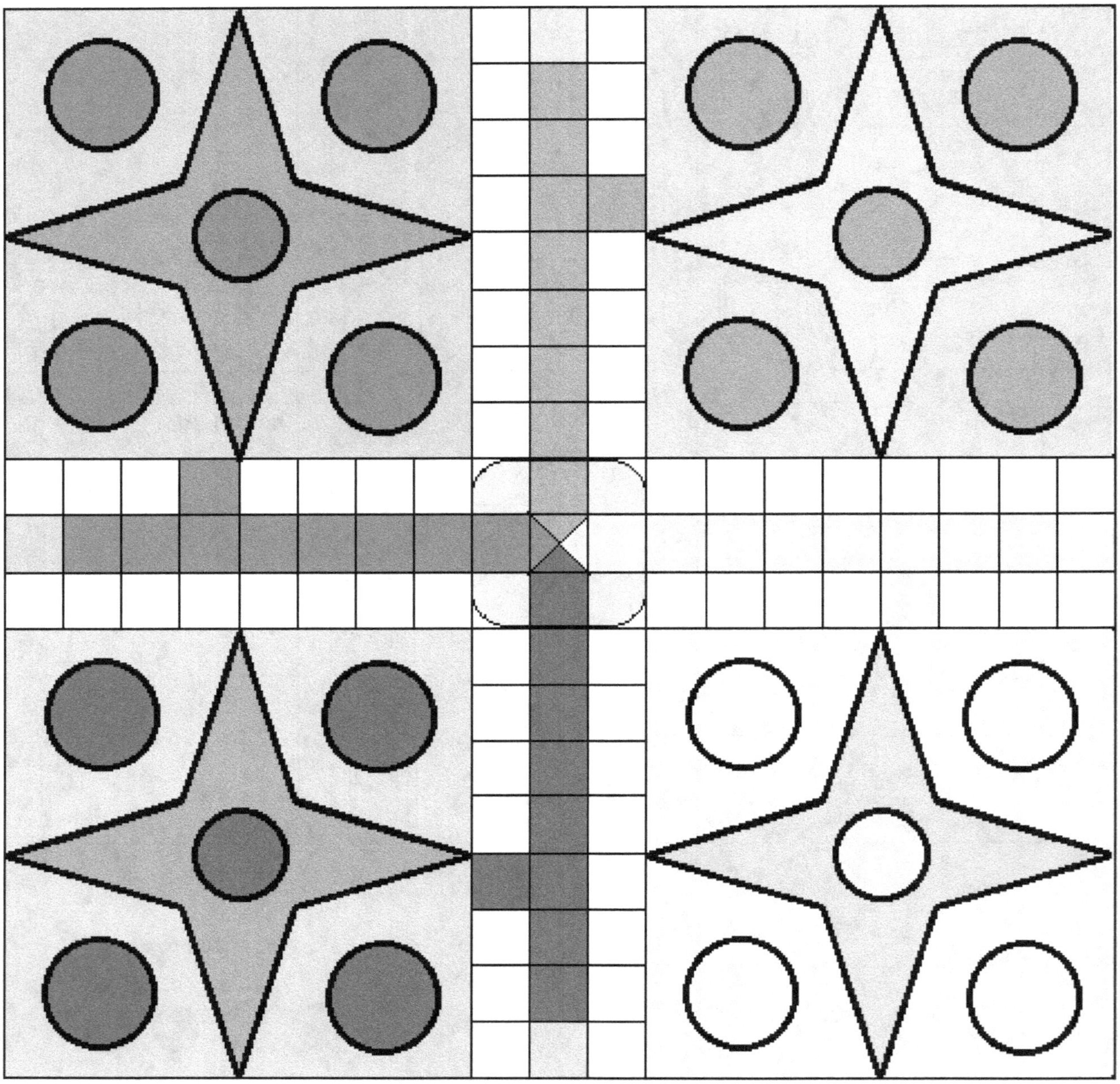

ÍNDICE

BIBLIOGRAFÍA PARA CONSULTAR

- BALDOR, Aurelio. <u>Aritmética</u>. Cultural Centroamericana. S. A. Ediciones Códice, S.A., Madrid, 1.978.

- BALDOR, J. A. <u>Geometría plana y del espacio</u>. Cultural Centroamericana, S.A., Madrid, 1.980.

- ARENAS de ARIAS, Gladys – ORTIZ de RIVERO, Miriam – TOVAR A., Juan Eduardo. <u>Matemática 7º</u>. Ediciones Teduca, Caracas, 1.993

- MONTEZUMA RIVIELLO, Aída – RADA ARANDA, Saulo – RODRIGUEZ GÓMEZ, Jesús – FONTCUBERTA MARTÍNEZ, María Isabel. <u>Matemática 7º</u>. Editorial Mc. Graw-Hill, Caracas, 1.995.

- FIGUERA YIBIRÍN, Júpiter. <u>Matemática</u> Séptimo Grado. Ediciones Co-bo, Caracas 1.994.

- SALCEDO, Audy – PAREDES, Biviano. <u>Matemática 7º</u>. Editorial Santillana, S. A., Caracas, 1997.

- ROBLEDO VÁZQUEZ, Felipe – CRUZ RAMOS, Fernando Josué. <u>Matemática Moderna</u> Cuarta edición. Editorial Trillas, México, 1.971.

- FUCHS, Walter R. <u>El libro de la Matemática Moderna</u>. Ediciones Omega, S. A., Barcelona.

- BABINI, José. <u>Historia de las ideas modernas en Matemática</u>. Departamento de Asuntos Científicos Unión Panamericana. Secretaria General de la Organización de los Estados Americanos Washington, D. C., 1.967.